中国轻工业“十三五”规划教材

有机化学实验

郭艳玲　刘雁红　程绍玲　杨迎花　主　编

天津大学出版社
TIANJIN UNIVERSITY PRESS

内容提要

本书是根据教育部化学和化工类专业有机化学实验课程的教学基本要求，并结合多年有机化学实验教学改革成果编写的有机化学实验教材。

全书共分八个部分，包括有机化学实验基本知识、有机化学实验基本操作、有机化合物的制备、天然有机化合物的提取、有机化合物的基本化学性质及鉴定、综合设计实验、应用型实验和附录。

本书可作为普通高等学校化学和化工类专业有机化学实验教材，也可供相关人员参考。

图书在版编目(CIP)数据

有机化学实验／郭艳玲等主编. —天津：天津大学出版社，2018.8

中国轻工业"十三五"规划教材

ISBN 978-7-5618-6162-2

Ⅰ.①有… Ⅱ.①郭… Ⅲ.①有机化学－化学实验－高等学校－教材 Ⅳ.①O62－33

中国版本图书馆CIP数据核字(2018)第142605号

出版发行 天津大学出版社
地　　址 天津市卫津路92号天津大学内(邮编:300072)
电　　话 发行部:022-27403647
网　　址 publish.tju.edu.cn
印　　刷 天津泰宇印务有限公司
经　　销 全国各地新华书店
开　　本 185mm×260mm
印　　张 12
字　　数 300千
版　　次 2018年8月第1版
印　　次 2018年8月第1次
定　　价 32.00元

前　　言

在中国特色社会主义新时代，为实现高等教育内涵式发展，由高等教育大国向高等教育强国转型是我国高等教育面临的重要课题。教学改革是高等教育改革与发展的重要手段之一。有机化学实验教学改革的核心是切实提高实验教学质量，目的是培养具有创新意识和科学品质的适应未来发展的专业人才。随着实验教学改革的深入发展，实验教材的改革也是其中必不可少的环节。有机化学实验课程是化学、化工、生命科学、环境科学、海洋科学及医药科学等多个学科重要的必修课程。本书是作者在近年来面对多个专业的学生所进行的教学实践和教学改革的基础上编写的。全书依据新时代发展理念，系统设计教材内容，力争做到结构简练，重点突出。

全书共包括八个部分。第一部分为有机化学实验基本知识。该部分除介绍学生必须掌握的有机化学实验基础知识外，重点强化了实验室安全知识、危险化学品常识和绿色化学实验理念等内容，强调了"安全是首要职责"的实验原则。第二部分为有机化学实验基本操作。该部分的特点是每个基本操作都设计一个实验训练内容。本着节约试剂、减少污染的绿色化学实验原则，基本操作实验所使用的试剂一般采用上学期合成实验所得的产品或回收试剂。如常压蒸馏所用试剂为自制的乙酸正丁酯，升华所用的试剂是自制的咖啡因。第三部分为有机化合物的制备。该部分按照有机化合物的类型进行分类，实验内容与理论课内容一样循序渐进，使学生更容易接受。第四部分为天然有机化合物的提取。介绍了几种常见天然产物的分离提纯方法。第五部分为有机化合物的基本化学性质及鉴定。第六部分为综合设计实验。该部分选择有代表性的、典型的多步骤合成实验。实验项目与理论课内容紧密结合，同时兼顾新技术和新方法的引入，旨在提高学生综合运用知识的能力。第七部分为应用型实验。为提高学生对有机化学实验的学习兴趣，重点挑选与学生后续专业相关的实验项目，可供学生进行自主选择实验。第八部分为附录。介绍了常用有机溶剂的纯化方法和有机化学实验常用数据。附录三引入了有机化学实验报告的电子版，供读者参考使用。

参加本书编写的有郭艳玲、刘雁红、程绍玲、杨迎花、韩聪、谢运甫。全书由郭艳玲教授负责统稿。

本书在编写过程中得到了黄骁南、刘伟、张海丽、王华静、寇丽、刘艳华、张环等老师的帮助，在此表示感谢。该书参考了多种国内外教材，并引用了其中一些图、表、数据等，在此谨向这些教材的作者表示衷心的感谢！

由于编者水平有限，书中难免存在疏漏之处，恳请读者批评指正。

编著者

2018 年 5 月

目　　录

第一部分　有机化学实验基本知识 …………………………………………（1）
一、有机化学实验的主要内容和特点 ………………………………………（1）
二、有机化学实验室基本规则 ………………………………………………（2）
三、有机化学实验室安全知识 ………………………………………………（3）
四、有机化学实验常用玻璃仪器及装置 ……………………………………（8）
五、有机化学实验常用仪器设备 ……………………………………………（14）
六、有机化学实验的基本程序 ………………………………………………（18）
七、有机化学文献资料 ………………………………………………………（22）
八、危险化学品常识及绿色化学实验理念 …………………………………（25）
第二部分　有机化学实验基本操作 …………………………………………（29）
一、玻璃仪器的洗涤与干燥 …………………………………………………（29）
二、加热和冷却方法 …………………………………………………………（30）
三、干燥与干燥剂的使用 ……………………………………………………（31）
四、萃取分离原理与技术 ……………………………………………………（35）
（一）液-液萃取 ……………………………………………………………（35）
（二）固-液萃取 ……………………………………………………………（37）
（三）化学萃取 ………………………………………………………………（38）
五、液体有机物的分离与提纯 ………………………………………………（38）
（一）常压蒸馏 ………………………………………………………………（38）
实验 2-1　液体有机物的干燥与蒸馏 ………………………………………（40）
（二）分馏 ……………………………………………………………………（41）
实验 2-2　乙醇的分馏 ………………………………………………………（42）
（三）水蒸气蒸馏 ……………………………………………………………（43）
实验 2-3　水蒸气蒸馏提纯苯甲醛 …………………………………………（45）
（四）减压蒸馏 ………………………………………………………………（46）
实验 2-4　减压蒸馏 N,N-二甲基甲酰胺 ……………………………………（49）
六、固态有机物的分离与提纯 ………………………………………………（50）
（一）重结晶及过滤 …………………………………………………………（50）
实验 2-5　乙酰苯胺的重结晶 ………………………………………………（53）
（二）升华 ……………………………………………………………………（54）
实验 2-6　咖啡因的升华 ……………………………………………………（56）
七、有机物物理常数的测定 …………………………………………………（56）
（一）熔点的测定 ……………………………………………………………（56）
实验 2-7　固体有机化合物熔点的测定 ……………………………………（59）
（二）沸点的测定 ……………………………………………………………（60）
实验 2-8　微量法液体有机化合物沸点的测定 ……………………………（61）

(三)折光率的测定 …… (61)
实验 2-9 液体有机化合物折光率的测定 …… (63)
八、色谱法 …… (63)
(一)薄层色谱 …… (63)
实验 2-10 薄层色谱法分离有机化合物 …… (67)
(二)柱色谱 …… (68)
实验 2-11 柱色谱法分离有机化合物 …… (71)
九、无水无氧操作 …… (71)
第三部分 有机化合物的制备 …… (73)
一、烯烃的制备 …… (73)
实验 3-1 环己烯的制备 …… (73)
二、卤代烃的制备 …… (75)
实验 3-2 溴乙烷的制备 …… (76)
实验 3-3 1-溴丁烷的制备 …… (77)
三、醇的制备 …… (79)
实验 3-4 2-甲基-2-己醇的制备 …… (80)
实验 3-5 三苯甲醇的制备 …… (81)
四、醚的制备 …… (83)
实验 3-6 正丁醚的制备 …… (84)
实验 3-7 苯乙醚的制备 …… (85)
五、醛的制备 …… (86)
实验 3-8 正丁醛的制备 …… (86)
六、酮的制备 …… (88)
实验 3-9 环己酮的制备 …… (89)
实验 3-10 苯乙酮的制备 …… (91)
七、羧酸的制备 …… (93)
实验 3-11 己二酸的制备 …… (93)
实验 3-12 肉桂酸的制备 …… (95)
八、羧酸酯的制备 …… (96)
实验 3-13 乙酸正丁酯的制备 …… (97)
实验 3-14 乙酰水杨酸的制备 …… (98)
九、重氮化反应 …… (100)
实验 3-15 对氯甲苯的制备 …… (101)
实验 3-16 甲基橙的制备 …… (103)
十、酯缩合反应 …… (105)
实验 3-17 乙酰乙酸乙酯的制备 …… (105)
十一、康尼查罗反应 …… (108)
实验 3-18 苯甲醇和苯甲酸的制备 …… (108)
实验 3-19 呋喃甲醇和呋喃甲酸的制备 …… (110)
第四部分 天然有机化合物的提取 …… (114)
实验 4-1 从茶叶中提取咖啡因 …… (114)

实验 4-2　从柑橘皮中提取橙油 …………………………………………………… (116)
实验 4-3　从番茄酱中提取番茄红素 ……………………………………………… (117)
实验 4-4　银杏叶中黄酮类有效成分的提取 ……………………………………… (118)
实验 4-5　从槐米花中提取芦丁 …………………………………………………… (119)
实验 4-6　从黄连中提取黄连素 …………………………………………………… (121)
第五部分　有机化合物的基本化学性质及鉴定 ………………………………… (124)
实验 5-1　烃的性质实验 …………………………………………………………… (124)
实验 5-2　卤代烃的性质实验 ……………………………………………………… (125)
实验 5-3　醇和酚的性质实验 ……………………………………………………… (126)
实验 5-4　醛和酮的性质实验 ……………………………………………………… (127)
实验 5-5　胺的性质实验 …………………………………………………………… (129)
实验 5-6　糖的性质实验 …………………………………………………………… (130)
第六部分　综合设计实验 ………………………………………………………… (133)
实验 6-1　二苄叉丙酮的制备 ……………………………………………………… (133)
实验 6-2　安息香的辅酶催化合成 ………………………………………………… (135)
实验 6-3　邻硝基苯酚和对硝基苯酚的合成与分离 ……………………………… (137)
实验 6-4　己内酰胺的制备 ………………………………………………………… (141)
实验 6-5　正己酸的制备 …………………………………………………………… (143)
实验 6-6　微波辐射合成肉桂酸 …………………………………………………… (146)
实验 6-7　双环[2.2.1]-2-庚烯-5,6-二酸酐的合成 ……………………………… (147)
实验 6-8　乙酰二茂铁的合成、纯化与表征 ……………………………………… (149)
第七部分　应用型实验 …………………………………………………………… (152)
实验 7-1　十二烷基硫酸钠的合成及应用 ………………………………………… (152)
实验 7-2　香豆素的合成 …………………………………………………………… (154)
实验 7-3　2,4-二氯苯氧乙酸的制备 ……………………………………………… (157)
实验 7-4　聚丙烯酰胺的制备 ……………………………………………………… (160)
实验 7-5　葡萄糖酸锌的制备 ……………………………………………………… (162)
实验 7-6　食品抗氧化剂 TBHQ 的合成 …………………………………………… (163)
第八部分　附录 …………………………………………………………………… (165)
附录一　常用有机溶剂的纯化 ……………………………………………………… (165)
附录二　有机化学常用数据表 ……………………………………………………… (170)
附表 8-1　常用元素相对原子质量 ………………………………………………… (170)
附表 8-2　常见酸碱溶液密度及百分组成 ………………………………………… (170)
附表 8-3　部分共沸混合物的性质 ………………………………………………… (174)
附表 8-4　典型有机分子中 ^{1}H NMR 的化学位移值 ……………………………… (175)
附表 8-5　常见有机物的物理常数 ………………………………………………… (176)
附表 8-6　不同温度下水的蒸气压 ………………………………………………… (184)
附录三　有机化学实验报告 ………………………………………………………… (185)
参考文献 …………………………………………………………………………… (186)

第一部分　有机化学实验基本知识

有机化学是一门以实验为基础的自然科学，实验是有机化学学科体系中不可分割的重要组成部分。通过实验，可验证理论并巩固和加深学生对理论的理解；实验的不断创新，可推动理论的发展，使整个学科不断进步和完善。

有机化学实验课程是化学、化工以及相关专业的一门重要基础课，是培养学生动手能力和创新能力的实践课程。通过本课程的学习，使学生掌握有机化学实验的基本操作和基本技能，掌握有机化合物合成及产物分离的一般方法，掌握有机化合物常用物理常数的测定和光谱分析方法等。

一、有机化学实验的主要内容和特点

1. 有机化学实验的主要内容

1）有机化合物的制备

有机化合物的制备是有机化学实验的主要内容之一，掌握制备程序和操作方法是学习有机化学实验的基本要求。制备前准备工作包括：查阅文献，了解反应物和产物的性质，确定合成路线，设计实施方案。制备过程要合理选择反应装置，确定原料配比、加料方式、反应温度和反应时间等。反应结束通常要进行产物的分离和结构鉴定等。

2）有机化合物的分离提纯

有机化学反应的一个重要特点是副产物多，制备结束往往得到的是有机物的混合体，因此分离提纯成为有机化学实验中的一项重要内容，掌握分离提纯的理论和实验技术是实验课程不可缺少的部分。常用分离提纯技术如下：①分离提纯固体或固-液有机混合物的方法有重结晶、过滤技术、膜分离技术、升华技术、沉淀和离心技术等；②分离提纯液体有机物的方法有蒸馏技术、萃取技术等；③精细分离提纯方法有色谱和电泳技术；④天然产物的提取方法有水蒸气蒸馏法、溶剂提取法、萃取法、升华法等。

3）有机化合物的结构鉴定

结构是化学性质的决定性因素，不同的结构常常有着不同的性质，相似的结构也具有相近的性质。有机化合物的结构变化异常丰富，其空间结构的变化更是丰富多彩，研究有机化合物的结构十分重要且又富有挑战性。有机化合物的结构鉴定包括经典的化学分析法和现代的仪器分析法。化学分析法鉴定官能团具有简单易行、操作方便的特点，但难以确定化合物的精细结构，而仪器分析法在推测复杂有机物的结构时具有方便、快捷、精确的明显优势。现代常用的分析技术有紫外光谱、红外光谱、拉曼光谱、核磁共振波谱、质谱、X 射线衍射法、旋光法和圆二色谱法等。

2. 有机化学实验的特点

与无机化合物相比，有机化合物具有的显著特点是多数有机化合物不溶于水、熔沸点低、易燃、分解温度低以及异构体多等，因此有机化学实验技术与方法和其他学科也有明显的不同。

1)有机化学反应的特点

多数有机化学反应速度比较慢,需要几个小时、几天甚至几个月才能完成;多数有机化学反应的副反应多,反应不能定量进行,所以反应式往往不需要配平;较多的副反应导致有机化学反应的产率较低;为减少副反应发生,有机化学反应条件要求严格。基于这些特点,在有机化学反应中,要严格控制反应条件,降低副产物的生成,并通过适当方法和技术缩短反应时间。

2)有机化合物分离提纯的特点

有机化学反应的复杂性导致合成产物多为混合物,分离提纯成为有机实验的一个重要部分。通常情况下,对于结构和性质上差别较大的有机物,可以采用蒸馏、萃取、升华、重结晶、过滤等经典实验技术进行分离。对于结构相近、性质相似且很难用经典实验技术分离的有机物,则要依靠色谱和电泳等近代化学技术进行分离提纯。大多数情况下需要综合多种实验技术才能达到理想的分离效果。

3)有机化合物结构鉴定的特点

有机化合物结构层次复杂多样,结构鉴定十分困难,不但要依据元素分析、物理常数测定和化学性质鉴别,还要综合运用色谱分析、质谱分析和光学分析等多种近现代技术,才能获得准确的鉴定结果。

4)有机化学实验环境的特点

由于有机化合物沸点低、易挥发、易燃、易爆且毒性较大,因此实验环境要有良好的通风设备,要有防火、防爆、防中毒的设施与预案,备有分类回收容器和危险品存贮设备,危险品有使用记录。有机化学实验复杂,所涉及实验仪器设备较多,实验室要具有科学规范的管理制度,才能保障实验工作的顺利开展。

二、有机化学实验室基本规则

有机化学实验经常会用到易燃、易爆、有毒和强腐蚀性试剂,易引起火灾、爆炸、中毒等事故。为了防止事故发生,每一个在有机实验室进行实验的人员都必须遵守以下规则。

(1)牢固树立“安全第一”的思想,时刻注意实验室安全。学会正确使用水、电、通风橱、灭火器等,了解实验事故的一般处理方法。做好实验的预习工作,了解所用药品的危害性及安全操作方法,按操作规程使用有关实验仪器和设备。若发现问题应立即停止使用并报告老师。

(2)进入实验室前,应认真预习,对实验内容、原理、目的、意义、实验步骤、仪器装置、实验注释及安全方面的问题有比较清楚的了解,做到心中有数、思路明晰。

(3)实验过程中,要保持安静,按预定的实验方案,集中精力,认真操作,仔细观察,如实记录实验现象,同时保持台面清洁。实验中途不得擅自离开实验室。

(4)取用药品前应仔细阅读药品标签,按需取用,避免浪费;取完药品后要及时盖好瓶塞。公用仪器、原料、试剂和工具应在指定的地点使用,用后立即放回原处。不要任意移动或更换实验室公共仪器和药品的摆放位置。

(5)实验过程中所产生的所有废液及废渣都要倒入指定的回收容器中,严禁倒入水池及垃圾桶中,产物也按同样方法回收。

(6)实验结束后,清理打扫个人实验台面,洗涤仪器,清点无误后放回原处。完成实验报告并上交。

(7)值日生做好整个实验室的清洁工作,将实验器材、试剂放到指定位置,摆放整齐,并检查水、电是否安全,关闭门窗,告知老师后方可离开实验室。

(8)进入实验室必须穿实验服,不得穿拖鞋或露脚指、脚面的鞋,女同学长发必须扎起,离开实验室前应认真洗手。

(9)禁止在实验室内吸烟、饮水或吃东西,不得在实验中进行与实验无关的活动。

三、有机化学实验室安全常识

有机化学实验室所用的药品多数是有毒、可燃、有腐蚀性或有爆炸性的。比如乙醚、乙醇、丙酮和苯等溶剂易于燃烧;甲醇、硝基苯、有机磷化合物、有机锡化合物、氰化物等属有毒药品;氢气、乙炔、金属有机试剂和干燥的苦味酸属易燃、易爆性化学药品;氯磺酸、浓硫酸、浓硝酸、浓盐酸、烧碱及溴等属强腐蚀性药品。同时,化学实验中使用的玻璃仪器易碎、易裂,容易引发割伤等事故。因此,必须认识到化学实验室是一个潜在的、危险的场所。但是,只要重视安全问题,思想上提高警惕,实验时严格遵守操作规程,加强安全措施,就能维护人身和实验室的安全,确保顺利完成实验。

1. 用水用电安全

进入有机化学实验室应首先了解水电开关及总闸的位置,而且要掌握它们的使用方法。如实验需要使用冷凝水时,应先缓缓接通冷凝水(水量要小),再接通电源并打开电热套。使用电器前,应检查线路连接是否正确,电器内外要保持干燥,不能有水或其他溶剂。实验完成后,应先关掉电源,再去拔插头,而后关冷凝水。值日生在做完值日后,要关掉所有的水闸及总电闸。

人体通过 50 Hz 的交流电 1 mA 就有感觉,通电 10 mA 以上使肌肉强烈收缩,通电 25 mA 以上则呼吸困难,甚至停止呼吸,通电 100 mA 以上则使心脏的心室产生纤维性颤动,以致无法救活。直流电在通过同样电流的情况下,对人体也有相似的危害。

安全用电注意事项如下。

(1)实验时要注意观察电源是否发热、发烫,是否有煳味气体散发和实验室内是否有电器老化等现象。若发现异常,及时报修,防止意外发生。

(2)一切电源裸露部分都应有绝缘装置,所有电器设备的金属外壳应接上地线。

(3)操作电器时,手必须干燥。实验时,应先连接好电路后再接通电源。实验结束后,先切断电源,再拆线路。

(4)若室内有氢气、煤气等易燃、易爆气体,应防止产生电火花,否则会引起火灾或爆炸。电火花经常在电器接触点(如插销)、继电器工作时以及开关电闸时产生。因此,当实验室有易燃、易爆气体时,应注意室内通风,电线的接头要接触良好、包扎牢固,在继电器上连接电容器,以减弱电火花等。

(5)如遇着火,则应首先切断电路,用砂土、干粉灭火器或 CCl_4 灭火器等灭火,禁止用水或泡沫灭火器等导电液体灭火。

(6)如果遇到有人触电,应首先切断电源,然后对触电者进行人工呼吸并送医院抢救。

2. 火灾的预防及处理

实验室中使用的有机溶剂大多数是易燃的，而且多数有机反应需要加热，因此着火是有机化学实验室常见的事故之一。预防着火的基本原则如下。

(1)当操作易燃的有机溶剂时要特别注意：实验开始前，应先打开实验室通风设备，实验装置的安装应远离火源；切勿用敞口容器存放、加热或蒸煮有机溶剂，否则挥发后的溶剂遇明火后易着火，发生火灾。实验室常见的易燃溶剂有乙醚、二硫化碳、烃类(己烷、苯、甲苯等)、醇类、酮类(丙酮、丁酮)以及酯类(乙酸乙酯)等。

(2)加热水冷凝的装置前应将冷凝水接通，否则有机溶剂泄漏或大量蒸气来不及冷凝而逸出，易造成火灾。当可燃液体在加热蒸馏和回流时，应确保所有接头连接紧密且无张力。蒸馏时接引管的出口应远离火源，特别对于低沸点的物质(如乙醚)，应用橡皮管引入下水道或室外。

(3)在移取或添加易燃溶剂（如乙醚、乙醇和苯等）时，务必熄灭或远离火源。在加热这些溶剂时不要直接用明火，可以用水浴、空气浴等。用油浴加热时，应注意避免水特别是冷凝水的溅入。

(4)进行放热反应时，应准备冷水或冷水浴。一旦发现反应失去控制，应将反应器浸在冷水浴中冷却。当用电加热套加热时，电加热套应有足够的活动空间，以便在加热剧烈时能方便拆卸。

(5)不得把燃着或带有火星的火柴梗或纸条等乱抛乱丢，也不能丢入废物缸中，否则会发生危险。

(6)由于有机溶剂(如乙醇、乙醚等)易燃，在室温时即有较大的蒸气压。如乙醚的沸点只有 34.51 ℃，其密度比空气大，所以它往往悬浮于桌面或地面很难扩散，一旦碰到明火，很容易造成火灾。故切勿将有机溶剂倒入废物缸中，而应将其倒入回收瓶中。

实验室一旦发生着火事故，应保持沉着镇静，不要惊慌失措，室内全体人员应积极有序地参加灭火。一般采用如下措施：①为防止火势扩展，应立即关闭煤气灯，熄灭其他火源，拉开室内总电闸，搬开易燃物质；②根据燃烧物的性质和火势及时采取相应措施，设法灭火。有机化学实验室灭火，常采用使燃着的物质隔绝空气的办法，通常不能用水，因为大多数有机溶剂比水轻，会漂浮在水面燃烧，并随水漂流而使火势蔓延，反而会引起更大火灾。在失火初期，不能用口吹，必须使用灭火器、砂、毛毡等。

3. 爆炸的预防及处理

有些药品能与水或其他物质发生爆炸性反应，因而具有爆炸的危险。碱金属就是一个常见的例子，金属钠和水剧烈反应，能发生爆炸反应。还有的化合物分子中含有许多氧原子或氮原子，因而能够发生分子内的氧化还原反应，或产生像氮气这样稳定的分子。当这些化合物(如聚氮化合物、苦味酸、炔化银等炔金属、叠氮化合物、重氮化合物、过氧化物、过氯酸盐等)干燥时，对撞击震动较敏感，具有爆炸的危险。因此，防爆是有机化学实验室又一重要任务。一般的预防措施如下。

(1)蒸馏装置必须安装正确。常压蒸馏装置不能安装成密闭体系，应与大气相通。减压蒸馏时，不能用三角烧瓶、平底烧瓶、锥形瓶、薄壁试管等不耐压容器作为接收瓶或反应瓶，而应选用圆底烧瓶作为接收瓶或反应瓶。无论是常压蒸馏还是减压蒸馏，均不能将液体蒸干，以免局部过热或产生过氧化物而发生爆炸。

(2)使用易燃易爆气体(如氢气、乙炔等)时,要保持室内空气畅通,严禁明火,并应防止一切火星的发生。有机溶剂(如醚类和汽油一类物质)的蒸气与空气相混时极为危险,可能会由一个热的表面或者一个火花、电火花而引起爆炸。常用易燃气体的爆炸极限见表1-1,常用易燃溶剂的蒸气爆炸极限见表1-2。

表1-1　常用易燃气体的爆炸极限

名称	爆炸极限(体积分数)/%	名称	爆炸极限(体积分数)/%
氢气	4.1~74.2	甲烷	5~15
一氧化碳	12.5~74.2	乙炔	2.5~80.0
氨气	15.7~27.4	环氧乙烷	3~100
乙烯	3.0~33.5	硫化氢	4.3~45.5

表1-2　常用易燃溶剂的蒸气爆炸极限

名称	沸点/℃	闪点/℃	爆炸极限(体积分数)/%
甲醇	65.0	11	6.72~36.50
乙醇	78.5	12	3.28~18.95
乙醚	34.5	-45	1.85~36.50
丙酮	56.2	-17	2.55~12.80
苯	80.1	-11	1.41~7.10
正己烷	68.9	-22	1.20~7.40

(3)使用醚类物质时,必须用亚铁氰化钾或碘化钾先检查有无过氧化物存在,如果发现有过氧化物存在,应先用硫酸亚铁除去过氧化物后才能使用,以免发生爆炸。对于用过氧化物作引发剂的反应,在后续操作中应特别注意。

(4)卤代烷与钠的反应剧烈,易发生爆炸,应分开放置,金属钠屑必须放在指定的地方。

(5)对于易爆炸的固体(如炔化银、炔化亚铜、苦味酸的金属盐、三硝基甲苯等)都不能重压或撞击,以免引起爆炸,残渣必须小心销毁。例如,炔化银、炔化亚铜可用酸使它们分解而销毁,重氮化合物可加水煮沸使其分解。

(6)开启有挥发性液体的试剂瓶时,应先用冷水冷却,开启时瓶口必须指向无人处,以免由于液体喷溅而导致伤害。当瓶塞不易开启时,必须注意瓶内贮存物质的性质,切不可贸然用火加热或乱敲瓶塞等。

如发生爆炸事故,室内人员应积极采取有效措施,防止事态扩大。如迅速切断电源,将易燃、易爆物品移至安全的地方。如爆炸后起火,应将灭火器喷出口对准火焰底部并从火的四周开始向中心进行扑救。如果不幸有人员受伤,小伤用急救箱处理,大伤一定要送医院。

4. 药品灼伤的预防及处理

有机合成实验用到的仪器、试剂较多,如皮肤不小心接触了高温的物体、火焰、蒸气,低温的固体二氧化碳、液氮,强酸、强碱、溴等腐蚀性物质都会造成灼伤。因此,实验时要避免皮肤与上述能引起灼伤的物质接触。取用有腐蚀性的化学药品时,应戴上橡胶手套和防护眼镜。

如不慎被药品灼伤，应根据不同的灼伤情况立刻采取不同的处理方法。

(1)酸灼伤。皮肤受酸灼伤后，立即用大量水冲洗，然后用1% ~2%碳酸氢钠溶液洗涤，最后涂上药膏，并将伤口包扎好。眼睛受酸灼伤后，抹去溅在眼睛外面的酸，立即用水冲洗，用洗眼杯或将橡皮管套上水龙头慢慢用水对准眼睛冲洗后送医院就诊。衣服受酸灼伤后，依次用水、稀氨水和水冲洗。地板受酸灼伤后，撒上石灰粉，再用水冲洗。

(2)碱灼伤。皮肤受碱灼伤后，先用水冲洗，然后用饱和硼酸溶液或1%醋酸溶液洗涤，再涂上药膏并包扎好。眼睛受碱灼伤后，抹去溅在眼睛外面的碱，用水冲洗，再用饱和硼酸溶液洗涤后滴入蓖麻油。衣服受碱灼伤后，先用水冲洗，然后用10%醋酸溶液洗涤，再用氢氧化铵中和多余的醋酸，最后用水冲洗。

(3)溴引起的灼伤特别严重，如溴弄到皮肤上，应立即用水冲洗，以2%硫代硫酸钠浸渍，敷上烫伤药膏，包扎并求诊。如眼睛受到溴的蒸气刺激，暂时不能睁开，可使眼睛靠近盛放酒精的容器上方，以加速溴的挥发，从而减少对眼睛的刺激。

(4)钠灼伤。可见的小块钠先用镊子移去，其余处理与碱灼伤情况相同。

(5)如被灼热的玻璃或铁器烫伤，轻者立即用冷自来水冲洗伤口数分钟或用冰块敷伤口至痛感减轻；较重者可在患处涂正红花油，然后擦一些烫伤药膏。

上述各种急救方法，仅为暂时减轻疼痛的措施。若伤势较重，在急救之后，应立即送医院诊治。

5. 中毒的预防及处理

有害和有毒的区别仅仅是程度不同而已。大多数有机化合物都是有害的，有些是相当有害的，因此被认为是有毒的药品。通常所见的化合物有很多是有毒性的，因此必须在通风橱里使用，例如苯、溴、硫酸二甲酯、氯仿、己烷、碘甲烷、汞盐、甲醇、硝基苯、苯酚、氰化钾、氰化钠等。急性中毒与慢性中毒的区别是：急性中毒一般很快就会被觉察，如受浓氨水刺激而感到窒息，就需迅速采取相应措施；慢性中毒一般不易察觉，是长时间处于某种环境中而导致对身体长期伤害的积累，因此许多物质被称为致癌物，但不能因此否定它们在有机化学实验中的作用，使用这些物质时需要格外小心。

另外，许多有机化合物对眼睛、皮肤和呼吸道有较强的刺激性，应当尽量避免与这些试剂或其蒸气接触。大多数化学药品或多或少都具有一定的毒性，中毒主要是通过呼吸道和皮肤接触有毒物品而对人体造成危害。因此预防中毒应做到以下几点。

(1)称量药品时应使用工具，不得直接用手接触，尤其是有毒药品。做完实验后，应先洗手再吃东西。任何药品不能用嘴尝，不要在实验室进食、饮水。

(2)剧毒药品应妥善保管，不许乱放，实验中使用的剧毒物质应有专人负责收发，并向使用者提出必须遵守的操作规程。实验后的有毒残渣必须进行妥善而有效的处理，不准乱丢。

(3)有些剧毒物质会渗入皮肤，因此在接触这些物质时必须戴橡胶手套，使用后应立即洗手，切勿让有毒药品沾及五官或伤口。例如，氰化钠沾及伤口后就会随血液循环至全身，严重时会造成中毒死伤。

(4)反应过程中可能生成有毒或有腐蚀性气体的实验应在通风橱内进行，使用后的器皿应及时清洗。在使用通风橱时，实验开始后不要把头部伸入橱内，尽可能避免有机物蒸气扩散到实验室内。

如已发生中毒，应按如下方法处理。

(1)若化学药品溅入或误入口腔，应立即用大量的水冲洗。如已进入胃中，应查明药品的毒性性质再服用解毒药，并立即送往医院急救。

(2)误吞强酸，先饮用大量的水，再服氢氧化铝膏、鸡蛋白；对于强碱，也要先饮用大量的水，再服醋、酸果汁、鸡蛋白。不论酸或碱中毒都需灌注牛奶，不要吃呕吐剂。

(3)如果发生刺激性及神经性中毒，先服牛奶或鸡蛋白使之冲淡和缓解，再服用硫酸铜溶液（将硫酸铜溶液 30 g 溶于一杯水中）催吐，有时也可以用手指伸入喉咙催吐后，立即到医院就诊。

(4)吸入气体中毒者，先将中毒者移至室外，解开衣领及纽扣。吸入少量氯气或溴气时，可用碳酸氢钠溶液漱口。吸入 H_2S 或 CO 气体而感到不适时，应立即到室外呼吸新鲜空气。出现其他较严重的症状，如出现斑点、头昏、呕吐、瞳孔放大时应及时送医院急救。

6. 玻璃割伤的预防及处理

在实验操作时，易被碎玻璃割伤。避免玻璃割伤的最基本原则是切记勿对玻璃仪器的任何部分施加过度的压力或张力。按规则操作，不能强行扳、折玻璃仪器，特别是比较紧的磨口处。当玻璃部件插入橡皮或软木塞时，首先应检查孔径大小是否合适，然后将手握在玻璃部件靠近橡皮塞或软木塞的部位缓缓旋进。使用及清洗玻璃仪器时轻拿轻放，保证玻璃仪器的完整。注意玻璃仪器的边缘是否碎裂，小心使用。玻璃管（棒）切割后，断面应在火上烧熔消除棱角。

玻璃割伤是常见的事故，受伤后要仔细观察伤口有没有玻璃碎粒，如有，应先把伤口处的玻璃碎粒取出，再用清水冲洗 10 min 以上，以便将残留的化学药品和一些碎的玻璃渣冲洗干净。若伤势不重，先进行简单的急救处理，如涂上万花油，再用纱布包扎，使其迅速止血，然后到医院治疗。若受伤严重，应使伤者躺下，保持安静，将受伤部位略抬高。可在伤口上部约 10 cm处用纱布扎紧，减慢流血，压迫止血，千万不要用止血带或压脉器来止血，同时迅速拨打急救电话迅速救治。

7. 实验室常用急救用品

(1)消防器材包含：泡沫灭火器、四氯化碳灭火器、二氧化碳灭火器、砂、石棉布、毛毡、棉胎和淋浴用的水龙头等。

(2)急救药箱包含：碘酒、红汞、紫药水、甘油、3% 双氧水、饱和硼酸溶液、2% 醋酸溶液、1% ~5% 碳酸氢钠溶液、70% 医用酒精、烫伤油膏、万花油、药用蓖麻油、硼酸膏或凡士林、磺胺药粉、洗眼杯、消毒棉花、创可贴、棉签、纱布、胶布、绷带、医用剪刀、镊子、橡皮膏等。

8. 有机化学实验室废物的处理

有机化学实验常产生废气、废液和废渣（通称"三废"）。如不养成良好习惯，对"三废"乱弃、乱倒、乱扔，轻则堵塞下水道，重则腐蚀水管，污染环境，影响身体健康。因此一定要提倡环境保护，遵守国家的环保法规。有机实验室的废物可采用如下方法处理。

(1)所有实验废物应按固体、液体、有害、无害等分类收集于不同的容器中，对一些难处理的有害废物可送环保部门专门处理。

(2)少量的酸（如盐酸、硫酸、硝酸等）或碱（如氢氧化钠、氢氧化钾等）在倒入下水道之前必须被中和，并用水稀释。有机溶剂废液要回收到指定的带有标签的回收瓶或废液缸中集中处理。

(3)对无害的固体废物（如滤纸、碎玻璃、软木塞、沸石、氧化铝、硅胶等）可直接倒入普通的废物箱中，不应与其他有害固体废物相混。对有害固体废物应放入带有标签的广口瓶中。

(4)对易燃、易爆的废弃物(如金属钠)应由教师处理,学生切不可自主处理。对可能致癌的物质,处理起来应格外小心,避免与手接触。

四、有机化学实验常用玻璃仪器及装置

在有机化学实验中,经常要使用一些玻璃仪器和实验装置。熟悉所用仪器和装置的性能,掌握各种仪器和装置正确的使用方法以及维护方法,对实验者来说十分必要。

1. 常用玻璃仪器及用途

有机化学实验所用玻璃仪器一般分为普通玻璃仪器和标准磨口玻璃仪器两种。标准磨口是指接口部位的尺寸标准化,按统一标准加工成磨口,相同尺寸内外口可相互紧密连接,不需要橡胶塞和打孔,装配容易,拆洗方便。标准磨口玻璃仪器口径的大小,通常用数字编号来表示,该数字是指磨口最大端直径的毫米整数。常用的有10、14、19、24、29、34、40、50等。有时也用两组数字来表示,另一组数字表示磨口的长度。例如14/30,表示此磨口直径最大处为14 mm,磨口长度为30 mm。相同编号的磨口、磨塞可以直接连接。有时两个玻璃仪器,因磨口编号不同而无法直接连接时,可借助不同编号的转接头使之连接。下面分类介绍玻璃仪器的种类和用途。

1)烧瓶

烧瓶能耐受较高温度,用于化学反应容器的回流加热和蒸馏液体等。根据外形可分为平底烧瓶、圆底烧瓶和梨形烧瓶(图1-1)。其中平底烧瓶不可用于减压蒸馏。梨形烧瓶是用于微量和半微量合成的反应瓶。烧瓶的口颈数有单口、二口、三口和四口,根据反应操作条件选择不同口颈数的烧瓶,如反应同时需要搅拌、回流、滴加反应物和测温时,要选择四口瓶,分别安装搅拌器、回流冷凝管、滴液漏斗和温度计。

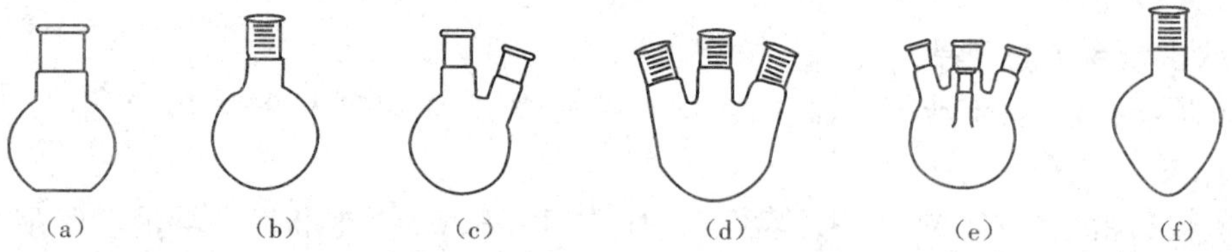

图1-1 烧瓶

(a)平底烧瓶;(b)圆底烧瓶;(c)二口烧瓶;(d)三口烧瓶;(e)四口烧瓶;(f)梨形烧瓶

2)冷凝管和分馏柱(图1-2)

冷凝管适用于将热蒸气冷凝为液体,在有机化学实验中用于回流和蒸馏操作。

球形冷凝管:使用时夹套内通冷却水。由于其内管的冷却面积较大,对蒸气的冷凝效果较好,适用于需要加热回流的实验,也叫做回流冷凝管。

直形冷凝管:使用时夹套内通冷却水。用于物质的沸点小于140 ℃的蒸馏操作实验。若沸点超过140 ℃,由于蒸气温度与冷却水温差较大,会导致冷凝管炸裂。

空气冷凝管:使用时不需要通水冷却。用于物质的沸点高于140 ℃的蒸馏操作,代替直形冷凝管。

韦氏分馏柱,又称刺形分馏柱:每隔一段距离就有一组向下倾斜的刺状物,且各组刺状物

间是呈螺旋状排列的分馏管，用于分离沸点相差小于 30 ℃的液体混合物。

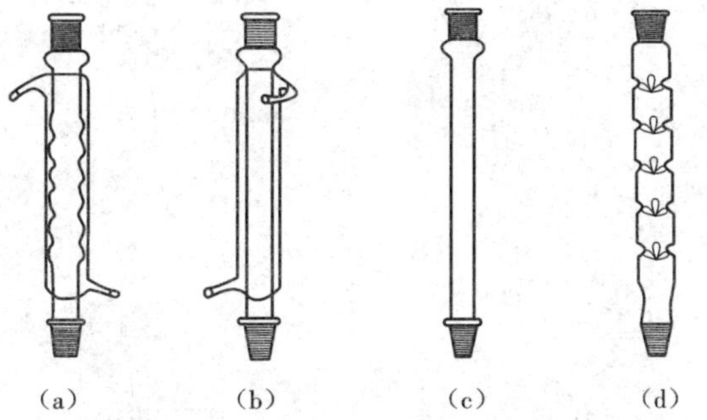

图 1-2　冷凝管和分馏柱

(a)球形冷凝管；(b)直形冷凝管；(c)空气冷凝管；(d)韦氏分馏柱

3)漏斗(图 1-3)

长颈和短颈玻璃漏斗适用于普通过滤或反应加料；保温漏斗，也叫热过滤漏斗，用于需要保温的过滤，常用于重结晶热过滤操作，它是在普通漏斗的外面装上一个铜质的外壳，外壳中间装水，用煤气灯加热侧面的支管，以保持所需要的温度；布氏漏斗，是瓷质的多孔板漏斗，在减压过滤时使用；小型玻璃多孔板漏斗用于少量物质的减压过滤；砂芯漏斗，是玻璃砂烧结微孔板漏斗，用于减压过滤腐蚀或黏结滤纸的物料时使用，过滤时不需要铺滤纸；分液漏斗用于液体的萃取、洗涤和分离，也可用于滴加原料；恒压滴液漏斗用于合成反应实验的液体加料操作，也可用于简单的连续萃取操作；滴液漏斗，能把液体一滴一滴地加入到反应器中，漏斗的下端可浸没在液面下，从旋塞下端可看到滴加速度的快慢。

4)接头及配件

图 1-4 接头和配件用于组装仪器时各部分间的连接件。

5)其他常用玻璃仪器

图 1-5 仪器是化学实验室最常用的玻璃仪器。

6)玻璃仪器使用注意事项

(1)使用时，应轻拿轻放。

(2)不能用明火直接加热玻璃仪器(试管除外)，加热时应垫石棉网；不能用高温加热不耐热的玻璃仪器，如吸滤瓶、普通漏斗、量筒等。

(3)锥形瓶和平底烧瓶不能用于减压系统。

(4)玻璃仪器使用完后应及时清洗，特别是标准磨口仪器放置时间太久，容易黏结在一起，很难拆开。如果发生此情况，可用热水煮黏结处或用电吹风吹接口处，使其膨胀而脱落，还可用木槌轻轻敲打黏结处。

(5)带旋塞或具塞的仪器清洗后，应在塞子和磨口的接触处夹放纸片，以防黏结。

(6)标准磨口仪器磨口处要干净，不得粘有固体物质。清洗时，应避免用去污粉擦洗磨口，否则，会使磨口连接不紧密，甚至会损坏磨口。

(7)安装仪器时，应做到横平竖直，磨口连接处不应受倾斜的应力，以免仪器破裂。

(8)一般使用时，磨口处无需涂润滑剂，以免粘有反应物或产物。但是反应中使用强碱时，则要涂润滑剂，以免磨口连接处因碱腐蚀而黏结在一起，无法拆开。当减压蒸馏时，应在磨

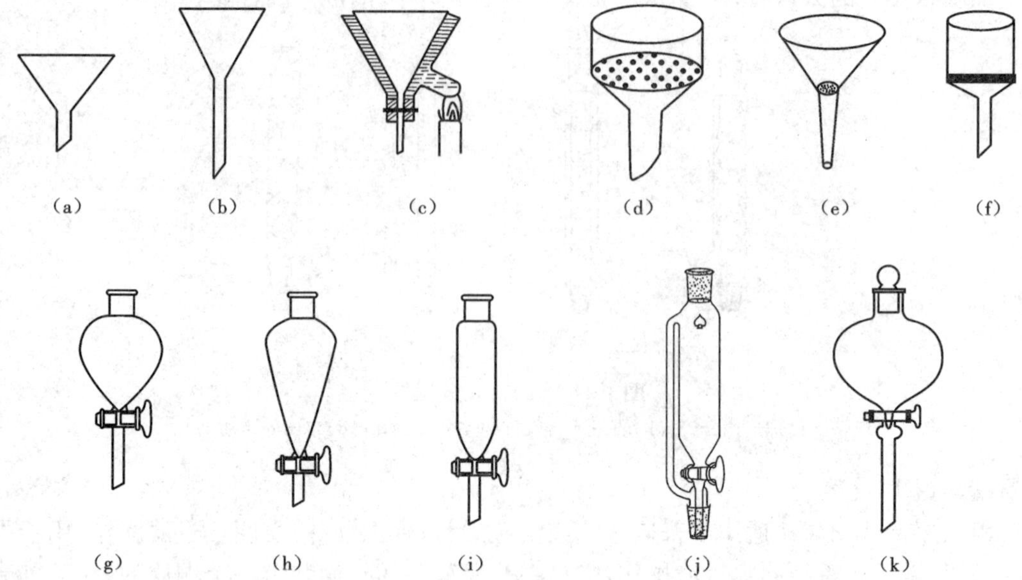

图 1-3　漏斗

(a)短颈玻璃漏斗;(b)长颈玻璃漏斗;(c)保温漏斗;(d)布氏漏斗;(e)小型玻璃多孔板漏斗;(f)砂芯漏斗;(g)球形分液漏斗;(h)梨形分液漏斗;(i)筒形分液漏斗;(j)恒压滴液漏斗;(k)滴液漏斗

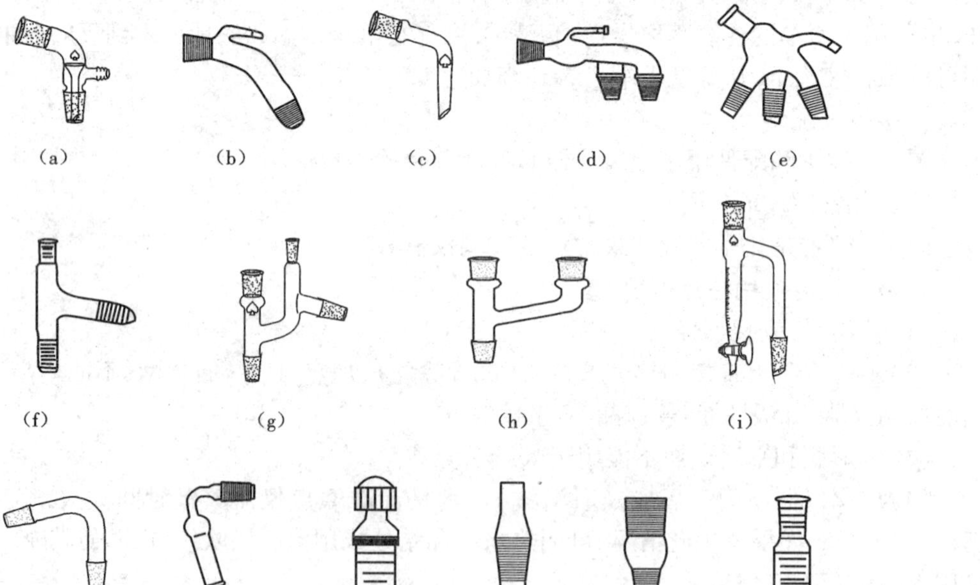

图 1-4　接头及配件

(a)真空接液管;(b)接液管(可接气体导管);(c)接液管;(d)双尾接液管;(e)三叉燕尾管;(f)蒸馏头;(g)克氏蒸馏头;(h)Y 形管;(i)分水器;(j)弯管;(k)干燥管;(l)温度计套管;(m)搅拌器套管;(n)转接头(小变大);(o)转接头(大变小)

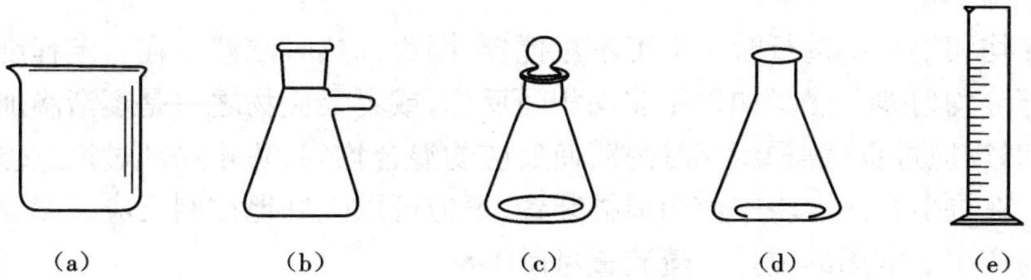

图 1-5　其他常用玻璃仪器

(a)烧杯;(b)抽滤瓶;(c)具塞锥形瓶;(d)锥形瓶;(e)量筒

口连接处涂润滑剂,保证装置密封良好。

(9)使用温度计时,应注意不要用冷水冲洗热的温度计,以免炸裂,尤其是水银球部位应冷却至室温后再冲洗。不能用温度计搅拌液体或固体物质,以免损坏后因为有汞或其他有机液体而不好处理。温度计测量的温度范围不得超出刻度范围。

2. 常用实验装置及拆装

1)回流冷凝装置

室温下有些反应速率很小或难于进行。为了提高反应速率,常常需要使反应物较长时间保持沸腾。在这种情况下需使用回流冷凝装置,使蒸气不断地在冷凝管内冷凝而返回反应器中,以防止反应瓶中的物质逃逸损失。图 1-6(a)是最简单的回流冷凝装置。将反应物加入到圆底烧瓶中,在适当的热源上加热,直立的冷凝管夹套中自下而上通入冷水,水流速度不必很快,能保持蒸气充分冷凝即可。加热的程度也需控制,使蒸气上升的高度不超过冷凝管的1/3。如果反应物怕受潮,可在冷凝管上端口接氯化钙干燥管来防止空气中湿气侵入[图 1-6(b)]。如果反应中放出有害气体(如溴化氢),可在冷凝管上口连接气体吸收装置[图 1-6(c)]。

2)滴加回流装置

有些反应过程剧烈,放热量大,如将反应物一次加入,会使反应失去控制;有些反应为了控制产物的选择性,也不能将反应物一次加入。在这些情况下,可采用滴加回流装置(图 1-7),将一种试剂逐渐滴加进去。常用恒压滴液漏斗进行滴加。

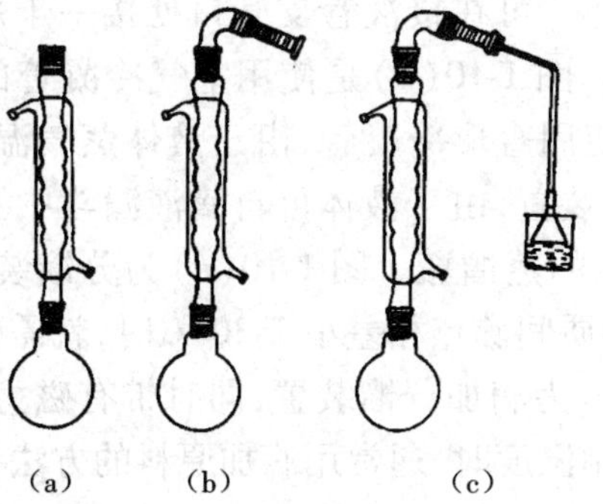

图 1-6　回流冷凝装置

(a)简单回流装置;(b)带干燥管的回流装置;
(c)带气体吸收装置的回流装置

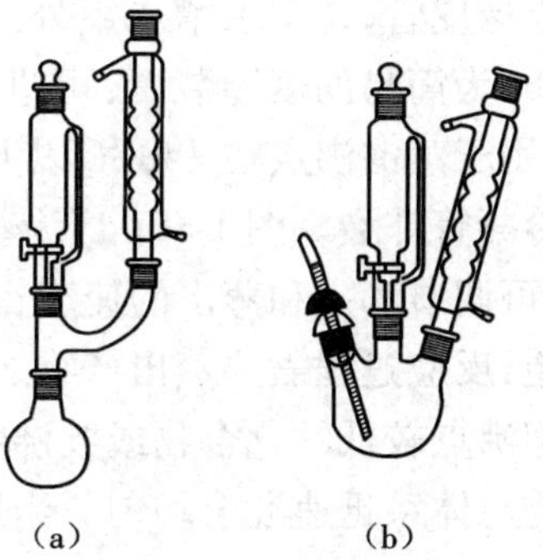

图 1-7　滴加回流装置

(a)单口瓶滴加回流装置;
(b)三口瓶滴加回流测温装置

3)搅拌回流装置

当反应在均相溶液中进行时一般可不用搅拌,因为加热时溶液存在一定程度的对流,从而保持液体各部分均匀地受热。如果是非均相间反应,或者反应物之一是逐渐滴加,或者反应产物是固体,这时反应过程就需要不断搅拌,使反应物混合均匀,防止局部过浓、过热而导致其他副反应发生。在许多合成实验中使用搅拌装置,不但可以较好地控制反应温度,而且能缩短反应时间和提高产率。常用的搅拌回流装置见图 1-8。

4)回流分水装置

在进行某些可逆平衡反应时,为了使反应不断向右移动,可将反应产物之一不断从反应体系中除去,常采用回流分水装置除去生成的水。在图 1-9 的装置中,有一个分水器,回流下来的蒸气冷凝液进入分水器分层后,有机层自动被送回烧瓶,而生成的水可从分水器中放出去。

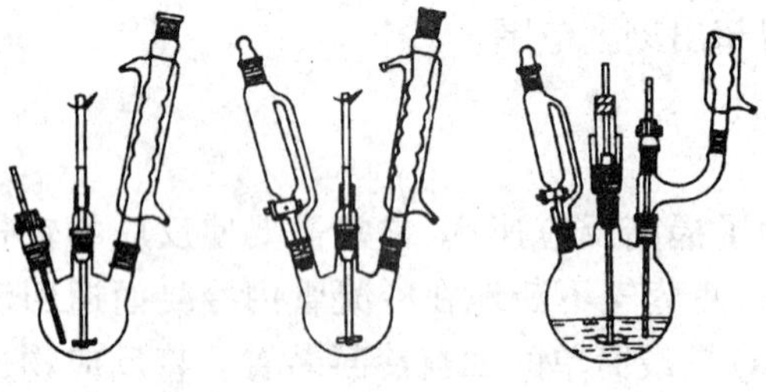

(a)　　(b)　　(c)

图 1-8　搅拌回流装置

(a)搅拌测温回流装置;(b)搅拌滴加回流装置;

(c)搅拌滴加回流测温装置

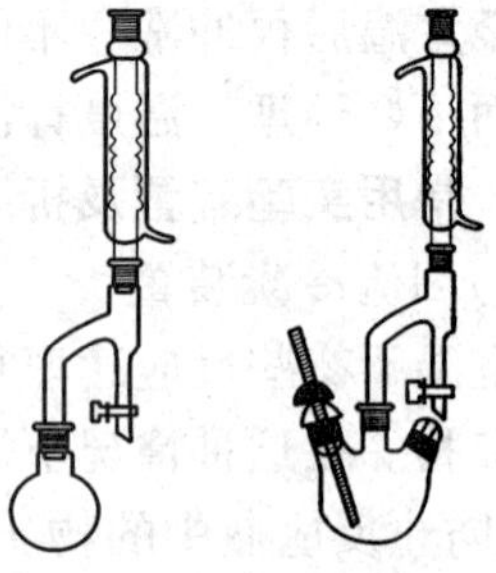

(a)　　(b)

图 1-9　回流分水装置

(a)回流分水装置;

(b)回流分水测温装置

5)蒸馏分馏装置

蒸馏是分离两种或两种以上沸点相差较大的液体和除去有机溶剂的常用方法。几种常用的蒸馏装置见图 1-10,可用于不同要求的场合。图 1-10(a)是最常用的蒸馏装置,由于这种装置出口处与大气相通,可能逸出馏出液蒸气,若蒸馏易挥发的低沸点液体时,需将接液管的支管连上橡皮管,通向水槽或室外。若蒸馏物需要防潮,可在接液管支管口处接一干燥管。图 1-10(b)为简易的蒸馏装置,可进行溶剂回收操作。图 1-10(c)是使用空气冷凝管的蒸馏装置,常用于蒸馏沸点在 140 ℃以上的液体,此时若使用直形冷凝管,由于液体蒸气温度较高,会使冷凝管炸裂。图 1-10(d)为蒸除较大量溶剂的装置,由于液体可自滴液漏斗中不断地加入,既可调节滴入和蒸出的速度,又可避免使用较大的蒸馏瓶。图 1-10(e)为分馏装置,当反应可逆,反应过程需要蒸出产物之一,但体系多种物质间沸点相差小于 30 ℃时,就需要用分馏方法把沸点较低的化合物或共沸物蒸出。图 1-10(f)为滴加分馏装置,同时带有磁力搅拌,使滴加物与体系迅速混合均匀。当反应放热,需要控制温度时,通常用滴加原料的方法控制反应速度。

6)仪器的选择、装配与拆卸

有机化学实验的各种反应装置都是由一件一件玻璃仪器组装而成的,操作中应根据实验要求选择合适的仪器。一般选择仪器的原则如下。

(1)烧瓶的选择根据液体的体积而定。普通蒸馏液体的体积应占容器体积的 1/3 ~ 2/3,

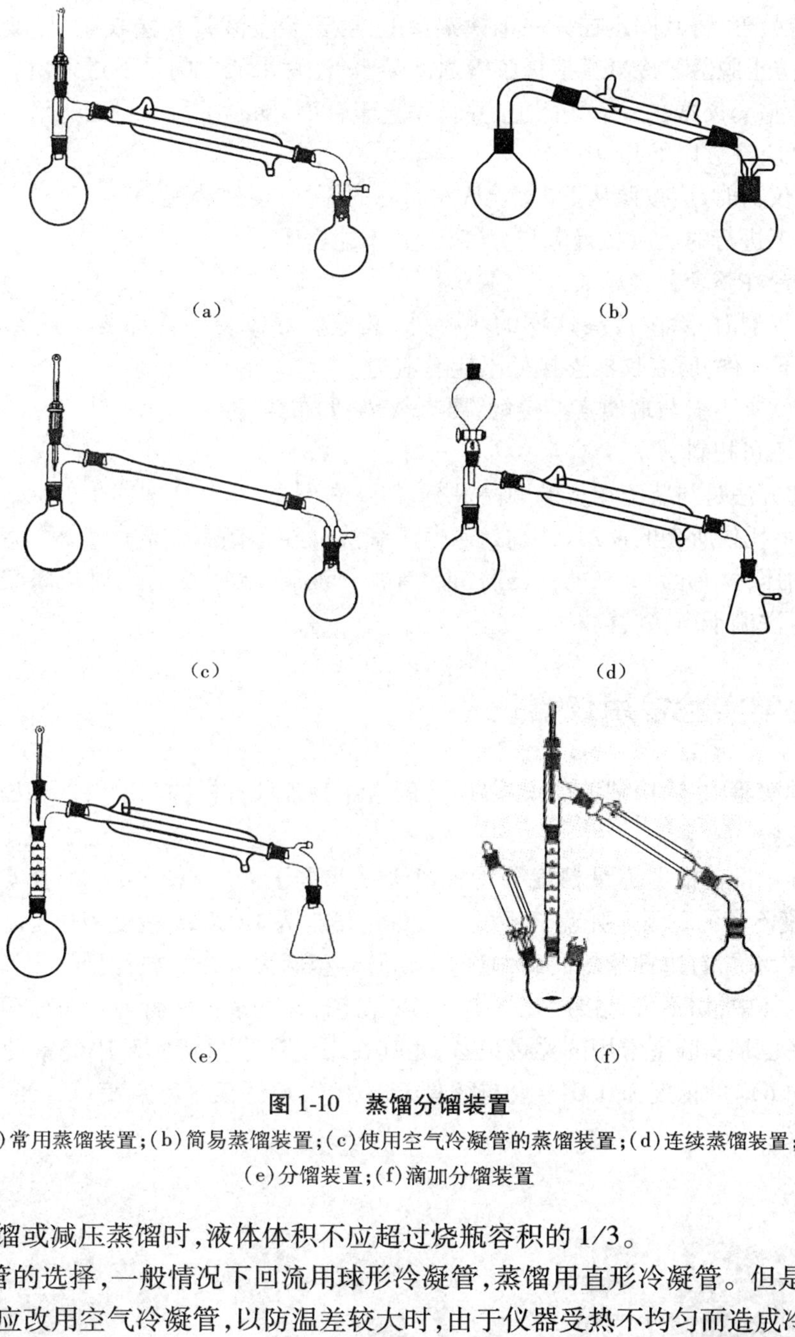

图 1-10　蒸馏分馏装置

(a)常用蒸馏装置;(b)简易蒸馏装置;(c)使用空气冷凝管的蒸馏装置;(d)连续蒸馏装置;(e)分馏装置;(f)滴加分馏装置

进行水蒸气蒸馏或减压蒸馏时,液体体积不应超过烧瓶容积的1/3。

(2)冷凝管的选择,一般情况下回流用球形冷凝管,蒸馏用直形冷凝管。但是当蒸馏温度超过140 ℃时应改用空气冷凝管,以防温差较大时,由于仪器受热不均匀而造成冷凝管炸裂。

(3)温度计的选择,实验室一般备有150 ℃和300 ℃两种温度计,根据所测温度可选用不同的温度计。通常选用的温度计量程要高于被测温度10 ~20 ℃。

在装配一套装置时,一般用铁夹将仪器依次固定于铁架台上。如果装有机械搅拌,整套仪器应固定在同一个铁架台上,以防止各件仪器振动频率不协调而损坏仪器。以蒸馏反应装置[图1-10(a)]为例,说明仪器装配过程及注意事项。首先确定单口瓶的位置,它的高度由热源(如电热套)的高度决定,一般使用电热套加热时,下面放升降台,反应停止加热可方便移走热源。将单口瓶固定在铁架台上，依次向上安装蒸馏头和温度计，调节温度计的正确位置，再向右安装直形冷凝管，将其固定在另一个铁架台上，再安装接液管和接收瓶，接液管用橡皮筋或瓶口夹固定，防止脱落。冷凝管接橡胶管通冷凝水，注意水流方向是下进上出。一套安装完美的装置应该是整套仪器在一个平面上，并且垂直于台面，同时平行于台面边沿。

安装仪器应注意以下几点。

(1)装配仪器时，应按照从下向上、从左向右的原则，逐件装配。

(2)常压下进行的反应装置应与大气相通，不能密闭。

(3)铁架台在整套装置后面。

(4)安装仪器时，除像接头这样的小件外，其他仪器每装一件都要用铁夹固定到铁架台上，然后再装下一件，所有仪器连接处不应有应力。

(5)金属铁夹不能与玻璃直接接触，要有软垫，如布条、橡皮等。

(6)装置不可扭斜。

仪器拆卸方法是与装配相反的顺序进行，即从右到左、从上到下逐个拆除。在松开一个铁夹时，必须用手托住所夹的仪器，特别是像恒压滴液漏斗等倾斜安装的仪器，决不能让仪器对磨口施加侧向压力。拆卸下来的仪器磨口涂有密封油脂，要用石油醚棉花球擦洗干净。用过的仪器应及时洗刷干净，妥善放置。

五、有机化学实验常用仪器设备

有机化学实验中，除用到玻璃仪器外，还经常用到各种各样的辅助仪器和设备。

1. 称量设备

实验室称量设备根据称量精度分为托盘天平和电子天平(图 1-11)。托盘天平[图 1-11(a)]用于精度不高的称量。托盘天平的一般称量量程为 1 000 g，精度为 0.1 g。称量时，左边秤盘放被称量物质，右边秤盘放砝码，通过移动游码至两边平衡。被称量的化学药品必须放在称量纸上或烧杯中，切不可直接放在秤盘上，以保持秤盘的清洁。称量后将砝码放回盒中。

电子天平也是实验室常用的称量设备，尤其在微量和半微量实验中经常使用。普通电子天平[图 1-11(b)]的精度为 0.01 g。与托盘天平相比，电子天平称量简单方便，能满足一般化学实验的要求。

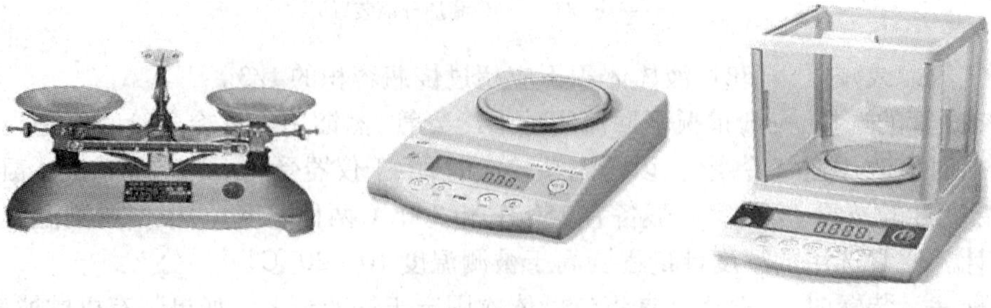

(a)　　(b)　　(c)

图 1-11　称量设备

(a)托盘天平；(b)普通电子天平；(c)电子分析天平

电子分析天平[图 1-11(c)]是一种比较精密的仪器,称量精度可达 0.000 1 g。因精度较高,使用时应注意维护和保养。①天平应放在清洁、干燥和稳定的环境中,以保证测量的准确性,不要放在通风、有磁场的设备附近,不要在温度变化较大、有震动或有腐蚀性气体的环境中使用;②保持机壳和称量台的清洁,以保证天平的准确性;③天平在不使用时应拔掉电源;④使用时,不要超过天平的最大量程。

2. 干燥设备

实验室常用的干燥设备见图 1-12。气流干燥器[图 1-12(a)]可以快速烘干多件玻璃仪器。气流干燥器有冷风挡和热风挡,使用时将洗净沥干的仪器挂在它的多孔金属管上,开启热风挡,可在数分钟内烘干,再以冷风吹冷。气流干燥器的电热丝较细,当仪器烘干取下后应随手关闭开关,不可使其持续数小时吹热风,否则会烧断电热丝。若仪器壁上的水没有沥干,会顺着多孔金属管滴落在电热丝上,造成短路而损坏干燥器。

恒温鼓风烘箱[图 1-12(b)]和真空干燥箱[图 1-12(c)]是实验室必备设备。恒温鼓风烘箱加热温度为 50 ~ 300 ℃,主要用于干燥玻璃仪器或干燥无腐蚀性、无挥发性、热稳定性好的药品,切不可用来干燥挥发、易燃、易爆物质。烘干玻璃仪器时,一般温度设定在 100 ~ 120 ℃,鼓风可以加速仪器的干燥。仪器放入烘箱时,器皿口向上,防止水珠流出滴到其他仪器上造成炸裂。带有活塞或旋塞的仪器(如分液漏斗和滴液漏斗)必须拔下塞子,擦去油脂后才能放入烘箱干燥。厚壁仪器、橡皮塞和塑料制品等不宜在烘箱中干燥。真空干燥箱是在真空下加热的干燥设备,用来干燥熔点较低或在高温下容易分解的药品。

(a)　　　　(b)　　　　(c)

图 1-12　干燥设备

(a)气流干燥器;(b)恒温鼓风烘箱;(c)真空干燥箱

3. 加热冷却设备

电热套是用玻璃纤维丝与电热丝纺织成半圆形的内套,外边加上金属外壳,中间填充保温材料,如图 1-13(a)所示。电热套加热时,不用明火,使用比较安全。使用时应注意不要将药品洒在电热套内,以免加热时药品挥发而污染环境。加热烧瓶时,烧瓶不要接触电热套内壁。恒温水浴锅[图 1-13(b)]常用来加热或保温低沸点有机化合物的仪器,可控制温度在 50 ~ 100 ℃。由于无明火,所以可防易燃、易爆事故发生。加水时注意切断电源。使用结束后,应将温控旋钮置于最小值并切断电源。长时间不用时应将锅内的水排尽擦干。低温冷却液循环泵[图 1-13(c)]可代替干冰和液氮做低温反应,底部带有磁力搅拌,具有搅拌及内循环系统,使槽内温度更为均匀,可单独做低温、恒温循环泵使用或提供恒温冷源。

4. 搅拌设备

磁力搅拌能在完全密封的装置中进行,它由电机带动磁体旋转,磁体又带动反应器中的磁子旋转,从而达到搅拌的目的。图 1-14(a)是只有搅拌功能的设备,图 1-14(b)是带有搅拌和控温功能的设备,实验室应用较多。机械搅拌是由机座、小型电动马达和调速变压器组成,如

(a)　(b)　(c)

图 1-13　加热冷却设备

(a)电热套;(b)恒温水浴锅;(c)低温冷却液循环泵

图 1-14(c)所示,一般用于非均相反应体系。

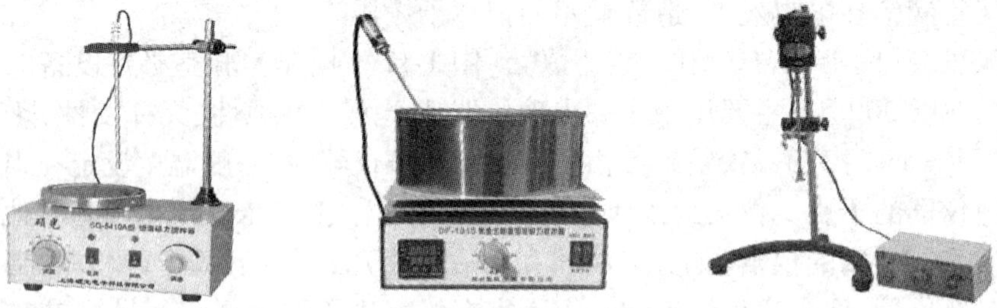

(a)　(b)　(c)

图 1-14　搅拌设备

(a)磁力搅拌器;(b)集热式恒温磁力搅拌器;(c)机械(电动)搅拌器

5. 减压设备

实验室常用减压设备来获得真空进行抽滤或干燥,常用减压设备有循环水真空泵和真空油泵(图 1-15)。循环水真空泵以循环水作为流体,不能得到较高的真空度,一般用于对真空度要求不高的减压体系中,如蒸馏、结晶、过滤和升华等操作中。由于水可以循环使用,避免了直接排水的浪费现象,是实验室理想的减压设备。使用真空水泵要注意:①真空泵抽气口应接有一个安全瓶,以免发生倒吸现象,污染体系。②开泵前,应检查是否与体系连接好,打开安全瓶上的旋塞,开泵后,关闭旋塞,抽真空。关泵前,先打开安全瓶上的旋塞,拆掉抽滤瓶上的接口,再关泵。③应经常补充和更换水泵中的水,以保持水泵的清洁和真空度。

真空油泵可实现较高的真空度,真空度取决于泵的结构及油的质量,油的蒸气压越低效能越好。好的真空泵能抽到 10 ~ 100 Pa 以上的真空度。油泵的结构越精密,对工作条件要求越高。在使用油泵进行减压蒸馏时,溶剂、水和酸性气体会造成对油的污染,使油的蒸气压增加,真空度降低,同时这些气体也能腐蚀泵体。因此,必须在油泵的进口处安装冷阱和气体吸收塔,塔内装有气体吸收材料,如石蜡、氢氧化钠和氯化钙。

6. 测试设备

熔点的测定广泛用于药物、染料、香料等晶体有机化合物的初步鉴定或纯度检验。图 1-16(a)为常用的数字显微熔点仪。阿贝折光仪[图 1-16(b)]可直接用来测定液体的折光率,以鉴定液体的纯度,定量分析溶液的组成,是教学和科研中常用的仪器。测量折光率时,所需样品量少,测量精密度高,重现性好。有机实验中合成的液体化合物,通常可直接测量它的折光率,以初步鉴定样品的纯度。

(a)　　　　　　　　　　　　(b)

图 1-15　减压设备

(a)循环水真空泵;(b)真空油泵

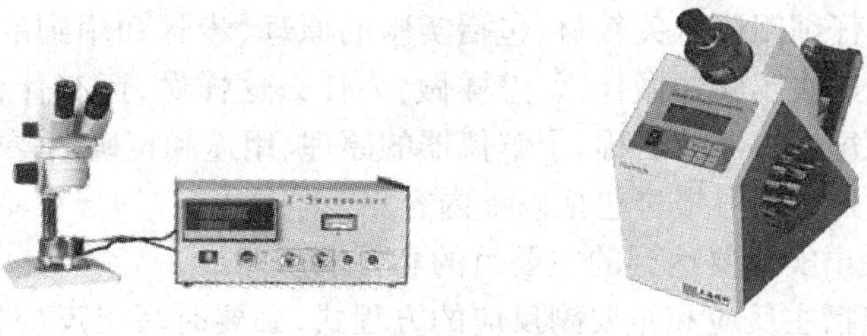

(a)　　　　　　　　　　　　(b)

图 1-16　测试设备

(a)数字显微熔点仪;(b)阿贝折光仪

7. 其他设备

旋转蒸发仪[图 1-17(a)]是用来回收和蒸发除去有机溶剂的设备。操作时,由于烧瓶倾斜不断旋转,液体附于烧瓶壁上形成一层液膜,加大了蒸发面积,使蒸发速度加快。一般在循环水真空泵减压下旋转蒸发,溶剂经冷却水冷凝后进入接收瓶,回收利用。

微波加热不同于常规加热,常规加热时热量由外部传递到中心部位,需要一定的传导时间,而微波加热属内部加热,电磁能直接作用于介质分子而转换成热,使介质内外同时受热,不需要热传导,因此加热速度快,加热均匀。利用微波反应器[图 1-17(b)]进行有机反应,可使反应速率提高几倍,甚至上千倍。微波加热易于控制,易于自动化。微波不属于放射性射线,又没有有毒气体排放,是一种安全的加热技术。

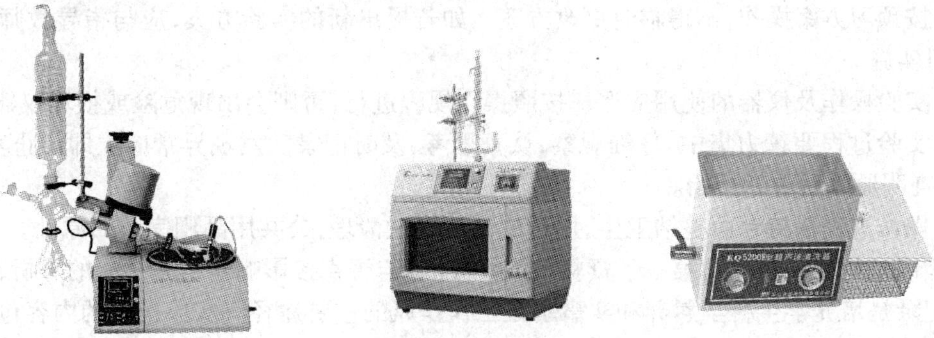

(a)　　　　　　　　　　　　(b)　　　　　　　　　　　　(c)

图 1-17　其他设备

(a)旋转蒸发仪;(b)微波反应器;(c)超声波清洗器

超声波是一种能量较低的机械波,本质上它并不能使化学键活化,但由于它的空化作用,可在局部产生瞬时的高温、高压、微射流、强剪切等高能环境,使反应体系破碎、分散、雾化、混合等,大大增加了反应界面,加速了化学反应,提高了反应效率。图 1-17(c)是一种常见的超声波清洗器,可用于小批量的清洗、脱气、混匀、提取、有机合成和细胞粉碎等。

六、有机化学实验的基本程序

1. 实验预习

实验预习是有机化学实验的重要环节,对实验成功与否、收获多少起着关键的作用。在做一个实验前学生必须仔细阅读有关教材,包括实验的原理、步骤和用到的实验技术,查阅手册或其他参考书。弄清这次实验要做什么,怎样做,为什么这样做,还有什么方法等。对所用的仪器装置做到能叫出每件仪器的名称,了解仪器的原理、用途和正确的操作方法等。并在实验记录本上写好预习报告。预习报告包括以下内容。

(1)实验目的,提出实验要达到的主要目的和要求。

(2)实验原理,包括主反应和重要副反应的方程式,必要时写出反应机理。如果是基本操作,要懂得仪器的操作原理。

(3)主要原料、产物和副产物的物理常数,原料用量(单位:g,mL,mol),计算理论产量。

(4)画出主要仪器装置图,并注明各部件的名称。

(5)用图表形式画出实验的流程,明确各步操作的目的和要求,特别注意本实验的注意事项和实验安全。

(6)安全防御,有机化学实验经常使用有毒、易燃或易爆的药品试剂,预习时必须了解本次实验所有原料和产物的安全性质,防止操作不慎发生危险,明确事故处理方法。

2. 实验操作及记录

实验操作是锻炼学生动手能力和实践能力的重要环节,操作的规范性和准确性直接关系到实验的结果,有机实验课的目的之一就是掌握实验操作基本技能。实验操作应注意以下几点。

(1)亲自动手,独立完成,不能只看不做。

(2)按预习方案操作,不得临时更改方案。如若提出新的实验方案,应与指导教师讨论确认后方可实施。

(3)实验操作及仪器的使用应严格按照操作规程进行,否则会出现危险或损坏仪器。

(4)实验过程要精力集中,仔细观察,认真思考,及时记录。发现异常应立即停止实验,认真分析,查明原因后重新开始。

(5)操作过程保持台面整洁卫生,用过的仪器及时清理,公共用品用完放回原处。

实验记录是科学研究的第一手资料,记录的准确与否直接影响对实验结果的分析,学会写好实验记录是培养学生科学素养和实事求是工作作风的重要途径。实验记录的内容包括所用物料的数量、浓度、使用时间、实验现象以及测量的数据等。实验现象是判断实验成败以及积累实践经验的重要环节(但同学们往往不知道记录什么),它包括原料的状态、颜色、气味,反应温度的变化,体系颜色的改变,结晶或沉淀的产生或消失,是否放热,是否有气体逸出等。做好实验记录要注意以下几点。

(1)养成边实验边记录的习惯,不应事后凭记忆补写,或用其他记录纸代替或转抄。

(2)记录要实事求是,准确反映真实情况,特别是当观察到的现象和预期的不相同时,必须按照实际情况记录清楚,以便作为总结讨论的依据。

(3)实验记录要简单明了,尽量使用表格记录,与操作步骤一一对应。

3. 实验数据处理

有机化学实验相比于分析化学和物理化学实验数据处理要简单。实验数据处理应有原始数据记录、计算过程及计算结果。

有机化合物的性质实验要记录发生的化学现象,化学现象的解释最好用化学反应方程式表达;合成实验要有产率计算,应列出反应式及计算式;对熔点、折光率等性能测试数据,要与理论值对比,分析其纯度;产物的红外、核磁等的谱图分析,要将图中特征峰进行合理归属,并对谱图与产物是否一致以及产物纯度做出初步判断;对实验过程中的异常现象要认真分析,给出合理的解释和说明。

4. 实验报告及示例

实验完成后应及时写出实验报告。实验报告是学生完成实验的一个重要步骤。通过实验报告,可以培养学生发现问题、分析问题和解决问题的能力。一份合格的实验报告应包括以下内容。

(1)实验名称。

(2)实验目的:简述该实验所要求达到的目的和要求。

(3)实验原理:简要介绍实验的基本原理、主要反应方程式及副反应方程式。

(4)实验主要试剂的物理常数:查阅文献,了解各试剂的物理特性,列出相对分子量、相对密度、熔点、沸点和溶解度等。

(5)实验试剂用量及规格:写出所用试剂的名称、规格、用量(单位:g,mL,mol)。

(6)仪器装置图:画出主要仪器装置图,同时注明各部件的名称。

(7)实验步骤及现象:用表格方式说明实验操作过程,对应记录每步操作的实验现象。

(8)实验结果和数据处理:如实记录实验的测试数据和结果,对合成实验计算产率。

(9)问题与讨论。

下面以“1-溴丁烷的制备”实验报告为例。

实验题目 1-溴丁烷的制备

实验目的

(1)学习由醇制备溴代烷的原理和方法。

(2)掌握带有有害气体吸收装置的加热回流装置的基本操作。

(3)进一步巩固蒸馏装置和分液漏斗的使用方法。

实验原理

$$NaBr + H_2SO_4 \longrightarrow HBr + NaHSO_4$$

$$n\text{-}C_4H_9OH + HBr \xrightarrow{H_2SO_4} n\text{-}C_4H_9Br + H_2O$$

副反应:

$$n\text{-}C_4H_9OH \xrightarrow{H_2SO_4} CH_3CH_2CH{=\!=}CH_2 + H_2O$$

$$2n\text{-}C_4H_9OH \xrightarrow{H_2SO_4} (n\text{-}C_4H_9)_2O + H_2O$$

$$2NaBr + 3H_2SO_4 \longrightarrow Br_2 + SO_2\uparrow + 2H_2O + 2NaHSO_4$$

主要试剂及产物物理常数

名称	分子量	熔点/℃	沸点/℃	相对密度 d_4^{20}	折光率 n_4^{20}	溶解度/(g/100 mL)	
						H_2O	Et_2O
$n\text{-}C_4H_9OH$	74.12	−89.8～−89.2	117.71	0.8098	1.3993	7.920	混溶
$n\text{-}C_4H_9Br$	137.03	−112.4	101.6	1.299	1.4398	不溶	混溶
H_2SO_4	98	10.38	340	1.83	1.477	混溶	反应

主要试剂的规格及用量

试剂名称	规格	实际用量		理论量/mol	过量/%	备注
		g	mol			
正丁醇	分析纯	5.02	0.068	0.068	0	
无水溴化钠	分析纯	8.3	0.08	0.068	17.65	
硫酸	98%,分析纯	17.64	0.18	0.08	125	

仪器装置(见图1-18)

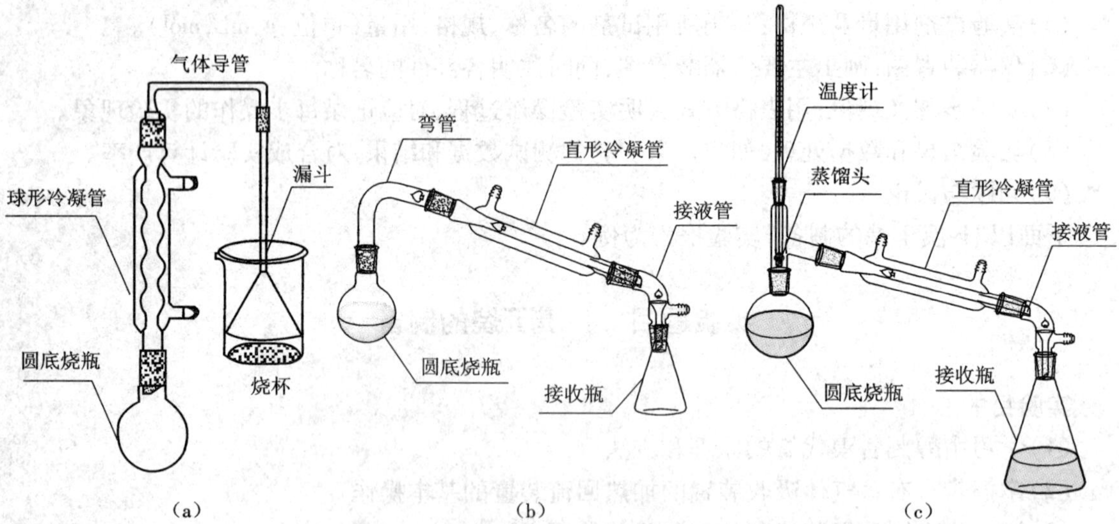

图1-18　仪器装置

(a)加热回流装置;(b)简易蒸馏装置;(c)蒸馏装置

实验记录

时间	步骤	现象	备注
1:30	安装反应装置。从下向上依次安装升降台、电热套、圆底烧瓶、冷凝管、气体导管。向右气体导管接玻璃漏斗,下放烧杯	仪器整体呈一平面,垂直台面,不向前后左右倾斜	烧瓶和冷凝管用铁夹固定。漏斗与液面有空隙
1:45	在小锥形瓶中加入 10 mL 水,10 mL 浓硫酸,振荡冷却	放热,锥形瓶烫手	
1:50	在圆底烧瓶中加入 6.2 mL 正丁醇、8.3 g溴化钠、几粒沸石,振荡,使之溶解	溶液不分层,部分溴化钠未溶解	
2:00	振荡下滴加稀释的硫酸(分 4 次加入)	瓶中出现白雾状的 HBr	
2:10	安装冷凝管,并在冷凝管上安装气体吸收装置,同时小火加热 1 h	沸腾,白色酸雾增加,从冷凝管上升,被气体吸收装置吸收。瓶中的液体由一层变为三层,上层开始极薄,并逐渐增厚。中层为橙黄色,逐渐变薄,最后消失。上层颜色由淡黄色逐渐变为橙黄色	
3:20	稍冷,改成蒸馏装置,加沸石,蒸出 $n\text{-}C_4H_9Br$	馏出液浑浊,分层。瓶中上层越来越少,最后消失,消失后过片刻停止蒸馏。蒸馏瓶冷却,析出无色透明结晶($NaHSO_4$)	接收器用冰水浴冷却
3:40	粗产物用 10 mL 水洗。在分液漏斗中依次用 10 mL H_2SO_4洗,10 mL H_2O洗,10 mL 饱和 $NaHCO_3$洗,10 mL 水洗	用 H_2SO_4洗时,产物在上层,其他试剂洗涤时,产物在下层	
4:10	粗产物倒入锥形瓶中,加 $CaCl_2$ 干燥	粗产物浑浊,振摇后透明	
4:50	产物滤入 30 mL 蒸馏瓶中,加沸石蒸馏,收集 99 ~ 103 ℃馏分	99 ℃前馏出液很少,长时间稳定于 101 ~ 102 ℃,后升至 103 ℃温度下降,瓶中液体很少时,停止蒸馏	产品:3.5 mL 无色透明液体

实验结果与数据处理

产品外观为无色透明液体。

理论产量为 9.316 g,7.58 mL,0.068 mol。

实际产量为 4.547 g,3.50 mL,0.027 mol。

产率为 48.80%。

问题与讨论

(1)反应在什么情况下用气体吸收装置?怎样选择吸收剂?

有污染环境的气体放出时或产物为气体时,常用气体吸收装置。吸收剂的选择一般是价格便宜、本身不污染环境、对被吸收的气体有较大的溶解度的物质。如果气体为产物,吸收剂还应容易与产物分离。

(2)1-溴丁烷制备实验中,硫酸浓度太高或太低会带来什么结果?

硫酸浓度太高时,会使 NaBr 氧化成 Br_2,而 Br_2不是亲核试剂,不能发生取代反应。另外,硫酸浓度太高,加热回流时可能有大量 HBr 气体从冷凝管顶端逸出形成酸雾。如果硫酸浓度太低,则生成的 HBr 量不足,使反应难以进行。

5. 实验小结

实验小结是锻炼学生分析问题和总结经验的重要环节,是使直观的感性认识上升到理性思维的必要步骤。实验小结包括对实验现象的解释,对实验结果进行的定性分析或定量计算,对实验中遇到的疑难问题提出的见解,对实验内容、实验方法、实验装置及实验教学的改进意见或建议和实验的心得体会等。

七、有机化学文献资料

查阅文献资料是化学工作者的基本功,特别是在科研工作中,通过文献可以了解相关科研方向的研究现状与最新进展。有机化学的文献资料(如化学手册、理化数据和光谱资料等)的数据来源可靠,查阅简便,并不断进行补充更新,是化学工作者学习和研究的有力工具。随着计算技术与互联网技术的发展,网上文献资源已发挥越来越重要的作用。文献资料和网络化学资源不仅可以帮助了解有机物的物理性质、解释实验现象、预测实验结果和选择正确的合成方法,而且可使实验人员避免重复劳动,取得事半功倍的实验效果。

1. 常用工具书

(1)王箴主编的《化工辞典》,这是一本综合性化学化工工具书。共收集化学化工名词16 000 余条,包括化合物的中英文名称、分子式、构造式、物理常数及有关数据,并附有简要制备方法和重要用途的介绍。

(2)*Handbook of Chemistry and Physics*,这是美国化学橡胶公司出版的一本(英文)化学与物理手册,简称 CRC 手册。该书内容分 6 个方面:数学用表、元素和无机化合物、有机化合物、普通化学、普通物理常数和其他。查阅时首先要知道化合物的英文名称,便可很快查出所需要的化合物分子式及其物理常数。分子式索引是按碳、氢、氧的数目顺序排列的。由于有机化合物有同分异构现象,因此在一个分子式下面常有许多编号,需要逐条去查。

(3)*Aldrich* 是由美国 Aldrich 化学试剂公司出版的一本化学试剂目录,一个化合物作为一个条目,内含相对分子质量、分子式、沸点、折光率、熔点等数据。较复杂的化合物还附了结构式。并给出了部分化合物核磁共振和红外光谱谱图的出处。每个化合物都给出了不同包装的价格,这对有机合成订购试剂和比较各类化合物的价格很有好处。书后附有分子式索引,便于查找,还列出了化学实验中常用仪器的名称、图形和规格。每年出一本新书,免费赠阅。

(4)*Acros Catalogue of Fine Chemicals* 是由 Acros 公司出版的化学试剂手册,与 Aldrich 类似,也是化学试剂目录,包含熔点、沸点等常用物理常数,2005 年版新增了以人民币计算的试剂价格,每年出一册,国内可向百灵威公司索取。

(5)*Dictionary of Organic Compounds*,*6th Ed.*,这本书收集了常见的有机化合物近 3 万条,连同衍生物在内共约 6 万条。内容为有机化合物的组成、分子式、结构式、来源、性状、物理常数、化合物性质及其衍生物等,并给出了制备化合物的主要文献资料。该书已有中文译本名为

《汉译海氏有机化合物辞典》,中文译本仍按化合物英文名称的字母顺序排列,在英文名称后面附有中文名称。因此,在使用中文译本时,仍然需要知道化合物的英文名称。

(6) *Organic Synthesis*,本书最初由 R. Adams 和 H. Gilman 主编,后由 A. H. Blatt 担任主编。本书主要介绍各种有机化合物的制备方法,也介绍了一些常用的无机试剂制备方法。书中对一些特殊的仪器、装置往往是同时用文字和图形来说明。书中所选实验步骤叙述得非常详细,并有附注介绍作者的经验及注意点。书中每个实验步骤都经过其他人的核对,因此内容成熟可靠,是有机制备的优秀参考书。

(7) *Organic Reactions*,本书由 R. Adams 主编,自 1951 年开始出版,刊期不固定,约为一年半出一卷,1988 年已出 35 卷。本书主要介绍有机化学中有理论价值和实际意义的反应。每个反应都分别由在该方面有一定经验的人来撰写。书中对有机反应的机理、应用范围、反应条件等都作了详尽的讨论。并用图表指出在这个反应的研究工作中作过哪些工作。卷末有以前各卷的作者索引、章节和题目索引。

(8) Sadtler Spectra(Sadtler 图谱集),光谱是鉴定有机化合物结构的手段,因此查找图谱与图谱数据是研究工作中经常遇到的问题。Sadtler 图谱集是目前收集最多、最广并连续出版的图谱集。它包括 3 大部分:①Sadtler Standard Spectra(标准图谱集);②Sadtler Commercial Spectra(商业图谱集),包括农药、药物、香料、染料、单体与高分子产品等;③Sadtler Biochemical Spectra(生化图谱集),包括生化试剂与甾族化合物等。

2. 常用期刊文献

期刊是定期出版的刊物。在化学文摘(*Chemical Abstracts*,简称为 CA)上摘引的化学化工期刊近 15 000 种,化学期刊有些内容非常广泛,涉及化学的各个领域,有些内容非常专一,只涉及化学的某个领域的某一方面。期刊从性质上来说,有的刊载原始论文,有的刊载综述,有的报道新闻动态,也有这几种内容都有的综合性期刊。这里推荐部分有机化学常用的中外文期刊。

(1) 中国科学,月刊,于 1951 年创刊。原为英文版,自 1972 年开始出中文和英文两种文字版本。刊登我国各个自然科学领域中高水平的研究成果。中国科学分为 A、B 两辑,B 辑主要包括化学、生命科学、地球科学方面的学术论文。

(2) 科学通报,半月刊(1950 年创刊),它是自然科学综合性学术刊物,有中、外文两种版本。

(3) 化学学报,月刊(1933 年创刊),原名中国化学会会志。主要刊登化学方面有创造性的、高水平的学术论文。

(4) 高等学校化学学报,月刊(1980 年创刊)。它是化学学科综合性学术期刊。除重点报道我国高校师生创造性的研究成果外,还反映我国化学学科其他方面研究人员的最新研究成果。

(5) 有机化学,月刊(1981 年创刊)。刊登有机化学方面的重要研究成果。

(6) 化学通报,月刊(1952 年创刊)。以报道知识介绍、专论、教学经验交流等为主,也有研究工作报道。

(7) *Journal of the American Chemical Society*(简称 J. Am. Chem. Soc.),美国化学会会志,是自 1879 年开始的综合性双周期刊。主要刊载研究工作的论文,内容涉及无机化学、有机化学、生物化学、物理化学、高分子化学等领域,并有书刊介绍。每卷末有作者索引和主题索引。

(8)*Journal of Organic Chemistry*(简称 J. Org. Chem.)。创刊于 1936 年,为月刊。主要刊载有机化学方面的研究工作论文。

(9)*Chemical Reviews*(简称 Chem. Rev.)。创刊于 1924 年,为双月刊。主要刊载化学领域的专题及发展近况的评论。内容涉及无机化学、有机化学、物理化学等各方面的研究成果与发展概况。

(10)*Tetrahedron*,创刊于 1957 年,主要是为了迅速发表有机化学方面的研究工作和评论性综述文章。大部分论文是用英文写的,也有用德文或法文写的。原为月刊,自 1968 年起改为半月刊。

(11)*Tetrahedron Letters*,主要是为了迅速发表有机化学方面的初步研究工作。大部分论文是用英文写的,也有用德文或法文写的。

(12)*Synthesis*。这本国际性的合成杂志创刊于 1973 年,主要刊载有机化学合成方面的论文。

(13)*Journal of Organometallic Chemistry*(简称 J. Organomet. Chem. 1963 年创刊)。主要报道金属有机化学方面的最新进展。

(14)*Chemical Abstracts*,美国化学文摘,简称 C. A.,是化学化工方面最主要的二次文献,创刊于 1907 年。自 1962 年起每年出二卷。自 1967 年上半年(即 67 卷)开始,每逢单期号刊载生化类和有机化学类内容;每逢双期号刊载大分子类、应化与化工、物化与分析化学类内容。有关有机化学方面的内容几乎都在单期号内。

3. 常用网络资源

(1)美国化学学会(ACS)数据库(http://pubs.acs.org)。美国化学学会 ACS(American Chemical Society)成立于 1876 年,现已成为世界上最大的科技协会之一。多年来,ACS 一直致力于为全球化学研究机构、企业及个人提供高品质的文献资讯及服务,在科学、教育、政策等领域提供了多方位的专业支持,成为享誉全球的科技出版机构。

(2)英国皇家化学学会(RSC)期刊及数据库(http://www.rsc.org)。这是英国皇家化学学会(Royal Society of Chemistry)出版的期刊及数据库,是化学领域的核心期刊和权威性数据库。

(3)Belstein/Gmelin Crossfire 数据库(http://www.mdli.com/products/products.html)。该数据库包括贝尔斯坦有机化学资料库及盖莫林(Gmelin)无机化学资料库,含有 700 多万个有机化合物的结构资料和 1 000 多万个化学反应资料以及 2 000 万个有机物性质和相关文献,内容相当丰富。原始文献数据包括熔点、沸点、密度、折射率、旋光性、从天然产物或衍生物分离方法。

(4)John Wiley 电子期刊(http://www.interscience.wiley.com)。目前 John Wiley 出版的电子期刊有 363 种,其学科范围以科学、技术与医学为主。该出版社出版的期刊学术质量很高,是相关学科的核心资料,其中被 SCI 收录的核心期刊近 200 种。学科范围包括:生命科学与医学、数学统计学、物理、化学、地球科学、计算机科学、工程学等,其中化学类期刊 110 种。

(5)Elsevier Science 电子期刊全文库(http://www.sciencedirect.com)。Elsevier Science 公司出版的期刊是世界上公认的高品位学术期刊。清华大学与荷兰 Elsevier Science 公司合作在清华大学图书馆已设立镜像服务器,访问网址:http://elsevier.lib.tsinghua.edu.cn 。

(6)Taylor and Francis 期刊数据库(http://www.taylorandfrancisgroup.com)。Taylor and

Francis 期刊数据库(知网版)的内容来自于英国泰勒-费朗西斯出版集团,该出版集团成立于1789 年,位列全球学术出版前五位 ,旗下的期刊、图书等学术出版物的电子版都发布在 informaworld 平台上。Taylor and Francis ST 期刊数据库提供超过 300 种经过专家评审的高质量科学与技术类期刊,其中超过 78% 的期刊被汤姆森路透科学引文索引收录,内容最早到 1997 年。该科技期刊数据库包含 5 个学科:环境与农业科学,化学,工程,计算和技术,物理学和数学。

(7)CA 网络版(SciFinder Scholar)。网络版化学文摘 SciFinder Scholar 整合了 Medline 医学数据库、欧洲和美国等 30 几家专利机构的全文专利资料,以及化学文摘从 1907 年至今的所有内容。它涵盖的学科包括应用化学、化学工程学、普通化学、物理学、生物学、生命科学、医学、材料学、地质学、食品科学和药学等诸多领域。可以通过网络直接查看 1907 年以来所有期刊文献和专利摘要,以及 4 000 多万个化学物质记录和 CAS 注册号。

(8)中国期刊全文数据库(http://www.cnki.net)。它收录 1994 年至今的 5 300 余种核心与专业特色期刊全文,累积全文 600 多万篇,题录 600 多万条。分为理工 A(数理科学)、理工 B(化学化工能源与材料)、理工 C(工业技术)、农业、医药卫生、文史哲、经济政治与法律、教育与社会科学综合、电子技术与信息科学 9 大专辑,126 个专题数据库,网上数据每日更新。

八、危险化学品常识及绿色化学实验理念

1. 危险化学品常识

危险化学品是指具有燃烧、爆炸、毒害、腐蚀等性质,以及在生产、贮存、装卸、运输等过程中易造成人员伤亡和财产损失的任何化学物质。如氯气有毒、有刺激性,硝酸有强烈腐蚀性等,它们均属危险化学品。

1)危险化学品的分类

目前常见且用途较广的危险化学品有数千种,其性质各不相同,每种危险化学品往往具有多种危险性,但在多种危险性中,必有一种主要的即对人类危害最大的危险性。因此在对危险化学品分类时,掌握"择重归类"的原则,即根据该化学品的主要危害特性来进行分类。危险化学品按其危害特性,主要分为爆炸物质、压缩气体和液化气体、易燃液体、易燃固体、自燃物质和遇湿易燃物质、氧化剂和有机过氧化物、有毒物质、放射性物质。根据常用化学试剂的危险性质,又可分为易燃、易爆和有毒药品三类。在使用贴有危险品警示图标的药品和设施时,应严格遵守操作规程,以免发生事故。

2)常见的危险化学品

①易燃化学药品如下。

a. 可燃气体:包括甲烷、乙烷、一氯甲烷、一氯乙烷、乙烯、煤气、氢气、硫化氢、二氧化硫、氨、乙胺等。

b. 易燃液体:包括一级易燃液体(乙醚、丙酮、汽油、环氧乙烷、环氧丙烷等)、二级易燃液体(甲醇、乙醇、吡啶、二甲苯等)、三级易燃液体(柴油、煤油、松节油等)。

c. 易燃固体:有机易燃固体包括硝化纤维、樟脑、胶卷等;无机易燃固体包括红磷、硫黄、镁、铝等。

d. 遇水燃烧的物质:包括金属钾、钠及电石和锌粉等。

②易爆化学药品如下。

a. 氢气、乙炔、二硫化碳、乙醚及汽油的蒸气与空气或氧气混合，可因火花导致爆炸。

b. 乙醇加浓硝酸、高锰酸钾加甘油、高锰酸钾加硫黄、硝酸加镁和氢碘酸、硝酸铵加锌粉和水滴、硝酸盐加氯化亚锡、过氧化物加铝和水、钠或钾加水等可爆炸。

c. 氧化剂与有机物接触极易引起爆炸，故在使用硝酸、高氯酸、双氧水时必须注意。

③有毒化学药品如下。

a. 溴、氯、氟、溴化氢、盐酸、二氧化硫、硫化氢、氢氰酸、一氧化碳等均为有毒气体，具有刺激性或窒息性。

b. 强酸和强碱均会刺激皮肤，有腐蚀作用，会造成化学灼伤。强酸、强碱可烧伤眼角膜，如果强碱烧伤 5 min，可使眼角膜完全毁坏。

c. 高毒性固体：无机氰化物、三氧化二砷等砷化物、氯化汞等可溶性汞化合物、铊盐、铅及其化合物和五氧化二钒等。

d. 有毒有机物：苯、甲醇、二硫化碳等有机溶剂；芳香硝基化合物、苯酚、硫酸二甲酯、苯胺及其衍生物等。

e. 已知的危险致癌物质：联苯胺及其衍生物、β-萘胺、二甲氨基偶氮苯、α-萘胺等芳胺及其衍生物；N-甲基-N-亚硝基苯胺、N-甲基-N-亚硝基脲、N-亚硝基氢化吡啶等 N-亚硝基化合物；双(氯甲基)醚、氯甲基甲醚、碘甲烷、β-羟基丙酸丙酯等烷基化试剂；苯并[α]芘、二苯并[d,h]蒽等稠环芳烃；硫代乙酰胺、硫脲等含硫化合物；石棉粉尘等。

f. 具有长期积累效应的毒物有：苯、铅化合物(特别是有机铅化合物)、汞、二价汞盐和液态的有机汞化合物等。

3)易燃、易爆和腐蚀性药品的使用规则

(1)绝不允许把各种化学药品任意混合，以免发生意外事故。

(2)使用氢气时要严禁烟火，点燃氢气前必须检验氢气的纯度。进行有大量氢气产生的实验时，应把废气通向室外，并需注意室内的通风。

(3)可燃性试剂不能用明火加热，必须用水浴、油浴、沙浴或可调电压的电热套加热。使用和处理可燃性试剂时，必须在没有火源的通风实验室中进行，试剂用毕要立即盖紧瓶塞。

(4)钾、钠和白磷等暴露在空气中易燃烧，所以钾、钠应保存在煤油(或石蜡油)中，白磷可保存在水中，取用它们时要用镊子。

(5)取用酸、碱等腐蚀性试剂时，应特别小心，不要洒出。废酸应倒入废酸缸中，但不要往废酸缸中倾倒废碱，以免因酸碱中和放出大量的热而发生危险。浓氨水具有强烈的刺激性气味，一旦吸入较多氨气，可能导致头晕或晕倒。若氨水进入眼内，严重时可能造成失明。所以，在热天取用氨水时，最好先用冷水浸泡氨水瓶，使其降温后再开瓶取用。

(6)对某些强氧化剂(如氯酸钾、硝酸钾、高锰酸钾等)或其混合物，不能研磨，否则可能引起爆炸；银氨溶液不能留存，因其久置后会生成氮化银而容易爆炸。

4)有毒、有害药品的使用规则

(1)有毒药品(如铅盐、砷的化合物、汞的化合物、氰化物和重铬酸钾等)不得进入口内或接触伤口，也不得随便倒入下水道。

(2)金属汞易挥发，并能通过呼吸道进入体内，会逐渐积累而造成慢性中毒，所以取用时要特别小心。如不慎将汞洒落在桌上或地上，必须尽可能收集起来，并用硫黄粉盖在洒落汞的地方，使汞转变成不挥发的硫化汞，然后再除尽。

(3)制备和使用具有刺激性的、恶臭和有害的气体(如硫化氢、氯气、光气、一氧化碳、二氧化硫等)及加热蒸发浓盐酸、硝酸、硫酸时，应在通风橱内进行。

(4)使用某些有机溶剂(如苯、甲醇、硫酸二甲酯)时应特别注意。因为这些有机溶剂均为脂溶性液体，不仅对皮肤及黏膜有刺激性作用，而且对神经系统也有损伤。生物碱大多具有强烈毒性，皮肤亦可吸收，少量即可导致中毒甚至死亡。因此，使用这些试剂时均需穿上工作服，戴上手套和口罩。

(5)必须了解哪些化学药品具有致癌作用，在取用这些药品时应特别注意，以免中毒。

5)危险化学品的存放

(1)贮存危险化学品必须遵照国家法律、法规和其他有关的规定。

(2)贮存的化学危险品应有明显的标志，标志应符合国家相关规定。同一区域贮存两种或两种以上不同级别的危险品时，应按最高等级危险物品的性能进行标志。

(3)在贮存化学危险品的建筑物或区域内严禁吸烟和使用明火，并安装自动监测和火灾报警系统。贮存易燃、易爆化学危险品的建筑必须安装避雷设备。

(4)各类危险品不得与禁忌物料混合储存，灭火方法不同的危险化学品不能同库储存。如爆炸物品不准和其他类物品同贮，必须单独隔离限量贮存；易燃液体、遇湿易燃物品、易燃固体不得与氧化剂混合贮存；具有还原性的氧化剂应单独存放；有毒物品应贮存在阴凉、通风、干燥的场所，不要露天存放，不要接近酸类物质；腐蚀性物品的包装必须严密，不允许泄漏，严禁与液化气体和其他物品共存。

(5)贮存化学危险品的仓库必须建立严格的出入库管理制度。化学危险品入库时，应严格检验物品质量、数量、包装情况、有无泄漏。化学危险品入库后应采取适当的养护措施，在贮存期内定期检查，发现其品质变化、包装破损、渗漏、稳定剂短缺等，应及时处理。库房温度、湿度应严格控制，经常检查，发现变化及时调整。

(6)仓库工作人员应进行危险品库工作的专门培训，使其熟悉各区域贮存的化学危险品种类、特性、贮存地点、事故的处理程序及方法，经考核合格后持证上岗。

2. 绿色化学实验理念

1)绿色化学的定义

“绿色化学”由美国化学会(ACS)提出，目前得到广泛响应。绿色化学是指利用化学技术和方法去减少或消灭那些对人体健康、社区安全、生态环境有害的原料、催化剂、溶剂和试剂、产物及副产物等的使用和生产。而今天的绿色化学是指能够保护环境的化学技术。它可通过使用自然能源，避免给环境造成负担，避免排放有害物质，利用太阳能为目的的光触媒和氢能源的制造和储藏技术的开发等来实现，并考虑节能、节省资源、减少废弃物排放量。

绿色化学又称“环境无害化学”“环境友好化学”“清洁化学”，绿色化学是近几十年才产生和发展起来的。它涉及有机合成、催化、生物化学、分析化学等学科，内容广泛。绿色化学的最大特点是在始端就采用预防污染的科学手段，因而过程和终端均为零排放或零污染。世界上许多国家已把“化学的绿色化”作为新世纪化学发展的主要方向之一。

2)实现绿色化学的主要方法

(1)开发绿色实验。如水蒸气蒸馏实验选用无毒无害的天然原料，实现了原料和提取过程的绿色化。

(2)防止实验过程中尾气、废物等对环境的污染,实验中有危害性气体产生时要加强尾气吸收,对实验产物尽可能再利用。

(3)在保证实验效果的前提下,尽量减少实验试剂的用量,使实验小型化、微型化。

(4)对于危险的或反应条件苛刻的,污染严重的或仪器、试剂价格昂贵的实验,可采用计算机模拟化学实验或观看实验录像等办法。

绿色化学不仅能有效解决日益恶化的环境问题,改变能源紧缺和资源匮乏的现状,还能提升人们生活质量,确保国家和人民的生命财产安全。绿色化学在很多领域都进行了探索和尝试,取得了较好的效果,但是依然很难实现大规模的工业化,因此目前绿色化学给环境带来的改观还十分有限。由于环境友好的特性,绿色化学必将成为未来化学的发展方向,这就要求科研工作者不断对原有化学技术进行改良,并对新的化学工艺进行积极探索(如努力尝试合成新型的高效催化剂),真正实现化学的绿色化。从绿色化学的发展趋势上看,它将沿着节能环保的新材料方向发展,将环境、资源、能源、信息、生命材料与化学领域相结合,开辟出一条绿色发展的新道路。

第二部分　有机化学实验基本操作

一、玻璃仪器的洗涤与干燥

有机化学实验中使用的玻璃仪器应当清洁干燥，以免在实验时混入杂质。

1. 玻璃仪器的洗涤方法

清洗玻璃仪器的常用方法是：将玻璃仪器和毛刷用自来水淋湿，蘸取肥皂粉或洗涤剂，洗刷玻璃器皿的内外壁，除去污物后，再用自来水冲洗干净。实验室刷子是特制的，如瓶刷、烧杯刷、冷凝管刷等，但用腐蚀性洗液时则不用刷子。洗涤时，应注意不要让毛刷的铁丝摩擦仪器磨口。毛刷够不到的地方，可将毛刷的铁丝柄适当弯曲，直到可以刷到污物为止。洗净的仪器倒置时器壁应不挂水珠。如果是用于盛装精制产品或用于有机分析实验的玻璃仪器，则还需用蒸馏水将其摇洗几次，以除去自来水带来的杂质。

实验用过的玻璃器皿必须立即洗涤。由于污垢的性质在当时是清楚的，用适当的方法进行洗涤容易办到，时间长了会增加洗涤的困难。难于洗净时，则可根据污垢的性质选用适当的洗液进行洗涤。如果是酸性（或碱性）污垢，则用碱性（或酸性）洗液洗涤；如果是有机污垢，则用碱性洗液或有机溶剂洗涤。下面介绍几种常用洗液。

1）铬酸洗液

铬酸洗液是由重铬酸钾和浓硫酸配成。这种洗液氧化性很强，对玻璃仪器无侵蚀作用，而对有机污垢破坏力很强。使用时先倾去玻璃器皿内的水，慢慢倒入洗液，转动器皿，使洗液充分浸润不干净的器壁，数分钟后把洗液倒回洗液瓶中，用自来水冲洗。若壁上粘有少量炭化残渣，可加入少量洗液，浸泡一段时间后在小火上加热，直至冒出气泡，炭化残渣可被除去，但当铬酸洗液颜色变绿，表示失效应该弃去，不能倒回洗液瓶中。

2）碱性乙醇洗液

它由氢氧化钠的水溶液与95%乙醇配制而成，可用于洗涤油脂、焦油、树脂沾污的玻璃仪器。

3）合成洗涤剂

它是实验室常用的洗涤液，用以洗涤油脂和一些有机物（如有机酸）。

4）有机溶剂洗涤液

当胶状或焦油状的有机污垢用上述方法不能洗去时，可选用丙酮、乙醚、苯浸泡，要加盖避免溶剂挥发。用有机溶剂作洗涤剂，使用后可回收重复使用。

另外，有机实验室中常用超声波清洗器[图 1-17(c)]来洗涤玻璃仪器，既省时又方便。将实验用过的仪器用自来水简单冲洗后，放在装有洗涤剂溶液的超声波清洗器中，接通电源，利用声波的振动和能量，即可达到清洗仪器的目的。

若用于精制或有机分析用的器皿，除用上述方法处理外，还须用蒸馏水冲洗。

玻璃器皿是否清洁的标志是：加水倒置，水顺着器壁流下，内壁被水均匀润湿有一层既薄又均的水膜，不挂水珠。

2. 玻璃仪器的干燥

有机化学实验经常需要使用干燥的玻璃仪器，故要养成在每次实验后马上把玻璃仪器洗净和倒置使之干燥的习惯，以便下次实验时使用。干燥玻璃仪器的方法有下列几种。

1) 自然风干

自然风干是指把已洗净的仪器放在干燥架上自然风干，这是常用的简单方法。但必须注意，若玻璃仪器洗得不够干净，水珠便不易流下，干燥就会缓慢。

2) 烘干

把玻璃器皿按顺序由上往下放入烘箱烘干，放入的玻璃仪器要求不带水珠。器皿口应向上，带有磨砂口玻璃塞的仪器必须取出活塞后才能烘干，烘箱内的温度保持 100 ~ 105 ℃约 0.5 h，待烘箱内的温度降至室温时才能取出。切不可把很热的玻璃仪器取出，以免破裂。当烘箱正在工作时，则不能往上层放入湿的器皿，以免水滴下落，使热的器皿骤冷而破裂。

3) 吹干

有时仪器洗涤后需立即使用，这时可使用气流干燥器或电吹风机把仪器吹干。首先将水尽量沥干后加入少量丙酮或乙醇摇洗并倾出，先通入冷风吹 1 ~ 2 min，待大部分溶剂挥发后，吹入热风至完全干燥，最后吹入冷风使仪器逐渐冷却。

二、加热和冷却方法

1. 加热方法

在实验过程中，为了提高反应速度，经常要对反应体系加热。另外，在分离、提纯化合物以及测定化合物的一些物理常数时，也常常需要加热。

实验室常用的热源有煤气灯、酒精灯、电炉、电热套等。必须注意，玻璃仪器一般不能用火焰直接加热，因为剧烈的温度变化和加热不均匀会造成玻璃仪器的损坏。同时，局部过热还可能引起有机化合物的部分分解。为了避免直接加热可能带来的弊端，实验室中常常根据具体情况应用以下不同的间接加热方式。

(1) 石棉网加热。把石棉网放在三脚架或铁环上，用煤气灯或酒精灯在下面加热，石棉网上的烧瓶与石棉网之间应留有空隙，以避免由于局部过热引起化合物分解。加热低沸点化合物或减压蒸馏时，不能用这种加热方式。

(2) 水浴。当所加热的温度在 80 ℃ 以下时，可选用水浴加热。将容器浸入装有水的水浴槽中，注意勿将容器触及水浴槽底部，小心加热并保持所需的温度。对于乙醚等低沸点易燃溶剂，不能用明火加热，应用预先加热好的水浴加热。若需要加热到 100 ℃，可用沸水浴或水蒸气浴。

(3) 油浴。在 100 ~250 ℃加热可选择油浴。在油浴中放一支温度计，可以通过控制热源来控制油浴温度。如果用明火加热油浴，应当十分谨慎，避免发生油浴燃烧事故。

油浴所能达到的最高温度取决于所用油的种类。液体石蜡可加热到 220 ℃，温度过高不易分解但容易燃烧。固体石蜡也可以加热到 220 ℃，由于它在室温时是固体，所以加热完毕后，应先取出浸在油浴中的容器。甘油和邻苯二甲酸二丁酯适用于加热到 140 ~ 150 ℃，温度过高则容易分解。植物油（如菜油、蓖麻油和花生油）可以加热到 220 ℃，常在植物油中加入

1%的对苯二酚等抗氧化剂，以增加它们在受热时的稳定性。硅油和真空泵油在250 ℃以上仍较稳定，是理想的浴油，但价格较高。

（4）沙浴。当加热温度在几百度以上时使用沙浴。将清洁而又干燥的细沙平铺在铁盘上，盛有液体的容器埋入沙中，在铁盘下加热。由于沙子对热的传导能力较差，散热快，所以容器底部的沙子要薄一些，容器周围的沙层要厚一些。尽管如此，沙浴的温度仍不易控制，所以使用较少。

（5）空气浴。沸点在80 ℃以上的液体原则上均可采用空气浴加热。最简单的空气浴可用以下方法制作：取空铁罐一只，罐口边缘剪光后，在罐的底层打数行小孔，另将圆形石棉片（直径略小于罐的直径）放入罐中，使其盖在小孔上，罐的周围用石棉布包裹。另取直径略大于罐口的石棉板（厚2～4 mm）一块，在其中挖一个洞（洞的直径接近于蒸馏瓶或其他容器颈部的直径），然后对切为二，加热时用以盖住罐口。使用时将此空气浴放置在铁三角架上，用灯焰加热即可。

（6）电热套。电热套是一种较好的热源，它是由玻璃纤维包裹着电热丝织成的碗状半圆形的加热器，有控温装置可调节温度。由于它不是明火加热，因此，可以加热和蒸馏易燃有机物，也可加热沸点较高的化合物，加热温度范围较广。电热套使用时大小要合适，否则会影响加热效果。

此外，还可以采用其他方法进行加热。如蒸馏低沸点溶剂时，可以用250 W的红外灯加热。将物质高温加热时，也可以使用熔融的盐加热。

2. 冷却方法

实验中有些反应的中间体在室温下不稳定，必须在低温下进行。有的为放热反应，常产生大量的热，使反应难于控制。有些化合物的分离、提纯要求在低温下进行。通常根据不同的要求，选用合适的制冷技术。

（1）自然冷却。热的液体可在空气中放置一定时间，任其自然冷却至室温。

（2）冷风冷却和流水冷却。当实验需要快速冷却时，可将盛有溶液的器皿放在冷水流中冲淋或用鼓风机吹风冷却。

（3）冷冻剂冷却。要使反应混合物的温度低于室温，最常用的冷冻剂是冰或冰和水的混合物。由于后者能和器壁接触得更好，它的冷却效果要比单用冰好。若需要把反应混合物冷却到0 ℃ 以下可用冰盐溶液，如100 g碎冰和30 g NaCl混合物，温度可降至 -20 ℃ 。

液氨也是常用的冷却剂，温度可达 -33 ℃ 。

将干冰（固体二氧化碳）与适当的有机溶剂混合可得到更低的温度，如干冰与乙醇的混合物可达到 -72 ℃，干冰与乙醚、丙酮或氯仿的混合物可达到 -78 ℃。液氮可冷至 -196 ℃。

必须指出，温度低于 -38 ℃时，不能用水银温度计，应改用内装有机液体的低温温度计。

三、干燥与干燥剂的使用

干燥是在有机化学实验中用以除去试剂及产品中的少量水分和有机溶剂最常用的方法。某些有机化学反应，需要在“绝对”无水的条件下进行，如格氏反应，用氢化铝锂还原等，不仅所用仪器要干燥，所用的试剂及溶剂也要干燥，其干燥的程度对实验的成败影响极大。因此在实验过程中应采取必要措施，防止空气中的湿气进入反应体系中。

萃取或洗涤得到的液体有机化合物在用蒸馏操作进一步纯化之前，也常常需要用干燥的方法除去水分，以确保证纯化的效果。

在对有机化合物进行熔点测定、波谱分析或定性定量的化学分析之前，为保证结果的准确性，也必须使样品干燥。

干燥的方法大致分为物理方法和化学方法两种。

化学方法是用干燥剂来除水，按其除水的机制又可将干燥剂分为两类。

(1)能与水可逆地结合，生成水合物的干燥剂，如无水氯化钙、无水硫酸镁等。由于它与水的结合是可逆的，故形成水合物达到平衡需要一个过程，因此加入干燥剂后，最少要放置 2 h 或再长一些时间，通常的做法是放置过夜。此外，温度升高会使平衡向脱水的方向移动，所以在进行需要加热的操作(如蒸馏)前，必须将干燥剂滤去。

(2)能与水发生化学反应生成新化合物的干燥剂。如金属钠、五氧化二磷等。由于这类干燥剂与水的结合是不可逆的，因此，在进行加热操作前不必滤去。

物理方法有吸附、冷冻、分馏和加热或利用共沸点蒸馏把水分带走等。近年来还常用离子交换树脂和分子筛来进行脱水干燥。

离子交换树脂是一种不溶于水、酸、碱和有机溶剂的高分子聚合物。如苯磺酸钾型离子交换树脂内有很多孔隙，可以吸附水分子。使用后可将其加热至 150 ℃以上，被吸附的水就释放出来，可重新使用。

分子筛是有均一微孔结构而能将不同大小的分子分离的固体吸附剂。分子筛可由沸石(又称沸泡石，是许多含水的钙、钠以及钡、锶、钾的硅酸盐矿物的总称)除去结晶水制得，微孔的大小可在加工沸石时调节。如 0.4 nm 型分子筛是一种硅铝酸钠，微孔的表观直径大约为 0.45 nm，能吸附直径约为 0.4 nm 的分子；又如 0.5 nm 型分子筛是一种硅铝酸钙，微孔的表观直径大约为 0.55 nm，能吸附直径约为 0.5 nm 的分子。

水分子的直径为 0.3 nm，一般选用 0.4 nm、0.5 nm 型分子筛除去有机化合物中所含的微量水分。若化合物中所含水分过多，应先去掉大部分水，剩下微量的水分再用分子筛来干燥。

使用分子筛前，应先加热到 150~300 ℃，活化脱水 2 h 时后趁热取出存放在干燥器内备用。若已吸过水的分子筛再加热到 200 ℃左右，让水解吸后，可重新使用。

1. 固体有机化合物的干燥

固体有机化合物的干燥主要为除去残留在固体上的少量水和低沸点溶剂(如乙醚、乙醇、丙酮、苯等)。由于固体的挥发性小，所以可采用蒸发及吸附的方法干燥。前者可晾干或烘干，后者可用装有不同干燥剂的干燥器干燥。为提高干燥效率，有时两种方法同时使用，如用真空恒温干燥器。

1)晾干

从不吸湿的物质中除去易挥发组分时，常用自然晾干的方法，此法既简便又经济。

操作时，把要干燥的物质放在滤纸、表面皿或瓷板上并摊成薄层，再用一张滤纸覆盖上，放在空气中，直至晾干为止。

2)烘干

对热稳定的化合物可用烘干的方法，很快地使其干燥。

干燥时，常用红外灯和电热干燥箱(烘箱)加热。使用时要严格控制加热温度，不要高于有机物的熔点并要随时翻动被干燥的物质，防止出现结块现象。

利用功率的不同和悬放高度的不同调节红外灯的温度。若用的是电热干燥箱,可在 50 ~ 300 ℃的范围内根据需要任意选定温度。借助于箱内的自动控制系统保持温度恒定,温度计应插入箱顶的排气阀上的孔中。

3)在真空干燥器中干燥

某些易分解、易升华、易吸湿或有刺激性的物质需在真空干燥器中干燥。干燥时,根据样品中要除去的溶剂选择好干燥剂,放在干燥器的底部。如要除去水,可用五氧化二磷;要除去水或酸,可选生石灰;要除去水和醇,可选无水氯化钙;要除去乙醚、氯仿、四氯化碳、苯等,可选用石蜡片。

真空干燥器上配有活塞,可用来抽气。抽气通常采用水泵,在抽气过程中,其外围最好能用布裹住,以确保安全。

4)在真空恒温干燥器中干燥

真空恒温干燥器的干燥效率高,适用于少量分析样品的干燥,尤其除去结晶水或结晶醇时此法更好。使用时,将装有样品的器皿放入夹层内,将连接盛有干燥剂(通常是 P_2O_5)的曲颈瓶活塞开启,用水泵抽气。当抽到一定的真空度时,关闭活塞,停止抽气。在整个干燥过程中,每隔一段时间应抽一次气。根据被干燥物质的性质,选用沸点低于样品熔点的溶剂放在烧瓶内,加热烧瓶,溶剂的蒸气就充满了夹层外,使夹层内小舟中的样品在减压和恒定的温度下进行干燥。如果干燥的样品量大,可采用真空恒温干燥箱。

2. 常用气体的干燥

在有机合成与有机分析时,常要用到氮、氧、氢、氯、氨、二氧化碳等气体,有时对这些气体的纯度要求还很高,如对有机化合物进行元素分析时,要除去氧气中的水及二氧化碳等。

干燥气体时多采用干燥剂干燥。用固体干燥剂干燥气体时,常在干燥塔 U 形管及干燥管等仪器中进行。为了避免干燥剂在干燥过程中结块,对形状不稳定的干燥剂(如 P_2O_5)要混上支撑物料——石棉纤维、玻璃棉、沸石等。用液体干燥剂干燥气体,常在各种不同形式的洗气瓶中进行。

惰性气体一般在洗气瓶中用浓硫酸干燥。用浓硫酸作干燥剂时应连接安全瓶。干燥气体时常用的干燥剂见表 2-1。

表 2-1　干燥气体常用的干燥剂

干燥剂	可干燥的气体
CaO、碱石灰、NaOH、KOH	NH_3
无水氯化钙 浓硫酸	H_2、HCl、CO_2、CO、SO_2、O_2、低级烷烃、醚、烯烃、卤代烷烃

对于低沸点液体的干燥可采用冷阱,使水及其他可凝结的杂质凝固下来,为了进行深度冷冻,可采用干冰-乙醇或液氮。

3. 液体有机物的干燥

1)采用分馏和生成共沸混合物的方法

能与水形成二元、三元共沸混合物的液体有机物,其共沸混合物的沸点均低于该液体有机物的沸点。若蒸馏(或分馏)共沸混合物,当共沸混合物蒸馏完毕时,即剩下无水的液体有机物。例如，无水苯的沸点为 80.3 ℃，由 70.4 % 苯与 29.6% 水组成的共沸混合物的沸点为 69.3 ℃。若蒸馏含少量水的苯，则具有上述组成的共沸混合物先被蒸出，然后即可蒸出无水苯。

2）用干燥剂干燥

最常用的液体有机化合物的干燥方法是，直接将干燥剂加入液体中，用以除去水分或其他有机溶剂（如无水 $CaCl_2$ 可除去乙醇等低级醇）。

（1）干燥剂的选择。选择干燥剂时，所选干燥剂应具备：干燥剂与有机物不发生任何化学反应，对有机物亦无催化作用；干燥剂应不溶于有机液体中；干燥剂的干燥速度快，吸水量大，价格便宜。常用干燥剂的性能及应用范围见表 2-2。

表 2-2 常用干燥剂的性能及应用范围

干燥剂	吸水作用	吸水容量	干燥效能	干燥速度	应用范围
氯化钙	形成 $CaCl_2 \cdot nH_2O$，$n = 1, 2, 4, 6$	0.97（按 $CaCl_2 \cdot 6H_2O$ 计）	中等	较快，但吸水后表面被薄层液体所覆盖，故放置时间长些为宜	能与醇、酚、胺、酰胺及某些醛、酮形成络合物，因而不能用来干燥这些化合物。工业品中可能含氢氧化钙和碱或氧化钙，故不能用来干燥酸类
硫酸镁	形成 $MgSO_4 \cdot nH_2O$，$n = 1, 2, 4, 5, 6, 7$	1.05（按 $MgSO_4 \cdot 7H_2O$ 计）	较弱	较快	中性，应用范围广，可代替 $CaCl_2$，并可用以干燥酯、醛、酮、腈、酰胺等不能用 $CaCl_2$ 干燥的化合物
硫酸钠	$Na_2SO_4 \cdot 10H_2O$	1.25	弱	缓慢	中性，一般用于有机液体的初步干燥
硫酸钙	$CaSO_4 \cdot 2H_2O$	0.06	强	快	中性，常与硫酸镁（钠）配合，作最后干燥用
碳酸钾	$K_2CO_3 \cdot \frac{1}{2}H_2O$	0.2	较弱	慢	弱碱性，用于干燥醇、酮、酯、胺及杂环等碱性化合物，不适于酸、酚及其他酸性化合物
氢氧化钾（钠）	溶于水	—	中等	快	强碱性，用于干燥胺、杂环等碱性化合物，不能用于干燥醇、酯、醛、酮、酸、酚等
金属钠	$Na + H_2O \rightarrow NaOH + \frac{1}{2}H_2$	—	强	快	限于干燥醚、烃类中的痕量水分，用时切成小块或压成钠丝使用
氧化钙	$CaO + H_2O \rightarrow Ca(OH)_2$	—	强	较快	适于干燥低级醇类
五氧化二磷	$P_2O_5 + 3H_2O \rightarrow 2H_3PO_4$	—	强	快，但吸水后表面被黏浆液覆盖，操作不便	适于干燥醚、烃、卤代烃、腈中的痕量水分，不适用于醇、酸、胺、酮等的干燥
分子筛	物理吸附	约 0.25	强	快	适用于各类有机化合物的干燥

（2）干燥剂的用量。根据水在被干燥液体中的溶解度和所选干燥剂的吸水量，可以计算出干燥剂的理论用量。因为吸附过程是可逆的，而且干燥剂要达到最大的吸水量必须有足够长的时间来保证生成干燥剂的最高水合物，因此实际用量往往会远远超过计算量。

另外，由于干燥剂在吸附水分子的同时也会黏附上被干燥的液体，使产品的产量降低，所以干燥剂用量应有所控制。加入干燥剂时，可分批加入，每加一次放置十几分钟，直到对水分子的吸收已不显著为止（无水氯化钙保持粒状，无水硫酸铜不变成蓝色，五氧化二磷不结块等）。

一般干燥剂的用量为所干燥液体量的5% ~10%。由于液体中所含水分不尽相同，干燥剂的质量、黏度、干燥时的温度也不尽相同，再加上干燥剂还有可能吸收一些副产物，如氯化钙吸收醇等原因，因此很难规定一个准确的用量范围，操作者应在实践过程中注意积累这方面的经验。

(3) 干燥操作。当选定干燥剂后，应注意被干燥液体中是否有明显的水分存在，如有水分要尽可能分离干净。将要干燥的液体置于锥形瓶中，边加入干燥剂边振摇，当加入适量的干燥剂后，用塞子塞住瓶口，室温下静置。若干燥剂与水反应放出气体，应采取相应措施，保证气体能顺利逸出而水汽又不至于侵入。干燥时所用干燥剂的颗粒应适中，颗粒太大，表面积小，加入的干燥剂吸水量不大；如呈细粉状，吸水后易呈糊状，使分离困难。干燥得好的液体，外观上是澄清透明的，但使用前应滤去其中的干燥剂。

四、萃取分离原理与技术

萃取是有机化学实验中用来提取或纯化有机化合物的常用操作之一。应用萃取可以从固体或液体混合物中提取出所需要的物质，也可以用来洗去混合物中的少量杂质。通常称前者为“抽取”或“萃取”，后者为“洗涤”。

根据被提取对象的状态不同，可采用液-液萃取、固-液萃取方法，如果萃取剂与被萃取物发生化学反应，称为化学萃取方法。

（一）液-液萃取

1. 基本原理

液-液萃取又称溶剂萃取或抽提。它是利用物质在两种不互溶（或微溶）溶剂中溶解度或分配比的不同，将该物质从一种溶剂转移到另一种溶剂中，从而达到分离、提取或纯化的目的。

在有机化学实验中，常用不溶于水的有机溶剂从水溶液中萃取有机化合物。在一定温度下，此有机化合物在有机相中和水相中的浓度之比为一常数，此即“分配定律”。假如一物质在两液相 A 和 B 中的浓度分别为 c_A 和 c_B，则在一定温度下，$c_A/c_B=K$，K 是一常数，称为“分配系数”，它可以近似地看作为此物质在两溶剂中溶解度之比。

有机物在有机溶剂中的溶解度一般比在水中的溶解度大，所以可以将它们从水溶液中萃取出来。但是除非分配系数极大，否则用一次萃取是不可能将全部物质移入新的有机相中。因此，当用一定量的有机溶剂从水溶液中萃取有机化合物时，以反复多次萃取效果较好。这可以利用下列推导来说明。设在 V mL 的水中溶解 W_0 g 的物质，每次用 S mL 与水不互溶的有机溶剂重复萃取。假如 W_1 g 为萃取一次后剩留在水中的物质量，则在水中的浓度和在有机相中的浓度就分别为 W_1/V 和 $(W_0-W_1)/S$，两者之比等于 K，即

$$\frac{W_1/V}{(W_0-W_1)/S}=K \quad \text{或} \quad W_1=\frac{KV}{KV+S}\cdot W_0$$

令 W_2 g 为萃取两次后在水中的剩留量，则有

$$\frac{W_2/V}{(W_1 - W_2)/S} = K \text{ 或 } W_2 = W_1 \frac{KV}{KV+S} = W_0\left(\frac{KV}{KV+S}\right)^2$$

显然，在萃取几次后的剩留量

$$W_n = W_0\left(\frac{KV}{KV+S}\right)^n$$

因为上式中$\frac{KV}{KV+S}$恒小于1，所以 n 越大，W_n 就越小，即把溶剂分成几份作多次萃取比用全部量的溶剂作一次萃取为好。一般情况下，需要萃取 3 ~ 5 次就够了。以上的式子只适用于几乎和水不互溶的溶剂，例如苯、四氯化碳或氯仿等。对于与水有少量互溶的溶剂，如乙醚等，上面的式子只是近似的，但也可以定性地判断预期的结果。

2. 萃取溶剂的选择

萃取剂的选择根据被萃取物质在此溶剂中的溶解度而定，同时又要易于和被萃取物分离开。一般说来，要求萃取剂与原溶液互不混溶，也不发生反应；被萃取物在萃取剂中的溶解度大于在原溶液中的溶解度；对杂质的溶解度要尽量小、性质稳定、毒性小；与原溶液有一定的密度差（否则不易分层）；沸点不宜太高，便于蒸馏除去等特性。常使用的萃取剂有：乙醚、石油醚、戊烷、己烷、四氯化碳、氯仿、二氯甲烷、甲苯、乙酸乙酯、醇等。

3. 实验操作

1）分液漏斗的选择与检验

在实验中最常使用的萃取器皿为分液漏斗。操作时应选择容积较液体体积大一倍以上的分液漏斗，将旋塞擦干，在离旋塞孔稍远处薄薄地涂上一层润滑脂（注意切勿涂得太多或使润滑脂进入旋塞孔中，以免沾污萃取液），塞好后再将旋塞旋转几圈，使润滑脂均匀分布，看上去透明即可。一般在使用前应于漏斗中加水摇荡，检查塞子与旋塞是否渗漏，确认不漏水时方可使用。

2）萃取

将漏斗放在固定于铁架台上的铁圈中，关好旋塞，将要萃取的水溶液和萃取剂（一般为溶液容积的1/3）依次自上口倒入漏斗中，塞紧塞子[见图 2-1(a)]。取下分液漏斗，用右手手掌顶住漏斗顶塞并握住漏斗，左手的食指和中指夹住下口管，同时，食指和拇指控制旋塞[见图 2-1(b)]。然后将漏斗平放，前后摇动或作圆周运动，使液体振荡起来，两相充分接触。在振荡过程中应注意不断放气，以免萃取或洗涤时内部压力过大，造成漏斗的塞子被顶开，使液体喷出，造成伤人事故。放气时，将漏斗的下口向上倾斜，用控制旋塞的拇指和食指打开旋塞放气，注意不要对着人，一般振荡两三次就放一次气。如此重复至放气时只有很小压力后，再剧烈振荡 2 ~ 3 min。

3）静置与收集

将漏斗放回铁圈中静置，待两层液体完全分开后，打开上面的玻璃塞或使通气口与大气相通后，再将旋塞缓缓旋开，下层液体自旋塞放出。分液时一定要尽可能分离干净，有时在两相间可能出现一些絮状物也应同时放去。然后将上层液体从分液漏斗的上口倒出，切不可也从旋塞放出，以免被残留在漏斗颈上的第一种液体所沾污。当分层难以判断时，为了弄清哪一层是水溶液，可任取其中一层的少量液体置于试管中，并滴加少量自来水，若分为两层，说明该液

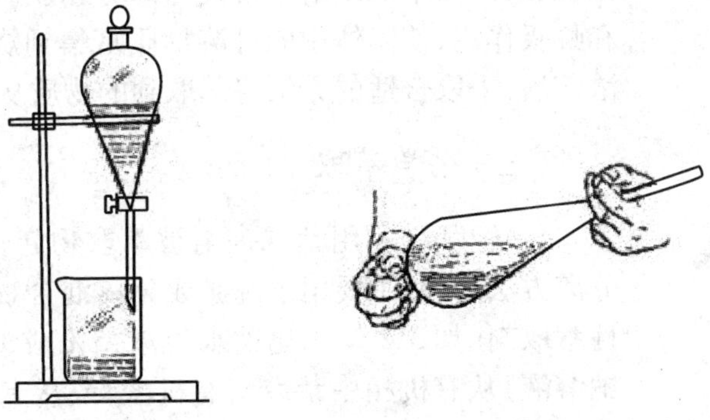

图 2-1　萃取装置及分液漏斗的使用方法

(a)萃取装置;(b)分液漏斗的使用方法

体为有机相。若加水后不分层,则是水溶液。

4)重复操作

再将水层液体倒回分液漏斗中,用新的萃取剂萃取,重复以上操作。萃取次数取决于分配系数,一般为 3 ~5 次,将所有的萃取液合并,加入适量的干燥剂干燥。然后蒸去溶剂,萃取所得的有机物视其性质选择合适方法进行纯化。

5)注意事项

(1)在萃取时,常常会产生乳化现象,使两液相不能清晰地分开,这样很难将它们完全分离。用来破坏乳化的方法有:①较长时间静置。②若因两种溶剂(水与有机溶剂)能部分互溶而发生乳化,可以加入少量电解质(如氯化钠),利用盐析作用加以破坏;在两相相对密度相差很小时,也可以加入食盐,以增加水相的相对密度。③若因溶液碱性而产生乳化,常可加入少量稀硫酸或采用过滤等方法除去。④根据不同情况,还可以加入其他破坏乳化的物质(如乙醇、磺化蓖麻油等)。

(2)用乙醚作萃取剂时,应特别注意周围不要有明火。振荡时,要用力小,时间短,应多摇多放气,否则,漏斗中蒸气压力大,液体会冲出,造成事故。

(3)如果溶质在原溶剂中的溶解度大而在萃取剂中的溶解度小,则有限次的萃取难以得到满意的结果,这时可采用适当的装置,使萃取剂在使用后迅速蒸发,循环利用,称为连续萃取。

(二)固-液萃取

固-液萃取也叫浸取,即用萃取剂分离提取固体混合物中的组分。从固体中萃取化合物,通常是用长期浸出法或采用索氏提取器提取。前者是靠萃取剂长期的浸润溶解而将固体物质中的需要成分提取出来。这种方法效率低,所需萃取剂量大。索氏提取器(图 2-2)提取是利用萃取剂回流及虹吸原理,使固体物质连续不断地被纯的萃取剂萃取,因而效率较高。

在使用索氏提取器时,为增加萃取剂浸润的面积,萃取前应先将固体物质研细,用滤纸套包好置于提取器中,提取器下端接盛有萃取剂的烧瓶,上端接冷凝管。当萃取剂沸腾时,蒸气通过玻璃导管上升,被冷凝管冷凝成液体滴入提取器中,待液面超过虹吸管上端后,即虹吸流

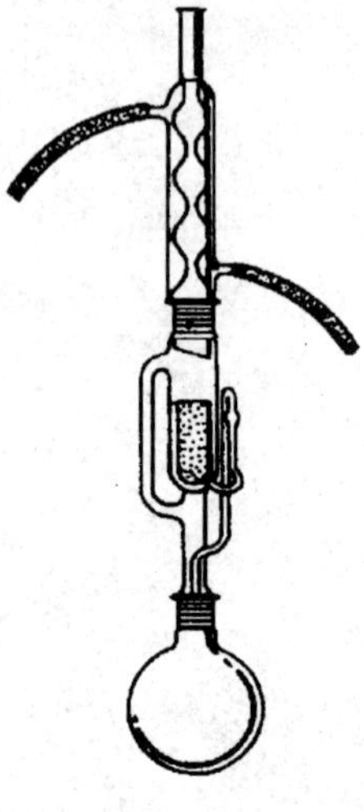

图 2-2　索氏提取器

回烧瓶，因而萃取出溶于溶剂的部分物质。这样利用萃取剂回流和虹吸作用，使固体中的可溶物质富集到烧瓶中。然后将提取液浓缩后，采取合适的方法将萃取到的物质从浓缩液中分离出来。

（三）化学萃取

化学萃取（利用萃取剂与被萃取物起化学反应）也是常用的分离方法之一，主要用于洗涤或分离混合物。化学萃取法常用碱性萃取剂（如5%氢氧化钠水溶液，5%或10%的碳酸钠、碳酸氢钠溶液）从有机相中萃取出有机酸，或从有机化合物中除去酸性杂质（使酸性杂质形成钠盐而溶于水中）。用稀酸（稀盐酸、稀硫酸）可以从混合物中萃取出有机碱性物质或用于除去碱性杂质。用浓硫酸从饱和烃中除去不饱和烃或从卤代烷中除去醇及醚等杂质。化学萃取的操作方法和前面的液-液分次萃取相同。

五、液体有机物的分离与提纯

从自然界和化学反应中得到的有机化合物往往是不纯的，需要分离和提纯。分离和提纯有机化合物的方法很多，如蒸馏、分馏、萃取、重结晶、升华、层析等。这些方法各有特点和局限性，应用范围各不相同。因此纯化有机化合物时，需要根据其物理性质和化学性质来选用适当的分离提纯方法。提纯液体有机化合物的常用方法是蒸馏。蒸馏又分为常压蒸馏、减压蒸馏、分馏和水蒸气蒸馏。

（一）常压蒸馏

蒸馏是提纯液体物质和分离混合物的一种常用方法。通过蒸馏还可以测出化合物的沸点，所以它对鉴定纯粹的液体有机化合物具有一定的意义。

1. 蒸馏的原理

将液体加热至沸腾，使液体变为蒸气，然后使蒸气冷却再凝结为液体，这两个过程的联合操作称为蒸馏。蒸馏可将易挥发和不易挥发的物质分离开来，也可以将沸点不同的液体混合物分离开来。

液体的蒸气压只与体系的温度有关，而与体系中存在的液体和蒸气的绝对量无关。当液体化合物受热时，其蒸气压随温度的升高而增大，当液面蒸气压增大到与外界大气压相等时，就有大量气泡从液体内部逸出，即液体沸腾，这时的温度称为液体的沸点。显然沸点与所受外界压力的大小有关。通常所说的沸点是在0.1 MPa压力下液体的沸腾温度。

普通蒸馏是利用液态化合物的沸点差异进行分离的。只有当混合液体的沸点有显著不同（至少相差30 ℃）时，普通蒸馏才能使其有效分离。当一个二元或三元互溶的混合物各组分的沸点相差不大时，简单蒸馏难以将它们分离，此时必须采用分馏的方法。

由于一个纯粹的液态化合物在一定压力下具有固定的沸点，所以蒸馏法还可用于测定物质的沸点和检验物质的纯度。但要注意，具有固定沸点的物质不一定都是纯物质，因为某些有机化合物常常和其他组分形成二元或三元共沸混合物，这些混合物也具有固定的沸点（见附

表 8-3)。由于共沸混合物在气相中的组分与液体中一样,所以不能用蒸馏方法进行分离。

为了消除在蒸馏过程中的过热现象和保证沸腾的平稳状态,常加入素烧瓷片,或沸石,或一端封口的毛细管,因为它们都能防止加热时的暴沸现象,故把它们称作止暴剂或沸石。在加热蒸馏前就应加入沸石。

蒸馏操作是有机化学实验中常用的实验技术,一般用于下列方面:

(1)分离液体混合物,仅在混合物中各成分的沸点有较大差别时才能达到有效分离;

(2)测定化合物的沸点;

(3)提纯,除去不挥发杂质;

(4)回收溶剂或蒸出部分溶剂,以浓缩溶液。

2. 蒸馏的步骤

常压蒸馏是由仪器安装、加料、加热、收集馏出液等四个步骤组成。

1)仪器安装

常压蒸馏装置由蒸馏瓶(长颈或短颈圆底烧瓶)、蒸馏头、温度计套管、温度计、直形冷凝管、接收管、接收瓶等组装而成,如图 1-10(a)所示。

在装配过程中应注意以下事项。

(1)安装仪器时,按自下而上、从左至右的顺序组装,仪器组装应做到横平竖直,铁架台一律整齐地放置于仪器背后。

(2)为了保证温度测量的准确性,温度计水银球上限与蒸馏头支管下限应在同一水平线上。

(3)任何蒸馏或回流装置均不能密封,否则,当液体蒸气压增大时,轻者蒸气冲开连接口,使液体冲出蒸馏瓶,重者会发生装置爆炸而引起火灾。

2)常压蒸馏操作

(1)加料。取下温度计和温度计套管,在蒸馏头上口放一个长颈漏斗,注意长颈漏斗下口处的斜面应超过蒸馏头支管,慢慢地将液体倒入蒸馏瓶中。

(2)加沸石。为了防止液体暴沸,再加入 1 ~ 2 粒沸石。沸石为多孔性物质,刚加入液体中其小孔内有许多气泡可以将液体内部的气体导入液体表面,形成汽化中心。如加热中断,再加热时应重新加入新沸石,因原来沸石上的小孔已被液体充满,不能再起汽化中心的作用。

(3)加热。在加热前,应检查仪器装配是否正确,原料、沸石是否加好,冷凝水是否通入,一切无误后再开始加热。开始加热时,电压可以调得略高一些,一旦液体沸腾,水银球部位出现液滴,开始控制调压器电压,以蒸馏速度每秒 1 ~ 2 滴为宜。蒸馏时,温度计水银球上应始终保持有液滴存在,如果没有液滴,说明可能有两种情况:①温度低于沸点,体系内气-液相没有达到平衡,此时,应将电压调高;②温度过高,出现过热现象,此时,温度已超过沸点,应将电压调低。

(4)馏分的收集。记录第一滴馏出液滴入接收瓶时的温度并接收沸点较低的前馏分。当温度升至所需沸点范围并恒定时,更换另一接收瓶收集,并记录此时的温度范围,即馏分的沸点范围(沸程)。所收集馏分的沸点范围越窄,则馏分的纯度越高。一般收集馏分的温度范围在 1 ~ 2 ℃。

(5)停止蒸馏。馏分蒸完后,如不需要接收第二组分,可停止蒸馏。应先停止加热,将变压器调至零点,关掉电源,取下电热套。待稍冷却后馏出物不再继续流出时,取下接收瓶,保存好产物，关掉冷却水，按安装仪器的相反顺序拆除仪器，即按次序取下接收瓶、接引管、冷凝管和蒸馏瓶，并加以清洗。

3. 注意事项

(1) 蒸馏前应根据待蒸馏液体的体积，选择合适的蒸馏瓶。一般被蒸馏的液体占蒸馏瓶容积的2/3为宜，蒸馏瓶越大，产品损失越多。

(2) 当加热后发觉未加沸石或原有沸石失效时，千万不要匆忙地投入沸石。因为当液体在沸腾时投入沸石，将会引起猛烈的暴沸，液体易冲出瓶口，若是易燃的液体，将会引起火灾。所以，应使沸腾的液体冷却至沸点以下后才能加入沸石。如蒸馏中途停止，而后来又需要继续蒸馏，也必须在加热前补添新的沸石，以免出现暴沸。

(3) 对于沸点较低又易燃的液体(如乙醚)，应用水浴加热，而且蒸馏速度不能太快，以保证蒸气全部冷凝。如果室温较高，接收瓶应放在冷水中冷却，在接引管支口处连接橡胶管，将未被冷凝的蒸气导入流动的水中带走。

(4) 当蒸馏沸点高于140 ℃的液体时，应用空气冷凝管。其主要原因是温度高时，水作为冷却介质，导致冷凝管内外温差增大，从而使冷凝管接口处局部骤然遇冷断裂。

实验2-1 液体有机物的干燥与蒸馏

实验目的

(1) 了解液体有机物的干燥原理和方法。

(2) 了解蒸馏的用途，练习蒸馏操作。

预习提示

(1) 预习用干燥剂干燥液体有机物的操作方法。

(2) 预习常用干燥剂的性能和应用范围。

(3) 什么是蒸馏？蒸馏的主要用途是什么？

(4) 蒸馏操作的主要操作步骤是什么？

实验原理

见第二部分中三、五(一)常压蒸馏的原理。

仪器与试剂

仪器：见图1-10(a)常用蒸馏装置。

试剂：乙酸正丁酯(自制)20 mL。

实验步骤

(1) 在100 mL锥形瓶中放入20 mL乙酸正丁酯，并加入少量无水硫酸镁，用塞子盖住瓶口，轻轻振摇，判断干燥剂是否足量，静置，至液体呈澄清透明时干燥完毕。

(2) 按图1-10(a)将实验装置从下往上、从左到右安装，注意各磨口之间连接紧密。温度计经套管插入蒸馏头中，并使温度计的水银球的上端正好与蒸馏头支口的下端一致。

(3) 把干燥好的液体经漏斗滤入50 mL蒸馏瓶中，放入1~2粒沸石，然后通冷凝水。

(4) 开始加热。最初小火加热，然后慢慢加大火力，使之沸腾，开始蒸馏。调节火源，控制蒸馏速度为1~2滴/s，记下第一滴馏出液的温度。维持加热速度，继续蒸馏，收集所需124~126 ℃的馏分。当不再有馏分蒸出且温度突然下降时，停止蒸馏。

(5)蒸馏完毕,关闭热源,停止通水,拆卸实验装置,其顺序与安装时相反。

思考题

(1)在蒸馏装置中,温度计的水银球应插在什么位置?为什么?

(2)液体有机物干燥时,所用干燥剂应具备什么条件?

(二)分馏

若液体混合物中的各组分沸点相差较大,可用普通蒸馏的方法分离;若其沸点相差不太大,则用普通蒸馏法难以精确分离,应当用分馏的方法分离。应用分馏柱将几种沸点相近的化合物的混合物进行分离的方法称为分馏。最精密的分馏设备已能将沸点相差仅 1 ~2 ℃的混合物分开,分馏的原理与普通蒸馏相同,实际上分馏相当于多次蒸馏。

1. 分馏的基本原理

如果将两种挥发性液体的混合物进行蒸馏,在沸腾温度下,其气相与液相达成平衡,出来的蒸气中含有较多量易挥发物质组分,该蒸气冷凝后的液体所含的组成与气相等同,即含有较多的易挥发组分,而残留物中却含有较多量的高沸点组分。这就是进行了一次简单的蒸馏。如果将蒸气凝成的液体重新蒸馏,即又进行了一次气液平衡,再度产生的蒸气中所含的易挥发物质组分又有所增高。同样,将此蒸气再经过冷凝而得到的液体中易挥发物质的组分相应也高。这样,可以利用一连串的有系统的重复蒸馏,最后得到接近纯组分的两种液体。

但应用这样反复多次的简单蒸馏,既浪费时间,又损失很大,所以通常利用分馏来进行分离。

利用分馏柱进行分馏,实际上就是在分馏柱内使混合物进行多次汽化和冷凝。当上升的蒸气和下降的冷凝液互相接触时,二者进行热交换,蒸气中高沸点的组分被冷凝,低沸点的组分仍呈蒸气上升;结果,上升蒸气中低沸点组分含量增多,而下降的冷凝液中高沸点的组分增多。如此经过多次气-液两相间的热交换,就相当于连续多次的普通蒸馏过程,以至低沸点的组分不断上升而被蒸馏出来,而高沸点组分则不断流回烧瓶中,从而达到分离的目的。

了解分馏原理最好是应用恒压下的沸点-组成曲线图(称为相图,表示这两组分体系中相的变化情况)。通常它是用实验测定在各温度时气液平衡状况下的气相和液相的组成,然后以横坐标表示组成、纵坐标表示温度而作出的。图 2-3 是在 1 个大气压下苯-甲苯体系的沸点组成图,从图中可以看出,由苯 20% 和甲苯 80% 组成的液体(L_1)在 102 ℃时沸腾,和此液相平衡的蒸气(V_1)组成约为苯 40% 和甲苯 60%。若将此组成的蒸气冷凝成同组成的液体(L_2),则与此溶液成平衡的蒸气(V_2)组成约为苯 70% 和甲苯 30%。显然如此继续重复,即可获得接近纯苯的气相。

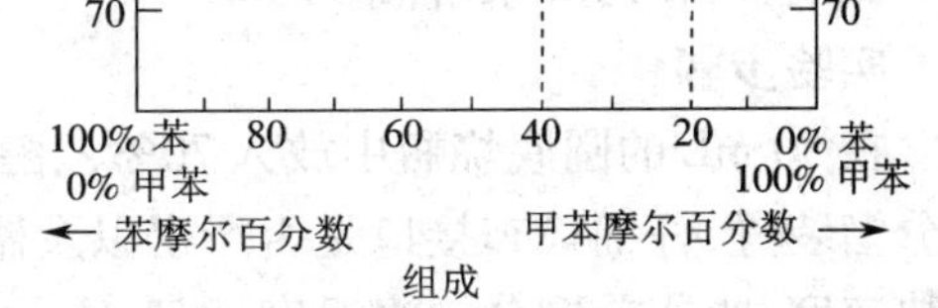

图 2-3　1 个大气压下苯-甲苯体系沸点组成

2. 分馏操作

图 1-10(e)为简单分馏装置。实验室中简单的分馏装置包括热源、蒸馏瓶、分馏柱、温度计、冷凝管和接收器等。分馏装置中最主要的部分为分馏柱,实验室常用的分馏柱有填充式分

馏柱和刺形分馏柱或称维氏分馏柱。填充式分馏柱是在柱内填充一些各种形状的惰性材料，目的是增加表面积，如螺旋形、马鞍形、网状等各种形状的金属片、陶瓷片、玻璃珠、玻璃管等惰性材料。填充式分馏柱分馏效率较高，刺形分馏柱结构简单，较填充式分馏柱黏附的液体少，但分馏效率较低。

分馏装置的装配原则和蒸馏装置完全相同。先把待分馏的液体倒入烧瓶中，其体积以不超过蒸馏瓶的1/2为宜。分馏操作与普通蒸馏操作大体相同，但要达到较好的分离效果，应注意以下几点。

(1)根据待分馏液体的沸点范围，选用合适的热浴加热，加热速度应缓慢，不要在石棉网上直接用火加热。

(2)待液体开始沸腾、蒸气进入分馏柱中时，要注意调节浴温，使蒸气环缓慢而均匀地沿分馏柱壁上升。若室温低或液体沸点较高，为减少柱内热量的散发，宜将分馏柱用石棉绳等包缠起来。

(3)当蒸气上升到分馏柱顶部，开始有液体馏出时，更应密切注意调节浴温，控制馏出液的速度为2～3 s/滴。如果分馏速度太快，馏出物纯度将下降；但也不宜太慢，以致上升的蒸气时断时续，馏出温度有所波动。

(4)根据实验规定的要求，分段收集馏分，记录每一馏分的沸点范围和质量。

实验2-2　乙醇的分馏

实验目的

(1)掌握分馏的原理、意义及与蒸馏的关系。

(2)掌握简单分馏的操作技术。

预习提示

(1)什么是分馏？分馏与普通蒸馏有什么区别？

(2)分馏操作的注意事项是什么？

(3)预习共沸混合物的性质与特点。

实验原理

见第二部分五(二)分馏的基本原理。

仪器与试剂

仪器：见图1-10(e)所示装置。

试剂：70%乙醇水溶液30 mL。

实验步骤

在50 mL的圆底烧瓶中放入70%乙醇水溶液30 mL，加2～3粒沸石，按照图1-10(e)安装好分馏装置，仔细检查接口是否严密以及温度计的位置是否恰当。通冷凝水，小火加热，控制加热速度，收集前馏分。当温度达到78 ℃时，调换接收器，收集馏出液，馏出速度控制在2～3 s/滴[1]，记下温度。当温度持续下降时[2]，即可停止加热。记录馏出液、前馏分和残余液的体积，并测定馏出液的质量分数[3]。

注释

[1]馏出速度太快，产物纯度下降；馏出速度太慢，馏出温度易上下波动。为减少柱内热

量散失，可用石棉绳将其包起来。

[2]分馏快要结束时，由于乙醇蒸气不足，温度计水银球不能被乙醇蒸气包围，因此温度下降。

[3]用酒精比重计测定，质量分数一般可达89% ~94%。

思考题

(1)什么是共沸混合物？为什么不能用分馏法分离共沸混合物？

(2)分馏操作时，若加热太快，分离两种液体的能力会显著下降，为什么？

(三)水蒸气蒸馏

水蒸气蒸馏操作是将水蒸气通入不溶或难溶于水但具有一定挥发性的有机物中，使该有机物在低于100 ℃的温度下随着水蒸气一起蒸馏出来。

水蒸气蒸馏是分离和纯化有机化合物的重要方法之一，它广泛用于从天然原料中分离出液体和固体产物，特别适用于分离那些在其沸点附近易分解的物质；适用于分离含有不挥发性杂质或大量树脂状杂质的产物；也适用于从较多固体反应混合物中分离被吸附的液体产物，其分离效果较常压蒸馏或重结晶好。

使用水蒸气蒸馏法时，被分离或纯化的物质应具备下列条件。

(1)一般不溶或难溶于水。

(2)在沸腾下与水长时间共存而不起化学反应。

(3)在100 ℃时应具有一定的蒸气压(一般不小于1.33 kPa)。

1. 水蒸气蒸馏的原理

当两种互不相溶(或难溶)的液体A与B共存于同一体系时，每种液体都有各自的蒸气压，其蒸气压力的大小与每种液体单独存在时的蒸气压力一样(彼此互不干扰)。根据道尔顿(Dalton)分压定律，混合物的总蒸气压为各组分蒸气压之和，即

$$p = p_A + p_B$$

混合物的沸点是两种液体总蒸气压等于外界大气压时的温度，因此混合物的沸点比其中任一组分的沸点要低。水蒸气蒸馏就是利用这一原理，将水蒸气通入不溶或难溶于水的有机化合物中，使该有机化合物在100 ℃以下能随水蒸气一起蒸馏出来。当馏出液冷却后，有机液体通常可从水相中分层析出。

在水蒸气蒸馏的蒸出液中，随水蒸气蒸出的有机物与水的摩尔数之比(n_A、n_B表示此两种物质在一定容积的气相中的摩尔数)等于它们在沸腾时混合物蒸气中的分压之比，即

$$\frac{n_A}{n_B} = \frac{p_A}{p_B}$$

而

$$n_A = m_A/M_A$$

$$n_B = m_B/M_B$$

其中：m_A、m_B为各物质在一定容积中蒸气的质量；M_A、M_B分别为其相对分子质量。因此这两种物质在馏出液中的质量比可按下式计算：

$$\frac{m_A}{m_B} = \frac{M_A \cdot n_A}{M_B \cdot n_B} = \frac{M_A \cdot p_A}{M_B \cdot p_B}$$

例如：苯甲醛(沸点为178 ℃)和水的混合物用水蒸气蒸馏时，该混合物的沸点为97.9 ℃，

从数据手册查得在97.9 ℃时纯水的蒸气压为93.8 kPa,苯甲醛的蒸气压为7.5 kPa,所以馏出液中苯甲醛与水的质量比为

$$m_{苯甲醛}/m_{水}=\frac{M_{苯甲醛}\cdot p_{苯甲醛}}{M_{水}\cdot p_{水}}=(7.5\times106)/(93.8\times18)=0.47$$

经计算可得出此时馏出液中苯甲醛的质量分数为32.1%。

上述关系式只适用于与水互不相溶或难溶的有机物,而实际上很多有机化合物在水中或多或少有些溶解,因此这样的计算仅为近似值,而实际得到的要比理论值低。

2. 水蒸气蒸馏装置

水蒸气蒸馏装置由水蒸气发生器和简单蒸馏装置组成。图2-4给出了实验室常用的水蒸气蒸馏装置。当用直接法进行水蒸气蒸馏时,用简单蒸馏或分馏装置即可。

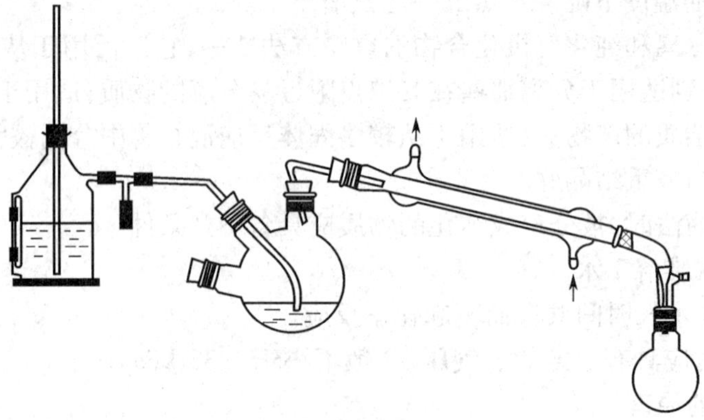

图2-4 水蒸气蒸馏装置

水蒸气发生器的上边安装一根长的玻璃管,将此管插入距发生器底部1~2 cm处,用来调节体系内部的压力并防止系统发生堵塞时出现危险,水蒸气出口管与冷阱连接。冷阱是一支玻璃三通管,它的一端与发生器连接,另一端与蒸馏装置连接,下口接一段软的橡皮管,用螺旋夹夹住,以便调节蒸汽量。在与蒸馏系统连接时管路越短越好,否则水蒸气冷凝后会降低蒸馏瓶内的温度,影响蒸馏效果。

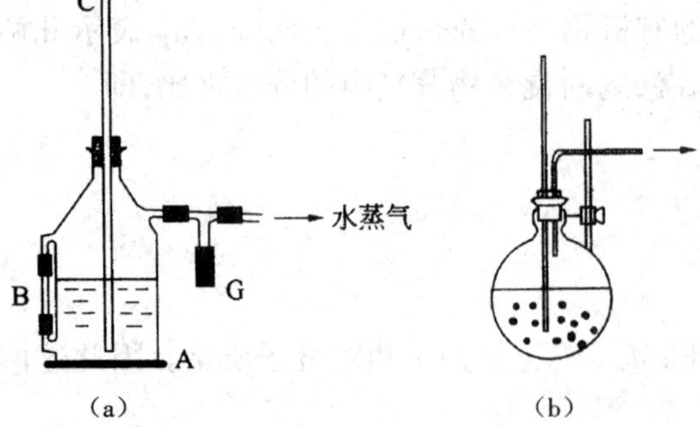

图2-5 水蒸气发生器

(a)金属水蒸气发生器;(b)玻璃水蒸气发生器

水蒸气发生器如图2-5所示。一种由铜或铁板A制成,在装置的侧面安装一个水位计B,以便观察发生器内水位,一般水位最高不要超过水位计的2/3,最低不要低于1/3。在发生器的上边安装一根长的玻璃管C,将此管插入距发生器底部1~2 cm处,用来调节体系内部的压力并防止系统发生堵塞时出现危险,水蒸气出口管与冷阱G连接,见图2-5(a)。冷阱是一支玻璃三通管,它的一端与发生器连接,另一端与蒸馏瓶连接,下口接一段软的橡皮管,用螺旋夹夹住,以便调节蒸汽量。另一种最简

单、最常用的是由500 mL蒸馏瓶组装而成的简易水蒸气发生器，见图2-5(b)。无论使用哪种水蒸气发生器，在与蒸馏系统连接时管路越短越好，否则水蒸气冷凝后会降低蒸馏瓶内温度，影响蒸馏效果。

在100 ℃时，蒸气压较低的化合物可利用过热水蒸气来进行蒸馏。例如，可在T形管G和烧瓶之间串联一段铜管（最好是螺旋形的）。铜管下端用火焰加热，以提高水蒸气的温度。烧瓶再用油浴保温。也可用图2-6所示的装置来进行，其中A是为了除去水蒸气中冷凝下来的液滴，B处是用几层石棉纸裹住的硬质玻璃管，下面用鱼尾灯焰加热。C是温度计套管，内插温度计。烧瓶外用油浴或空气浴维持和水蒸气一样的温度。

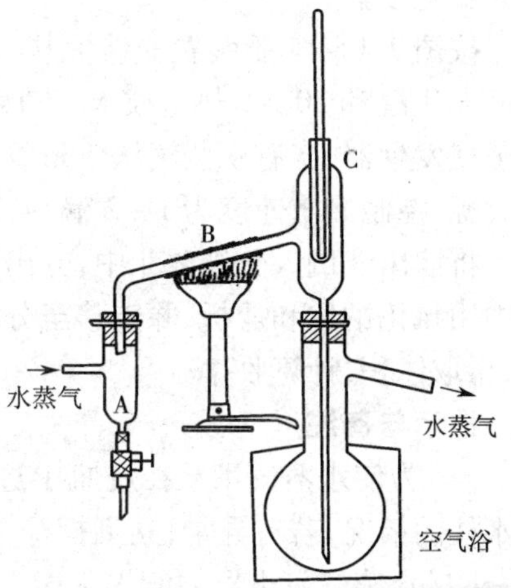

图2-6 过热水蒸气蒸馏装置

3. 水蒸气蒸馏的操作要点

(1)蒸馏瓶可选用圆底烧瓶，也可用三口瓶。被蒸馏液体的体积不应超过蒸馏瓶容积的1/3。将混合液加入蒸馏瓶后，打开冷阱上的螺旋夹，开始加热水蒸气发生器，使水沸腾。当有水蒸气从冷阱下面喷出时，将螺旋夹拧紧，使水蒸气进入蒸馏系统。调节进汽量，保证水蒸气在冷凝管中全部冷凝下来。

(2)在蒸馏过程中，若水蒸气在插入水蒸气发生器中的玻璃管内突然上升至几乎喷出，说明蒸馏系统内压增高，可能系统内发生堵塞。应立刻打开螺旋夹，移走热源，停止蒸馏，待故障排除后方可继续蒸馏。当蒸馏瓶内的压力大于水蒸气发生器内的压力时，会发生液体倒吸现象。此时，应打开螺旋夹或对蒸馏瓶进行保温，加快蒸馏速度。

(3)当馏出液不再浑浊时，用表面皿取少量馏出液，在日光或灯光下观察是否有油珠状物质，如果没有，可停止蒸馏。

(4)停止蒸馏时先打开冷阱上的螺旋夹，移走热源，待稍冷却后，将水蒸气发生器与蒸馏系统断开。收集馏出物或残液（有时残液是产物），最后拆除仪器。

实验2-3 水蒸气蒸馏提纯苯甲醛

实验目的

(1)学习水蒸气蒸馏的原理及其应用。

(2)掌握水蒸气蒸馏的装置和操作方法。

预习提示

(1)查阅苯甲醛的物理常数及性质。

(2)预习水蒸气蒸馏的定义及适用范围。

(3)预习水蒸气蒸馏的主要操作步骤。

(4)计算水蒸气蒸馏馏出液中有机物的质量分数。

实验原理

见第二部分五(三)水蒸气蒸馏原理。

仪器与试剂

仪器：见图2-4所示。

试剂：苯甲醛5 mL，热水20 mL。

实验步骤

按图2-4将实验装置安装完毕，注意各磨口之间的连接，检查实验装置是否漏气。量取5 mL苯甲醛和20 mL热水放入三口烧瓶中。开始蒸馏前将T形管夹子打开，通冷凝水，加热水蒸气发生器，当有水蒸气从T形管的支管冲出时，夹紧夹子，让水蒸气导入三口烧瓶中。调节火源，控制馏出速度为1～2滴/s，当馏出液由浑浊变为澄清透明时，可停止蒸馏。

将溜出液倒入分液漏斗中，分出下层苯甲醛至锥形瓶中。将分液漏斗中的水相倒入小烧杯中用氯化钠饱和盐析，并转移至分液漏斗中，将下层水层分去，上层苯甲醛与上次分出液合并，量取体积，计算收率。

提示与备注

[1]为使水蒸气不至在烧瓶中过多冷凝，可在烧瓶底部用小火加热。要随时注意安全管中水柱的情况，若有异常，立刻打开T形管夹子，移去热源，排除故障后方可继续操作。

[2]水蒸气发生器中的水不能太满，以占容器的2/3为宜，否则沸腾时水将会冲出来。

思考题

(1)水蒸气发生器中安全管的作用是什么?

(2)T形管(冷阱)与螺旋夹的作用是什么?

(四)减压蒸馏

减压蒸馏适用于在常压下沸点较高及常压蒸馏时易发生分解、氧化、聚合等反应的热敏性有机化合物的分离、提纯。一般把低于一个大气压的气态空间称为真空，因此，减压蒸馏也称为真空蒸馏。

1. 基本原理

液体的沸点与外界施加于液体表面的压力有关。随着外界施加于液体表面压力的降低，液体沸点下降。沸点与压力的关系可近似地表示为

$$\lg p = A + \frac{B}{T}$$

式中：p为液体表面的蒸气压；T为溶液沸腾时的热力学温度；A和B为常数。如果用$\lg p$为纵坐标，$1/T$为横坐标，可近似得到一条直线。从二元组分已知的压力和温度，可算出A和B的数值，再将所选择的压力代入上式，即可求出液体在这个压力下的沸点。

当蒸馏系统内的压力减小后，其沸点便降低，当压力降低到1.333～1.999 kPa(10～15 mmHg)时，许多有机化合物的沸点比其常压下沸点降低80～100 ℃。因此，减压蒸馏对于分离或提纯沸点较高或性质比较不稳定的液态有机化合物具有特别重要的意义。所以，减压蒸馏亦是分离提纯液态有机物常用的方法。

在进行减压蒸馏前，应先从文献中查阅该化合物在所选择的压力下的相应沸点，如果文献中缺乏此数据，可用下述经验规律大致推算。当蒸馏在1 333～1 999 Pa(10～15 mmHg)时，压力每相差133.3 Pa(1 mmHg)，沸点相差约1 ℃；也可以用图2-7的压力-温度关系图来查找，即从某一压力下的沸点便可近似地推算出另一压力下的沸点。例如，水杨酸乙酯常压下沸点

为234 ℃,减压至1 999 Pa(15 mmHg)时,沸点为多少度?可在图2-7中B线上找到234 ℃的点,再在C线上找到1 999 Pa(15 mmHg)的点,然后通过两点连一条直线,该直线与A线的交点(113 ℃),即为水杨酸乙酯在1 999 Pa(15 mmHg)时的沸点,约为113 ℃。

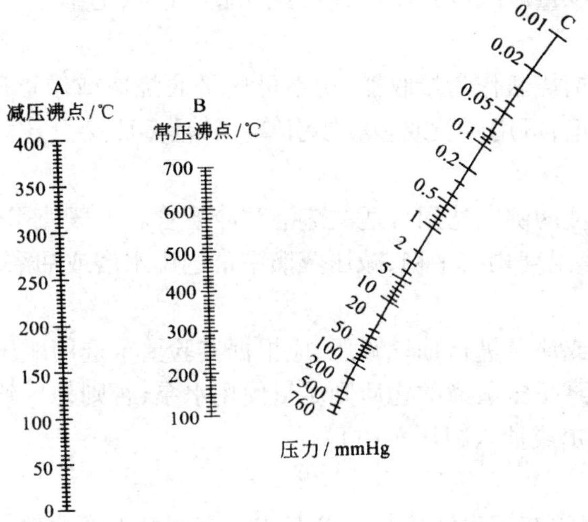

图2-7 压力-温度关系

一般把压力范围划分为以下几个等级。

"粗"真空[1.333 ~ 100 kPa(10 ~ 760 mmHg)],一般可用水泵获得。

"次高"真空[1.33×10^{-4} ~ 1.333 kPa(0.001 ~ 10 mmHg)],可用油泵获得。

"高"真空[$< 1.33 \times 10^{-4}$ kPa($< 10^{-3}$ mmHg)],可用扩散泵获得。

2.减压蒸馏装置

减压蒸馏装置是由蒸馏瓶、克氏蒸馏头(或用Y形管与蒸馏头组成)、直形冷凝管、真空接引管(双股接引管或多股接引管)、接收瓶、安全瓶、压力计和油泵(或循环水泵)组成,见图2-8。

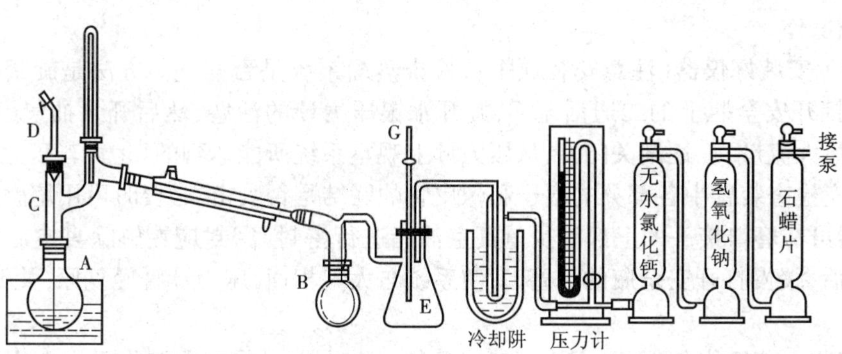

图2-8 减压蒸馏装置

1)蒸馏部分

A为减压蒸馏烧瓶也称克氏蒸馏烧瓶。它有两个颈,能防止减压蒸馏时瓶内液体由于暴沸而冲入冷凝管中。在带支管的瓶颈中插入温度计(安装要求与常压蒸馏相同),另一瓶颈中插入一根毛细管C(也称起泡管),毛细管下端离瓶底1~2 mm,毛细管上端连一段带螺旋夹D的橡皮管,以调节进入的空气,使有极少量的空气进入液体,呈微小气泡冒出,产生液体沸腾的汽化中心,使蒸馏平稳进行。减压蒸馏的毛细管要粗细合适,否则达不到预期的效果。一般检查方法是将毛细管插入少量丙酮或乙醚中,由另一端吹气,从毛细管中冒出一连串小气泡,则毛细管可用。

常用圆底烧瓶或蒸馏烧瓶作为接收器,切不可用平底烧瓶或锥形瓶。蒸馏时若要收集不同的馏分而又不中断蒸馏,可用两股或多股接引管。转动多股接引管,可使不同馏分收集到不同的接收器中。

应根据减压时馏出液的沸点选用合适的热浴和冷凝管。一般使用热浴的温度比液体沸点高20~30 ℃。为使加热温度均匀平稳,减压蒸馏中常选用水浴或油浴。

2)减压部分

实验室通常用水泵或油泵进行抽气减压,应根据实验要求选用减压泵。真空度愈高,操作要求愈严。如果能用水泵减压蒸馏的物质则尽量使用水泵,否则易导致成品损失,甚至损坏减压泵(沸点降低,易被抽走或抽入减压泵中)。

3)保护及测压部分

使用水泵减压时,必须在馏出液接收器B与水泵之间装上安全瓶E,安全瓶由耐压的抽滤瓶或其他广口瓶装置组成,瓶上的两通活塞G供调节系统内压力,以及防止水压骤降时水泵的水倒吸入接收器中。

若用油泵减压时,油泵与接收器之间除联结安全瓶外,还须顺次安装冷却阱和几种吸收塔,以防止易挥发的有机溶剂、酸性气体和水蒸气进入油泵,污染泵油,腐蚀泵体,降低油泵减压效能。冷却阱置于盛有冷却剂(如冰-盐等)的广口保温瓶中,用以除去易挥发的有机溶剂;吸收塔装无水氯化钙或硅胶,用以吸收水蒸气;吸收塔装氢氧化钠(粒状)用以吸收酸性气体和水蒸气(装浓硫酸,则可以吸收碱性气体和水蒸气);吸收塔装石蜡片,用以吸收烃类气体。使用时可按实验的具体情况组装。

减压装置的整个系统必须保持密封不漏气。

3. 减压蒸馏操作

如图2-8所示安装好仪器(注意安装顺序),检查蒸馏系统是否漏气。方法是旋紧毛细管上的螺旋夹D,打开安全瓶上的二通活塞G,旋开水银压力计的活塞,然后开泵抽气(如用水泵,这时应开至最大流量)。逐渐关闭G,从压力计上观察系统所能达到的压力,若压力降不下来或变动不大,应检查装置中各部分的塞子和橡皮管的联结是否紧密,必要时可用熔融的石蜡密封。磨口仪器可在磨口接头的上部涂少量真空油脂进行密封(密封应在解除真空后才能进行)。检查完毕后,缓慢打开安全瓶的活塞G,使系统与大气相通,压力计缓慢复原,关闭油泵,停止抽气。

将待蒸馏液装入蒸馏烧瓶中,以不超过其容积的1/2为宜。若被蒸馏物质中含有低沸点物质,在进行减压蒸馏前,应先进行常压蒸馏。然后用水泵减压,尽可能除去低沸点物质。

按上述操作方法开泵减压,通过小心调节安全瓶上的二通活塞G,达到实验所需真空度。调节螺旋夹D,使液体中有连续平稳的小气泡通过。若在现有条件下仍达不到所需真空度,可按原理中所述方法从图2-7中查出在所能达到的压力条件下读取物质的近似沸点,进行减压蒸馏。

当调节到所需真空度时，将蒸馏烧瓶浸入水浴或油浴中，通入冷凝水，开始加热蒸馏。加热时，蒸馏烧瓶的圆球部分至少应有2/3浸入热浴中。待液体开始沸腾时，调节热源的温度。控制馏出速度为1～2滴/s。

在整个蒸馏过程中要密切注意温度和压力的读数并及时记录。纯物质的沸点范围一般不超过1～2 ℃，但有时因压力有所变化，沸程会稍大一些。

蒸馏完毕，应先移去热源，待稍冷后，稍稍旋松螺旋夹D，缓慢打开安全瓶上的活塞G，解除真空，待系统内外压力平衡后方可关闭减压泵。

4. 注意事项

(1)减压蒸馏装置中与减压系统连接的橡皮管都应用耐压橡皮管，否则在减压时会抽瘪而堵塞。

(2)一定要缓慢旋开安全瓶上的活塞，使压力计中的汞柱缓慢地恢复原状，否则，汞柱急速上升，有冲破压力计的危险。

实验2-4 减压蒸馏N,N-二甲基甲酰胺

实验目的

(1)学习减压蒸馏的原理和应用。

(2)掌握减压蒸馏的仪器安装和操作。

预习提示

(1)查阅N,N-二甲基甲酰胺的物理常数及性质。

(2)什么是减压蒸馏？减压蒸馏装置由哪几部分组成？

(3)减压蒸馏主要适用于什么类型的化合物？

(4)预习减压蒸馏操作的主要步骤及注意事项。

实验原理

减压蒸馏原理见第二部分五(四)。N,N-二甲基甲酰胺能与多种有机溶剂和水混溶，是优良的有机溶剂。市售试剂含有少量水、胺和甲醛等杂质。在常压蒸馏时有些分解，会产生二甲胺与二氧化碳。因此，最好用硫酸钙、硫酸镁或氧化钡等干燥剂干燥后再行减压蒸馏。

仪器和试剂

仪器：见图2-8所示装置。

试剂：N,N-二甲基甲酰胺30 mL。

实验步骤

(1)按图2-8把仪器安装完毕后检查系统的气密性。先旋紧毛细管上的螺旋夹子D，打开安全瓶上的二通旋塞G，然后开泵抽气，观察能否达到要求的真空度且保持不变。若发现有漏气现象，则需分段检查各连接处是否漏气，必要时可在磨口接口处涂少量真空脂密封。待系统无明显漏气现象时，慢慢打开安全瓶上的活塞，使系统内外压力平衡。

(2)在100 mL蒸馏烧瓶中倒入待测液体DMF 30 mL，关闭安全瓶上的活塞，开泵抽气，通过螺旋夹D调节毛细管导入空气，使能冒出一连串小气泡为宜。

(3)当达到所要求的低压并且压力稳定后，开启冷凝水，开始加热。蒸馏过程中，密切注意蒸馏的温度和压力，若有不符，则应调节。控制馏出速度为1～2滴/s。待达到所需的沸点

时,更换接收器。若用多头接收器,只需转动接引管的位置,使馏出液流入不同的接收器中。

(4)蒸馏完毕时,撤去热源,缓慢打开毛细管上的螺旋夹D,并缓慢打开安全瓶上的活塞G,平衡体系内外压力,然后关闭油泵(或水泵)。

(5)拆除装置,清洗仪器。

提示与备注

[1]减压蒸馏系统中切勿使用有裂缝的或薄壁的玻璃仪器,尤其不能使用不耐压的平底瓶(如锥形瓶),以防爆炸。

[2]若减压蒸馏的液体中含有低沸点组分,应先进行普通蒸馏,尽量除去低沸物,以保护油泵。

[3]使用水泵时应特别注意因水压突然降低,使水泵不能维持已达到的真空度,蒸馏系统内的真空度比水泵所产生的真空度高,因此,水会流入蒸馏系统而沾污产品。为此,需在水泵与蒸馏系统间安装一个安全瓶。

[4]减压蒸馏结束后,安全瓶上的活塞G一定要缓慢打开,如果打开太快,系统内外压力突然变化,使水银压力计的压差迅速改变,导致水银柱破裂。

思考题

(1)具有什么性质的化合物要用减压蒸馏?

(2)进行减压蒸馏时,为什么必须先抽真空再加热?

(3)当减压蒸馏完所要的化合物后,应如何停止减压蒸馏?为什么?

六、固态有机物的分离与提纯

从有机化学反应分离出来的固体粗产物往往含有未反应的原料、副产物及杂质,必须加以分离纯化。提纯固体有机物的常用方法有过滤、重结晶、升华、萃取和洗涤等。下面简单介绍常见的固态有机物分离方法的原理和操作技术。

(一)重结晶及过滤

1. 重结晶的基本原理

从实验室制备或从自然界中得到的固体化合物往往是不纯的,重结晶是提纯固体化合物常用的方法之一。

大多数固体化合物在溶剂中的溶解度随温度的升高而增大,当被提纯物的热饱和溶液冷却时,溶质就会以晶体析出。不同物质在同一溶剂中的溶解度不同,如果杂质的溶解度极小,则配成热饱和溶液后通过过滤除去;若杂质的溶解度较大,则重结晶后杂质留在母液中,达到纯化的目的。重结晶一般只适用于杂质含量小于5%的固体物质的提纯。

2. 溶剂的选择

在进行重结晶时,选择理想的溶剂是关键。理想溶剂必须具备以下条件。

(1)不与被提纯物质起化学反应。

(2)在较高温度时能溶解多量的被提纯物质,而在室温或更低温度时被提纯物质溶解度较小。

(3)杂质的溶解度非常大或非常小(前一种情况是使杂质留在母液中不随被提纯物一同

析出;后一种情况是使杂质在热过滤时被滤去)。

(4)容易挥发(溶剂的沸点较低),易于结晶分离除去。

(5)能给出较好的结晶。

(6)无毒或毒性很小,便于操作。

常用的重结晶溶剂见表 2-3。

表 2-3 常用的重结晶溶剂

溶剂	沸点/℃	冰点/℃	相对密度	与水的混溶性	可燃性
水	100	0	1.0	+	不燃
95%乙醇	78.1	<0	0.804	+	易燃
丙酮	56.2	<0	0.79	+	易燃
石油醚	30~60	<0	0.64	−	易燃
乙醚	34.51	<0	0.71	−	易燃
乙酸乙酯	77.06	<0	0.90	−	易燃
甲醇	64.96	<0	$0.791\ 4^{20}$	+	易燃
冰醋酸	117.9	16.7	1.05	+	易燃
环己烷	80.7	6.5	$0.778\ 5^{20}$	−	易燃
氯仿	61.7	<0	1.48	−	不燃
四氯化碳	76.54	<0	1.59	−	不燃

选择溶剂时可查阅化学手册或文献资料中的溶解度,根据“相似相溶”原理选择。如没有充足的资料,可用实验方法确定。

选择溶剂的具体实验方法如下。

取0.1 g结晶固体于试管中,用滴管逐滴加入溶剂并不断振荡,待加入溶剂约为1 mL时,注意观察是否溶解。若完全溶解或间接加热至沸腾而完全溶解,但冷却后又无结晶析出,表明该溶剂是不适用的;若此物质完全溶于1 mL沸腾的溶剂中,冷却后析出大量的结晶,这种溶剂一般认为是合适的;如果试样不溶于或未完全溶于1 mL沸腾的溶剂中,则可逐步添加溶剂,每次约加0.5 mL,并继续加热至沸腾,当溶剂的总量达4 mL,加热后样品仍未完全溶解,表明此溶剂也不适用;若该物质能溶于4 mL以内热溶剂中,冷却后仍无结晶析出,必要时可用玻璃棒摩擦试管内壁或用冷水冷却,促使结晶析出,但晶体仍不能析出,则说明此溶剂也不适用。

当难选出一种合适溶剂时,常使用混合溶剂。混合溶剂一般由两种彼此可互溶的溶剂组成,其中一种对提纯物质溶解度较大,另一种则较小。混合溶剂的比例可以这样配制,即将混合物溶解于适当的易溶溶剂中,趁热过滤以除去不溶性杂质,然后逐渐加入热的难溶溶剂至浑浊后再加热澄清。最后,若加热溶液仍呈浑浊状,再加很少量易溶溶剂,使其刚好变成透明为止。将此热溶液慢慢冷却,即有结晶析出。

3. 重结晶操作

1)配制热饱和溶液

选好溶剂后即可进行较大量产品的重结晶。配制热饱和溶液时,应根据所用溶剂的沸点及可燃性选择合适的热源。用水作溶剂时，可在烧杯或锥形瓶中进行重结晶；而用有机溶剂时，则必须用锥形瓶或圆底烧瓶作容器，同时，还须安装回流冷凝管，防止溶剂挥发造成火灾。溶解产品时，先加入比计算量较少的溶剂，加热沸腾一段时间后，从冷凝管的上口分次加入溶剂，并使溶液保持沸腾，注意观察样品的溶解情况，直至样品完全溶解。此时再使其过量约20%，以免热过滤时因温度的降低和溶剂的挥发，使结晶在滤纸上析出而造成损失。

2)活性炭脱色及热过滤

当重结晶的样品带有颜色时，可加入适量的活性炭脱色。活性炭的脱色效果和溶液的极性、杂质的多少有关。活性炭在水溶液及极性有机溶剂中脱色效果较好，而在非极性溶剂中效果则不太显著。活性炭的用量一般为样品的1%～5%。加入量过多，会吸附部分产品；加入量过少，则达不到理想的脱色效果。活性炭应在饱和溶液稍冷后加入，以免暴沸使溶液冲出。加入活性炭后摇匀，使其均匀分布在溶液中，然后加热微沸 5 ～10 min，趁热过滤除去活性炭和不溶性杂质。热过滤时，既要滤除活性炭和不溶性杂质，又要避免溶液冷却而在滤纸和漏斗中析出晶体，因此，热过滤时动作要迅速，尽量不使溶液降温。常用布氏漏斗或砂心漏斗进行减压抽滤，过滤装置见图2-9。布氏漏斗的下端斜口应对准抽滤瓶的侧口。滤纸要比布氏漏斗的内颈略小，但必须将漏斗的小孔完全覆盖。抽滤前应先将布氏漏斗预热，并用少量溶剂润湿滤纸。待滤纸紧贴后迅速倒入热的待抽滤液，并用极少量热溶剂洗涤锥形瓶及活性炭等。

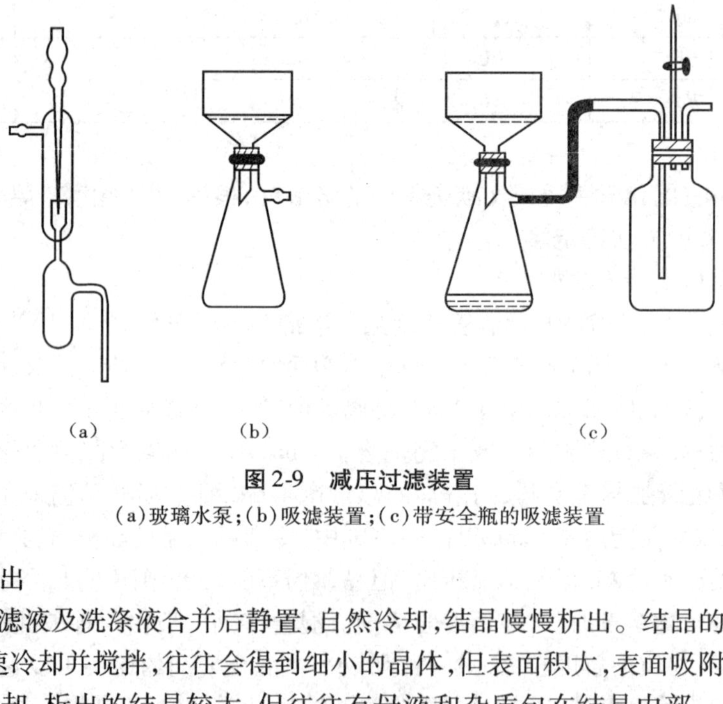

图2-9 减压过滤装置

(a)玻璃水泵；(b)吸滤装置；(c)带安全瓶的吸滤装置

3)结晶的析出

将上述热抽滤液及洗涤液合并后静置，自然冷却，结晶慢慢析出。结晶的大小与冷却的温度有关，一般迅速冷却并搅拌，往往会得到细小的晶体，但表面积大，表面吸附的杂质较多。如将热滤液慢慢冷却，析出的结晶较大，但往往有母液和杂质包在结晶内部。因此要得到纯度高、结晶好的产品，还需要摸索冷却的过程，但一般只要让热溶液静置冷却至室温即可。如果冷却后也无结晶析出，可用玻璃棒在液面下摩擦器壁或投入该化合物的结晶作为晶种，促使晶体较快地析出，也可将过饱和溶液放入冰箱内，促使结晶析出。

4)结晶的收集和干燥

为了把结晶从母液中分离出来，一般采用布氏漏斗进行减压过滤。布氏漏斗里的晶体应用同一溶剂进行洗涤。用量应尽量少,以减少产品的溶解损失。如重结晶溶剂的沸点较高,在用原溶剂至少洗涤一次后,可用低沸点的溶剂洗涤,使最后的结晶产物易于干燥。

抽滤和洗涤后的结晶表面上还吸附有少量的溶剂,因此需用适当的方法进行干燥。重结晶后的产物需要通过测定熔点来检验其纯度。在测定熔点前,晶体必须充分干燥,否则熔点会下降。固体的干燥方法很多,可根据重结晶所用的溶剂及结晶的性质来选择。具体干燥方法见第二部分三、1. 固体的干燥。

实验 2-5　乙酰苯胺的重结晶

实验目的

(1)学习重结晶提纯固体有机化合物的原理和方法。

(2)掌握重结晶的实验操作。

预习提示

(1)预习重结晶的相关知识及操作。

(2)什么是重结晶? 重结晶的用途和使用范围是什么?

(3)掌握重结晶时溶剂的选择。

实验原理

见第二部分六、(一)、1. 重结晶的基本原理。

仪器与试剂

仪器:图 2-9(c)所示装置。

试剂:粗乙酰苯胺,活性炭。

实验步骤

取 2 g 粗乙酰苯胺放于 150 mL 锥形瓶中,加入 70 mL 热水,在电热套上加热至沸腾,并用玻璃棒不断搅动,使固体溶解,最后若有尚未完全溶解的固体,可继续加入少量热水,至完全溶解后[1]再多加 2 ~ 3 mL 水[2]。

移去火源,稍冷后加入适量(约 1 g)活性炭,稍加搅拌后继续加热煮沸 5 ~ 10 min。将布氏漏斗与吸滤瓶用热水预热,放上预先剪好的滤纸(盖住所有孔,但比内径略小),先用少量热水润湿,抽气吸紧后马上将热溶液进行趁热抽滤[3],滤后要用少量热水洗涤锥形瓶及滤纸上的活性炭。

抽滤完毕,迅速把滤液转移至烧杯,放置,冷却至室温后用冰水冷却,使结晶完全。如要获得较大颗粒的结晶,可在滤完后将滤液中析出的结晶重新加热溶解,室温放置,让其慢慢冷却。乙酰苯胺结晶体析出后,抽滤,晶体用少量的冰水洗涤 2 次,尽量除去母液,抽滤至干燥。取出晶体,放在表面皿上晾干,或在 100 ℃以下烘干,称量,计算收率。

乙酰苯胺的熔点为 114 ℃。

注释

[1]乙酰苯胺在 100 mL 水中的溶解量为:0.46 g(20 ℃),0.56 g(25 ℃),0.84 g(50 ℃),3.45 g(80 ℃),5.5 g(100 ℃)。

[2]用水重结晶乙酰苯胺时,往往会出现油珠。这是因为当温度高于 83 ℃时,虽然乙酰苯胺未溶于水,但已熔化的乙酰苯胺会形成另一液相,这时只要加入少量水或继续加热,此种

现象即可消失。另外，为了防止抽滤时有晶体在漏斗中析出，溶剂用量可比沸腾时饱和溶液所需的用量适当多些。

[3]操作要紧凑、迅速，防止热量散失，以避免操作时晶体析出，如果有晶体在滤纸上析出，应将晶体回收，重新操作。

思考题

(1)重结晶时，理想溶剂应该具有哪些条件？

(2)重结晶操作中，活性炭起什么作用？为什么不能在溶液沸腾时加入？

(3)用抽滤收集固体结束时，为什么在关闭水泵前先打开安全瓶上通大气的旋塞？

(二)升华

升华是固体化合物提纯的又一种手段。由于不是所有固体都具有升华性质，因此，它只适用于：①被提纯的固体化合物具有较高的蒸气压，在低于熔点时，就可以产生足够的蒸气，使固体不经过熔融状态直接变为气体，从而达到分离的目的；②固体化合物中杂质的蒸气压较低，有利于分离。

升华的操作比重结晶要简便，纯化后产品的纯度较高。但是产品损失较大，时间较长，不适合大量产品的提纯。

1. 升华的基本原理

升华是利用固体混合物的蒸气压或挥发度不同，将不纯净的固体化合物在熔点温度以下加热，利用产物蒸气压高杂质蒸气压低的特点，使产物不经液化过程而直接气化，遇冷后固化，而杂质则不发生这个过程，从而达到固体混合物分离的目的。

一般来说，具有对称结构的非极性化合物，其电子云密度分布比较均匀，偶极矩较小，晶体内部静电引力小。因此，这种固体都具有蒸气压高的性质。

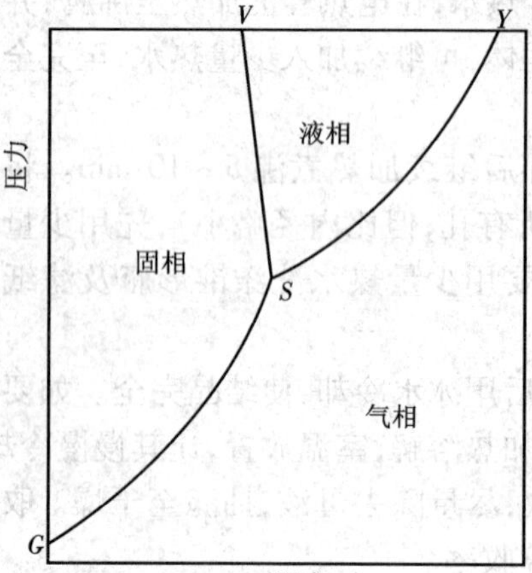

图 2-10　三相平衡

为进一步说明问题，考察图 2-10 所示的某物质的三相平衡图。图中的 3 条曲线将图分为 3 个区域，每个区域代表物质的一相。由曲线上的点可读出两相平衡时的蒸气压。例如：*GS* 表示固相与气相平衡时固体的蒸气压曲线；*SY* 表示液相与气相平衡时液体的蒸气压曲线；*SV* 表示固相与液相平衡时的温度与压力关系曲线。*S* 为三线的交点，也是物质的三相平衡点，在此状态下物质的气、液、固三相共存。由于不同物质在液态与固态处于平衡时的温度与压力各不相同，因此，不同的化合物三相点是不相同的。从图中可以看出，在三相点以下，物质处于气、固两相的状态，因此，升华都在三相点温度以下进行，即在固体的熔点以下进行。固体的熔点可以近似地看作是物质的三相点。

与液体化合物的沸点相似，当固体化合物的蒸气压等于外界所施加给固体化合物表面的压力时，该固体化合物开始升华，此时的温度为该固体化合物的升华点。在常压下不易升华的物质，可利用减压进行升华。

2. 升华的基本操作

1)常压升华

常用的常压升华装置如图 2-11 所示。图中(a)是实验室常用的常压升华装置。将被升华的固体化合物烘干,放入蒸发皿中,铺匀。取一大小合适的锥形漏斗,将颈口处用少量棉花堵住,以免蒸气外逸,造成产品损失。选一张略大于漏斗底口的滤纸,在滤纸上扎一些小孔(孔刺向上)后盖在蒸发皿上,用漏斗盖住。将蒸发皿放在沙浴上,用电炉或煤气灯加热,在加热过程中应注意控制温度在熔点以下,慢慢升华。当蒸气开始通过滤纸上升至漏斗中时,可以看到滤纸和漏斗壁上有晶体出现。如晶体不能及时析出,可在漏斗外面用湿布冷却。

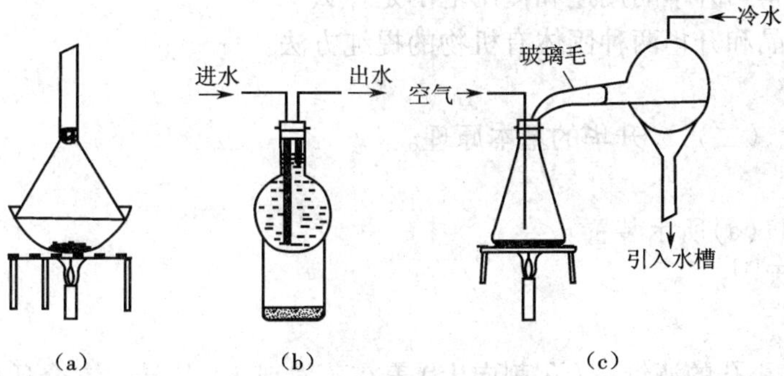

图 2-11　常压升华装置

(a)常用升华装置;(b)较大量物质的升华装置;(c)需通气体的升华装置

当升华量较大时,可用图 2-11(b)在烧杯中分批进行升华。烧杯上放置一个通冷水的圆底烧瓶,使蒸气在烧瓶底部凝结成晶体并附着在瓶底上。

当需要通入空气或惰性气体进行升华时,可用装置图 2-11(c)。在锥形瓶上配有双孔塞,一孔插入玻璃管,以导入空气或惰性气体;另一孔插入接液管,接液管的另一端伸入圆底烧瓶内,烧瓶口塞一些棉花或玻璃毛。当物质开始升华时,通入空气或惰性气体,带出的升华物质遇到冷水冷却的烧瓶壁就凝结在壁上。

2)减压升华

减压升华装置如图 2-12 所示。将样品放入吸滤管(或瓶)中,在吸滤管中放入“指形冷凝管”,用橡皮塞塞紧,利用水泵或油泵进行抽气,接通冷凝水,将此装置放入电热套或水浴中加热,使固体在一定压力下升华。冷凝后的固体将凝聚在“指形冷凝器”的底部。

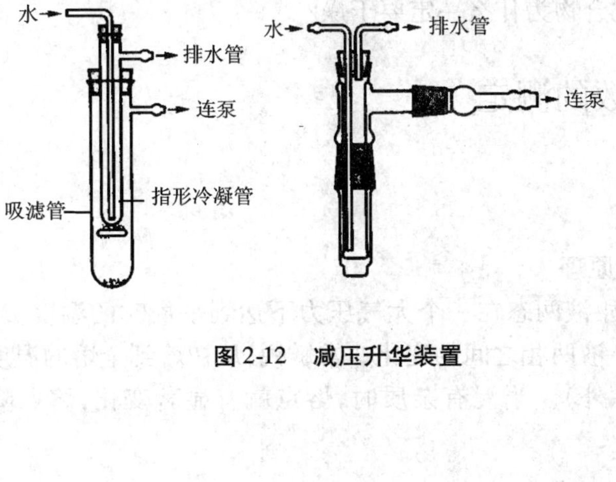

图 2-12　减压升华装置

实验 2-6　咖啡因的升华

实验目的

(1)学习升华提纯固体有机化合物的原理和方法。

(2)掌握升华的实验操作。

预习提示

(1)预习升华的相关知识及操作。

(2)什么是升华？升华的用途和使用范围是什么？

(3)比较重结晶和升华两种固体有机物的提纯方法。

实验原理

见第二部分六、(二)、1.升华的基本原理。

仪器与试剂

仪器:见图 2-11(a)所示装置。

试剂:粗咖啡因[1]。

实验步骤

取一刺有许多小孔的滤纸[2](孔刺向上)盖在蒸发皿上,上罩一支合适的玻璃漏斗,在石棉网上小心加热升华[3],见图 2-11(a)。当纸上出现白色针状结晶时,暂停加热,冷至 100 ℃左右,拿开漏斗和滤纸,将咖啡因用小刀刮下。残渣搅拌后用较大的火继续加热片刻,使升华完全。合并两次升华制得的咖啡因,测定熔点。无水咖啡因的熔点为 234.5 ℃。

注释

[1]粗咖啡因通过实验 4-1 自制。

[2]滤纸上的孔应尽量大些,以便蒸气上升时顺利通过滤纸,并在滤纸上和漏斗中结晶,否则将会影响晶体的析出。

[3]升华温度一定要控制在固体化合物熔点以下。升华过程中始终都应小火间接加热,温度太高会使滤纸炭化变黑,影响产品的纯度。第二次升华时,火也不能太大,否则会使被烘物大量冒烟,影响产品的纯度和产量。

思考题

(1)总结提纯固体物质的方法和使用范围。

(2)被升华的固体化合物为什么一定要干燥?

七、有机物物理常数的测定

(一)熔点的测定

Ⅰ.熔点测定的基本原理

熔点是固体物质的固-液两态在一个大气压力下达到平衡时的温度。纯净的固体化合物一般都有固定的熔点,固-液两相之间的变化非常敏锐,从初熔到全熔的温度范围(称熔距或熔程)是 0.5~1 ℃(液晶除外)。当混有杂质时,熔点就有显著变化,熔点降低,熔程增长。因此，通过测定熔点，可以鉴别未知的固态化合物和判断化合物的纯度。

图 2-13 是化合物的温度与蒸气压曲线图。其中 *SM* 表示固态的蒸气压随温度升高的曲线，*ML* 表示液态的蒸气压随温度升高的曲线。在两个曲线的交叉点 *M* 处，固态、液态、气态三相共存，而且达到平衡，此时的温度 T_M 即为该化合物的熔点。温度高于 T_M 时，固相的蒸气压较液相的蒸气压大，固相全部转化为液相；温度低于 T_M 时，液相则转变为固相。只有在温度为 T_M 时，固-液两相的蒸气压相同，固-液两相才可同时存在。因此，一个纯粹的化合物的熔点是很敏锐的。

将一个纯粹的固体化合物以恒定速率加热，升温速度与时间变化均为恒定数值，用加热时间对温度作图（图 2-14）。温度升高，固体的蒸气压增大，当温度达到熔点 T_M 时，先有少量液体出现，而后固-液两相达到平衡，这时所提供的热量使固体熔化并转化为液体，而化合物的温度不会升高，待固体全部熔化后，熔化了的液体温度才逐渐上升。

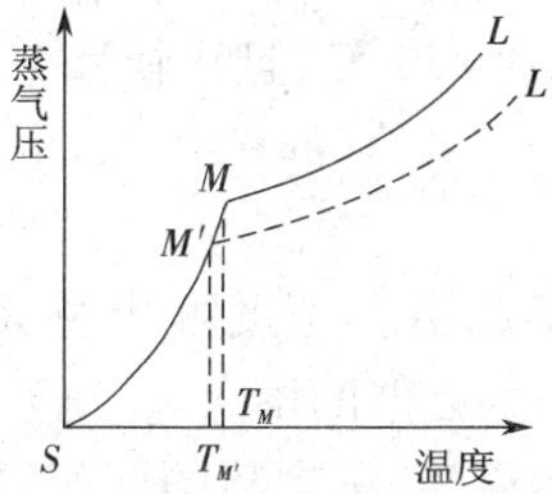

图 2-13　物质蒸气压随温度变化曲线

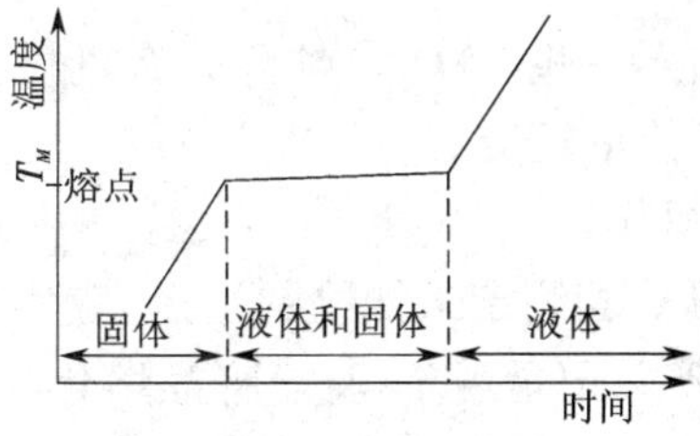

图 2-14　相随时间和温度的变化

可熔性杂质可以使固体化合物的熔点降低，扩大其熔程，如图 2-13 所示。存在微量杂质时，根据拉乌尔（Raoult）定律可知，在一定温度和压力下，增加溶质的摩尔数，导致溶剂的蒸气分压降低，这时的蒸气压-温度曲线是图 2-13 中的 *SM′L′*，*M′* 是三相点，相应温度是 $T_{M'}$，它低于 T_M。这就是有杂质存在的有机物熔点降低的原因。

少数有机化合物在加热尚未达到其熔点前，即进行局部分解，分解物的作用与可熔性的杂质相似。因此这一类化合物没有恒定的熔点。

Ⅱ. 熔点的测定方法

1. 毛细管熔点测定法

1）熔点管的制备

将拉制好的直径 1 ~ 1.5 mm、长 7 cm 的毛细管一端熔封，作为熔点管备用。

2）样品的填装

取 0.1 ~ 0.2 g 样品置于干净的表面皿上，用角匙或玻璃棒研成很细的粉末，聚成小堆。将毛细管开口一端倒插入粉末中，样品便被挤入管中，再把开口一端向上，轻轻在桌面上敲击，使粉末落入管底。取一根长 30 ~ 40 cm 的玻璃管垂直放于一个干净的表面皿上，将熔点管从玻璃管上端自由落下，反复数次，使样品夯实。重复操作，直至样品高 2 ~ 3 mm 为止。黏附在管外的样品要擦去，以免污染加热浴液。装入的样品一定要研得很细且夯实。如果有空隙，则传热不均匀，影响测定效果。

3）仪器及安装

如图 2-15 所示，实验室最常用的装置为 b 形熔点测定管，也称提勒管（Thiele tube）。管内

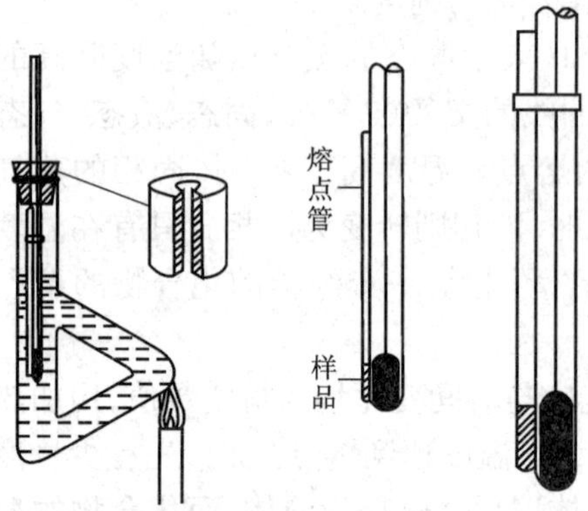

图 2-15　b 形熔点测定装置

加入浴液，高度达上叉管处即可，管口装有开口软木塞，温度计插入其中，刻度面向开口，水银球位于 b 形管上下两叉管口之间。将装好样品的熔点管沾少许浴液黏附于温度计下端，也可以用橡皮圈套在温度计上(注意橡皮圈应在导热液液面之上)。调节毛细管位置，使样品的部分置于水银球侧面中部。

装置中热浴用的导热液通常有浓硫酸、甘油、液体石蜡和硅油等。所需温度低于 140 ℃时，最好选用液体石蜡和甘油。若温度高于 140 ℃，可选用浓硫酸。热的浓硫酸具有极强的腐蚀性，要注意加热适当，以免溅出伤人。使用浓硫酸热浴，由于有机物掉入酸内而变黑，妨碍了对样品熔融过程的观察。此时，可以加入一些 KNO_3 晶体除去有机物。硅油可以加热到 250 ℃，且比较稳定，透明度高，无腐蚀性，但价格较贵。

4)实验操作

(1)粗测。若测定未知物的熔点，应先粗测一次。粗测时，升温速度可快些，每分钟 5 ~ 6 ℃。认真观察并记录现象，直至样品熔化。这样可以测得一个近似的熔点。

(2)精测。让热浴液慢慢冷却到样品近似熔点以下 20 ℃。在冷却的同时，换上一根新的、装有样品的毛细熔点管，作精密的测定。注意每一次测定必须用新的毛细管另装样品，不能将已测定过的毛细管冷却后再用。

精测时，开始升温速度为每分钟 5 ~ 6 ℃，当离近似熔点 10 ~ 15 ℃时，调整火焰，使升温速度为每分钟 1 ℃左右。愈接近熔点，升温速度应愈慢，掌握升温速度是准确测定熔点的关键。密切注意毛细管中样品的变化情况，当样品开始塌落并有液相产生时(部分透明)，表示开始熔化(初熔)，当固体刚好完全消失时(全部透明)，表示完全熔化(全熔)。

(3)记录。记下初熔和全熔的两点温度，即为该化合物的熔程。例如，某化合物在 121 ℃时有液滴出现，在 122 ℃时全熔，其熔点为 121 ~ 122 ℃。

另外，在加热过程中应注意记录是否有萎缩、变色、发泡、升华、炭化等现象。

测定已知物熔点时，要测定 2 次，2 次测定的误差不能大于 ±1 ℃。测定未知物时，要测 3 次，1 次粗测，2 次精测，2 次精测的误差也不能大于 ±1 ℃。

(4)后处理。实验完毕，取下温度计，让其自然冷却至接近室温时，用水冲洗干净。

若用浓硫酸作导热液，用水冲洗温度计前，需用废纸擦去温度计上的浓硫酸，以免其遇水发热使水银球破裂。待 b 形管冷却后，再将导热液倒入回收瓶中。

2. 显微熔点测定仪法

利用该仪器可以测定微量及高熔点样品的熔点，并可观察晶体的晶型及在加热中变化的全过程，如结晶的失水，多晶的变化、升华及分解等。使用数字熔点仪进行测定，更方便、准确、易于操作。本书以 XT4A 数字熔点仪(图 2-16)为例。该仪器具有自动化控制温度及无级调节热台升温速度的功能，通过 LED 显示温度测量值，控温范围宽。操作过程如下。

(1)测量准备。在热台区域放上盖玻片和被测物质，选择好倍率并调清晰显微镜的像。检查无误后，打开电源开关，仪器进入测试状态。仪器显示温度值。

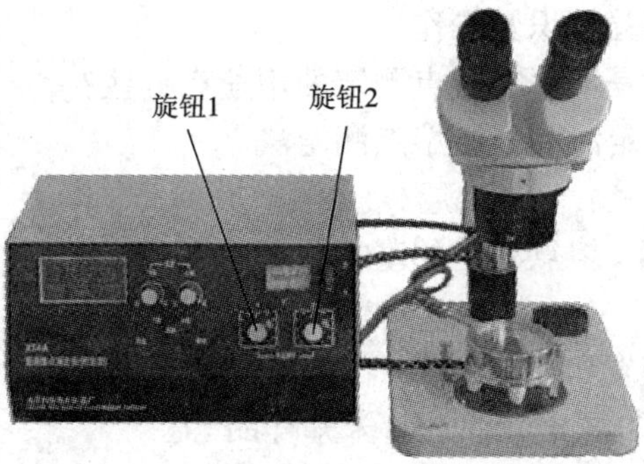

图 2-16 XT4A 数字熔点仪

(2)设定温度上、下限(LED 显示设定数值)。将功能选择开关拨至下限一侧,调节下限旋钮,设定温度下限;再将功能选择开关拨到上限一侧,调节上限旋钮,设定温度上限。

(3)升温。将功能选择开关拨至中间测量位置,此时 LED 显示热台温度值,同时升温指示绿灯亮(当温度低于下限时)。

(4)断电。当持续升温到达设定上限值时,断电指示红灯亮,同时热台停止加热。当温度降至上限值时,断电指示红灯灭。

(5)当控制功能断电后绿灯亮时,再次调整升温调节旋钮 1 和 2,放慢加温速度,以便在显微镜下观察时让温度慢慢接近被测物质的熔点温度,达到观察效果。

(6)逆时针旋转升温旋钮 1 和 2 到底,用镊子移去盖玻片和被测物质,同时将散热器放在热台上加速热台降温。当温度降至熔点值下 20 ℃时,可以重复测量。

(7)仪器使用后应切断电源,待热台冷却后将其清理干净。仪器应放在通风、干燥和无腐蚀性气体的环境中,显微镜加盖防尘罩或放入仪器箱内。

3. 温度计的校正

测熔点时,温度计上的熔点读数与真实熔点之间常有一定偏差。产生的原因主要是:温度计的制作质量差,如毛细孔径不均匀,刻度不准确;温度计刻度划分有全浸式和半浸式两种,全浸式的刻度是在温度计的汞线全部均匀受热的情况下刻出来的,而在测熔点时仅有部分汞线变热,受热不均匀。另外,长期使用过的温度计的玻璃也可能发生变形而使刻度不准。为了校正温度计,可用一套标准温度计与它比较,进行读数校正,这种方法称为比较法。也可采用纯有机化合物的熔点(文献值)作为校正的标准,后一种方法在校正时是选择数种已知熔点的纯有机化合物作为标准样品,以实测的熔点为纵坐标,以实测熔点与标准熔点(文献值)的差值为横坐标作图,可得校正曲线,利用该曲线能直接读出任一温度下的校正值。严格地说,为了得到正确的熔点,仅这样校正还不够,还要对温度计外露段所引进的误差进行读数校正。

实验 2-7 固体有机化合物熔点的测定

实验目的

(1)了解熔点测定的意义和应用。

(2)掌握熔点测定的原理及操作方法。

预习提示

(1)预习熔点测定的相关知识及操作。

(2)什么是熔点？什么是熔程？熔点测定的用途有哪些？

(3)了解毛细管熔点测定法和显微熔点测定法。

实验原理

见第二部分七、(一)、Ⅰ.熔点测定的基本原理。

仪器与试剂

仪器:如图 2-16 所示装置。

试剂:乙酰苯胺,苯甲酸,尿素,咖啡因,未知样品等。

实验步骤

1)毛细管法

见毛细管熔点测定法。

2)数字显微熔点仪测定法

将微量试样放在两载玻片中间 2/3 处,用两手指轻研[1],把载玻片插入到载物台上,调节目镜,使晶体清晰,加热升温,升温速度的控制与毛细管法操作一致。观察初熔和全熔的全过程,并记录熔程。停止加热后,用镊子取出载玻片,稍冷,打开并用 95% 的乙醇清洗载玻片[2],以备再用,同时将散热器放在载物台上散热。

注释

[1]样品要轻研,颗粒太大,受热不均;颗粒太小,观察不到完整的晶形。

[2]冷却后载玻片粘在一起,不易打开。

思考题

(1)为什么测定有机化合物的熔点可以鉴定化合物及其纯度？

(2)在测定物质熔点的过程中,为什么当接近熔点时加热速度要慢些？

(3)重复测定物质熔点时,为什么一定要重新装样品？

(二)沸点的测定

沸点的测定分为常量法和微量法。常量法的装置和操作与一般蒸馏相同。见第二部分五、(一)常压蒸馏。微量法测沸点见图 2-17、图 2-18。沸点管有内外两管,内管是长约5 cm、一端封闭、内径为1 mm 的毛细管;外管是长 7 ~ 8 cm、一端封闭、内径为 4 ~ 5 mm 的小玻璃管。

取 3 ~ 4 滴待测样品滴入沸点管的外管中,将内管开口向下插入外管中,然后用橡皮圈把沸点管固定在温度计旁,使装样品的部分位于温度计水银球的中部,然后将其插入浴液中加热。若用 b 形管加热,应调节温度计的位置,使水银球位于上下两叉管中间;若用烧杯加热,为了加热均匀,需要不断搅拌。

装置安装完毕后,开始加热,随着温度的升高,由于气体受热膨胀,内管中很快会有小气泡缓缓地从液体中逸出。当温度升到比沸点稍高时,管内将有一连串的气泡快速逸出,此时停止加热,随着浴液温度的降低,气泡逸出的速度渐渐减慢。当气泡不再冒出而液体刚要进入沸点内管(即最后一个气泡刚要缩回毛细管)时,立即记下温度计上的温度,即为该液体的沸点。每支毛细管只可用于一次测定,一个样品的测定需重复 2 ~ 3 次,测得平行数据相差应不超过 1 ℃。

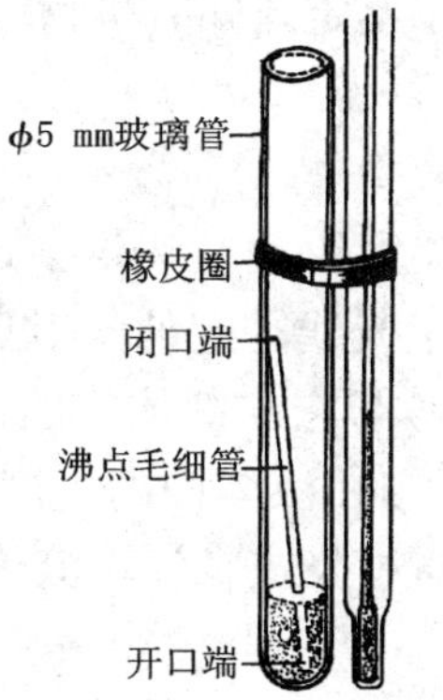

图 2-17　沸点管附着在温度计上的位置

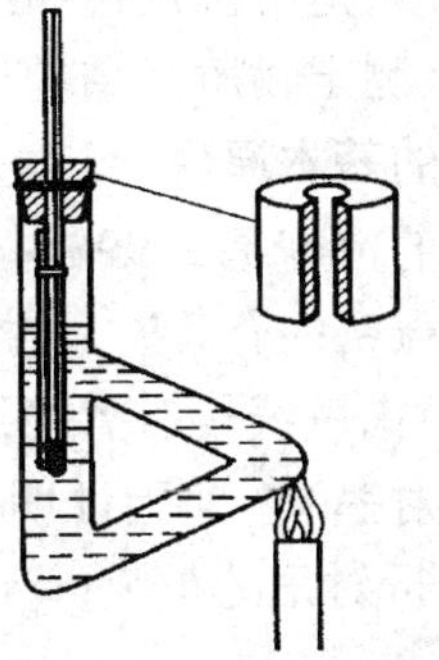

图 2-18　b 形管测沸点装置

实验 2-8　微量法液体有机化合物沸点的测定

实验目的

(1)熟悉有机化合物的沸点与纯度的关系,以及沸点测定对鉴定有机化合物的意义。

(2)了解常量和微量法测定液体有机化合物沸点的原理和操作方法。

预习提示

(1)预习液体有机化合物沸点测定的相关知识及操作。

(2)什么是沸点? 沸点测定的用途有哪些?

(3)了解常量法和微量法测定液体有机化合物沸点的原理和操作。

实验原理

液体化合物受热时其蒸气压升高,当其蒸气压达到与外界大气压相等时,液体开始沸腾,此时液体的温度即是沸点,物质的沸点与外界大气压的改变成正比。沸点是化合物的重要物理常数,有一定实际意义。

仪器与试剂

仪器:见图 2-17 和图 2-18 所示装置。

试剂:乙醇,未知样品。

实验步骤

见第二部分七、(二)沸点的测定。注意判断何时为样品的沸点,并正确记录。

思考题

(1)微量法测沸点时,如遇到以下情况:①毛细管空气未排干净;②毛细管未封好;③加热太快将会如何?

(2)测得某种液体有固定的沸点,能否认为该液体是纯净物? 为什么?

(三)折射率的测定

折射率是物质的特征常数,固体、液体、气体都有折射率。对于液体有机化合物,折射率是重要的物理常数之一，是有机化合物纯度的标志之一，也用于鉴定未知有机物。某一物质的折射率随入射光波长、测定物质的结构、压力等因素变化。

1. 折射率测定的基本原理

光线在空气中的速度是 2.998×10^8 m/s，但是在密度较大的透明液体中速度则比较小。当光线从空气进入稠密的介质时，传播速度减小，这就造成了光线在它的入射点（即光线与液体界面相交的一点）向垂线偏折。光线在空气中的速度（$V_{空}$）与它在液体中的速度（$V_{液}$）之比定义为该液体的折射率 n。实验证明，光线在空气中的速度与在液体中的速度之比等于入射角的正弦（$\sin\theta$）与折射角的正弦（$\sin\varphi$）之比。因此，可以通过公式来计算液体的折射率 $n=\sin\theta/\sin\varphi$。

计算出来的折射率 n 与液体的温度及使用光的波长有关。在标准情况下，折射率是用钠光谱的 D 线（波长 589 nm）在 20 ℃ 下，自空气中通过被测物质时的入射角正弦与折射角正弦之比而测得的，记为 n_D^{20}。如果不是在 20 ℃下进行测量，就必须进行温度校正。对于纯净的液体，折射率测定可精确到万分之一，通常应用小数点后 4 位有效数字进行记录。由于测得的数值有如此高的精确度，作为纯净液体的鉴定方法，它比熔点、沸点以及其他类似物理常数具有较高的精确性。实际上，很难得到足够纯的液体使测得的数值与手册中记载的各种化合物的值相同。

2. 基本操作

用来测定折射率的最普通的折光仪是数字阿贝折光仪，数字阿贝折光仪的结构见图2-19。

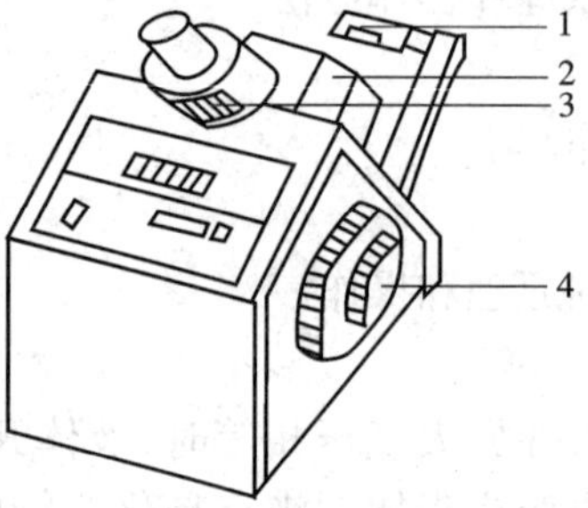

图 2-19 数字阿贝折光仪的结构

1—光源；2—三角棱镜；3—消色散手柄；4—转动的手轮

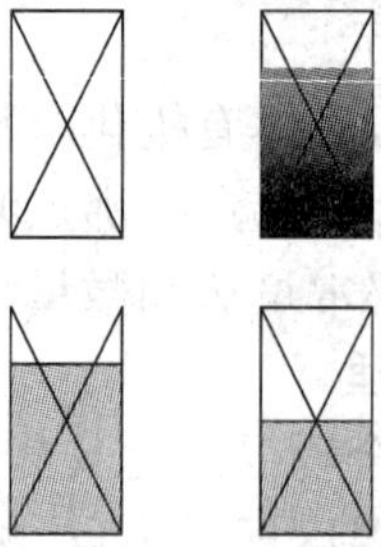

图 2-20 从折光仪目镜中观察到的图像

（1）将折光仪置于光亮处，避免阳光直射。打开折光仪电源开关，预热，调节照明光源，使其处于适当的位置（距三角棱镜 1 ~ 2 cm）。

（2）打开三角棱镜的锁扣，用擦镜纸擦净棱镜镜面。若棱镜镜面上有灰尘或纤维，用洗耳球鼓气吹干净。滴 2 ~ 3 滴被测样品，轻轻合上棱镜。

（3）从目镜观察，如图 2-20 所示的 4 种情况。有可能视野全暗或全亮，或有彩色光带；调节转动手轮，调出彩色光带（明暗界面），正确的界面是上明下暗；调节消色散手柄，消除色散，使界线清楚；调节转动手轮，使界线落在 X 形准丝线中心。

（4）按“读数”键，1 ~ 2 s 后显示待测样品的折射率。

（5）实验结束后，关闭电源。用乙醚或丙酮滴洗棱镜面，待干燥后，在两棱镜间夹入一层擦镜纸，然后合上棱镜。

实验 2-9 液体有机化合物折射率的测定

实验目的

(1)了解测定折射率的意义。

(2)掌握液体化合物折射率测定的原理和方法。

预习提示

(1)预习液体折射率测定的相关知识及操作。

(2)液体化合物折射率测定的用途有哪些?

(3)了解数字阿贝折光仪的原理和操作。

实验原理

折射率是液体化合物一个重要的物理量。通过测定折射率,可以判断有机化合物的纯度和鉴定未知物。

仪器与试剂

仪器:见图 2-19 所示装置。

试剂:无水丙酮,无水乙醇。

实验步骤

见第二部分七、(三)、2. 基本操作。

提示与备注

[1]操作时要特别小心,特别是油手、汗手及滴管的末端等严禁触及棱镜。

[2]测定有毒样品的折射率时,应在通风橱内操作。

思考题

测定有机化合物折射率的意义是什么?

八、色谱法

色谱法是分离、纯化和鉴定有机化合物的重要方法之一,具有极其广泛的用途。

色谱法的基本原理是利用混合物中各组分在某一物质中的吸附或溶解性能(即分配性能)的不同,或与其他亲和作用性能的差异,使混合物的溶液流经该种物质,进行反复的吸附或分配等作用,从而将各组分分开。流动的混合物溶液称为流动相,固定的物质称为固定相(可以是固体或液体)。

色谱按分离原理可分为吸附色谱、分配色谱、离子交换色谱、排阻色谱等。色谱根据操作条件又可分为柱色谱、薄层色谱(TLC)、纸色谱、气相色谱和高效液相色谱等。

(一)薄层色谱

薄层色谱是近代广泛应用的微量分离技术,其特点是简便、快速、灵敏度高,兼备纸层析和柱层析的优点。

1. 薄层色谱的分离原理

薄层色谱是以涂布于支持板上的支持物作为固定相,以合适的溶剂作为流动相,利用被分离的混合样品中各成分对同一吸附剂(固定相)的吸附能力不同,在流动相流过固定相的过程中,使它们进行不同程度的解析,从而达到分离的目的。

薄层色谱常用来分离和鉴定混合物中各组分以及精制化合物,对有机合成反应进行监控,寻找柱色谱的最佳分离条件。此法特别适用于挥发性较小或在较高温度易发生变化而不能用气相色谱分析的物质。

薄层色谱通常是在玻璃板上均匀铺上一薄层吸附剂,制成薄层板,用毛细管将样品溶液点在起点处,把此薄层板置于盛有溶剂的容器中,待溶液到达前沿后取出,晾干,喷以显色剂,测定色斑的位置。由于层析是在薄层板上进行,故称为薄层层析。

常用的薄层色谱有吸附色谱和分配色谱两类。吸附色谱常用的吸附剂是硅胶或氧化铝,分配色谱常用的支持剂有硅藻土和纤维素等。通常吸附薄层色谱使用较多。

在薄层色谱(TLC)中所用的吸附剂颗粒比柱色谱中用的要小很多,一般在 260 目以上。当颗粒太大时,表面积小,吸附量少,样品随展开剂移动速度快,斑点扩散较大,分离效果不好;当颗粒太小时,样品随展开剂移动速度慢,斑点不集中,效果也不好。

薄层层析用的硅胶分为:硅胶 H 不含黏合剂;硅胶 G(Gypsum 的缩写)含黏合剂(煅石膏);硅胶 GF_{254} 含有黏合剂和荧光剂,可在波长 254 nm 紫外光下发出荧光;硅胶 HF_{254} 只含荧光剂。同样,氧化铝也分为氧化铝 G、氧化铝 GF_{254} 及氧化铝 HF_{254}。氧化铝的极性比硅胶大,易用于分离极性小的化合物。

硅胶及氧化铝按其表面含水量分为 5 个活性等级:Ⅰ级活性最高;Ⅴ级活性最低。表 2-4 列出了吸附剂含水量与其活性等级的关系。

表 2-4　吸附剂含水量和活性等级关系

活性等级	Ⅰ	Ⅱ	Ⅲ	Ⅳ	Ⅴ
氧化铝含水量	0	3%	6%	10%	15%
硅胶含水量	0	5%	15%	25%	38%

黏合剂除煅石膏外,还可使用淀粉、聚乙烯醇和羧甲基纤维素钠(CMC)作为黏合剂。使用时,一般配成百分之几的水溶液。如羧甲基纤维素钠的质量分数为 0.5%,淀粉的质量分数为 5%。加黏合剂的薄层板称为硬板,不加黏合剂的薄层板称为软板。

2. 操作方法

1)薄层板的制备

薄层板的制备方法有干法制板和湿法制板。干法制板常用氧化铝作吸附剂,将氧化铝倒在玻璃上,取直径均匀的一根玻璃棒,将两端用胶布缠好,在玻璃板上滚压,把吸附剂均匀地铺在玻璃板上。这种方法操作简便,展开快,但是样品展开点易扩散,制成的薄板不易保存。

实验室最常用的是湿法制板。取 2 g 硅胶 G 加入 5 ~ 7 mL 0.7% 的羧甲基纤维素钠水溶液,调成糊状。将糊状硅胶均匀地倒在 3 块载玻片上,先用玻璃棒铺平,再用手轻轻振平。大量铺板或铺较大板时,也可使用涂布机,如图 2-21 所示。

薄层板制备的好坏直接影响了色谱分离的效果,在制备过程中应注意以下事项:

(1)铺板时,尽可能将吸附剂铺均匀,不能有气泡或颗粒等;

(2)铺板时,吸附剂的厚度不能太厚也不能太薄,太厚展开时会出现拖尾,太薄样品分不开,一般厚度为 0.5 ~1 mm;

(3)湿板铺好后,应放在比较平的地方晾干,即慢慢地自然干燥,千万不要快速干燥,否则薄层板会出现裂痕。

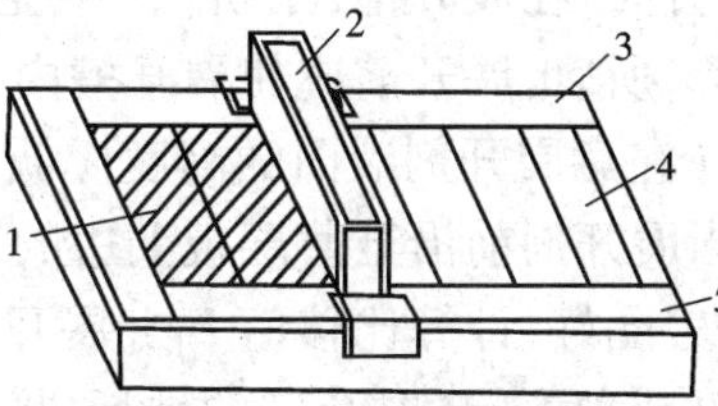

图 2-21　薄层涂布机

1—吸附剂薄层;2—涂布器;3—玻璃夹板;4—载玻片;5—玻璃夹板

2)薄层板的活化

薄层板经过自然干燥后,再放入烘箱中活化,进一步除去水分。不同的吸附剂及配方需要不同的活化条件。例如:硅胶一般在烘箱中逐渐升温,在 105 ~110 ℃下烘 30 min;氧化铝在 200 ~220 ℃下烘 4 h,可得到活性为Ⅱ级的薄层板,在 150 ~160 ℃下烘 4 h,可得到活性为Ⅲ ~Ⅳ级的薄层板。活化后的薄层板放在干燥器内保存备用。含水量与活性的关系见表 2-4。当分离某些易吸附的化合物时,可不用活化。

3)点样

将样品用易挥发溶剂配成 1% ~5% 的溶液。在距薄层板的一端 10 mm 处,用铅笔轻轻地画一条横线作为点样时的起点线,在距薄层板的另一端 5 mm 处,再画一条横线作为展开剂向上爬行的终点线(画线时不能将薄层板表面破坏),如图 2-22 所示。

用内径小于 1 mm、干净并干燥的毛细管吸取少量样品,轻轻触及薄层板的起点线(即点样),然后立即抬起,待溶剂挥发后,再触及第 2 次。如果样品浓度低,可多点几次,一般点 2 ~5 次即可。若在同一块板上点几个样,两点之间的距离至少为 1 ~1.5 cm。点好样品的薄层板待溶剂挥发后再放入展开槽中展开。

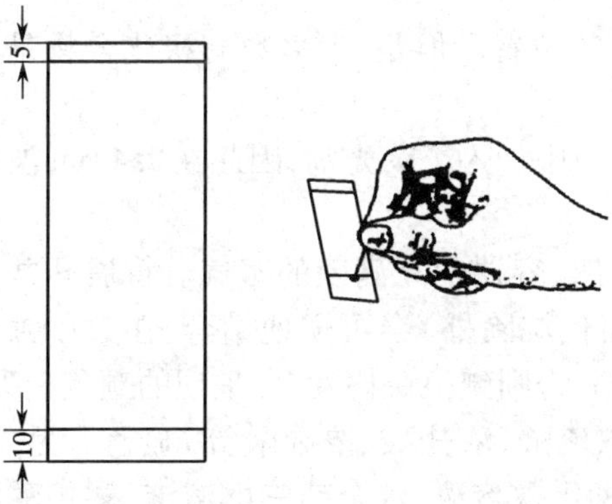

图 2-22　薄层板及其点样方法

4)展开

在此过程中,选择合适的展开剂至关重要。一般展开剂的选择与柱色谱中洗脱剂的选择类似,即极性化合物选择极性展开剂,非极性化合物选择非极性展开剂。当一种展开剂不能将样品分离时,可选用混合展开剂。表 2-5 给出了常用的展开剂。混合展开剂的选择请参考柱色谱中洗脱剂的选择。

表 2-5　薄层色谱(TLC)常用的展开剂

溶 剂 名 称
戊烷、四氯化碳、苯、氯仿、二氯甲烷、乙醚、乙酸乙酯、丙酮、乙醇、甲醇 极性及展开能力增加 →

薄层板展开时，在展开槽（层析槽）中注入配好的展开剂，因吸附剂对样品会发生无数次吸附、解析过程，所以，展开前应使展开槽内展开剂的蒸气达到饱和，将薄层板点有样品的一端放入展开剂中（注意展开剂液面的高度应低于样品斑点）。在展开过程中，样品斑点随着展开剂向上迁移，当展开剂前沿至薄层板上边的终点线时，立刻取出薄层板。将薄层板上分开的样品点用铅笔轻轻圈好，计算比移值 R_f。展开方式如下。

（1）上升法：适用于含黏合剂的硬板，将色谱板垂直于盛有展开剂的容器中。

（2）倾斜上行法：色谱板倾斜 15°，适用于无黏合剂的软板；色谱板倾斜 45°～60°，适用于含黏合剂的硬板，如图 2-23 所示。

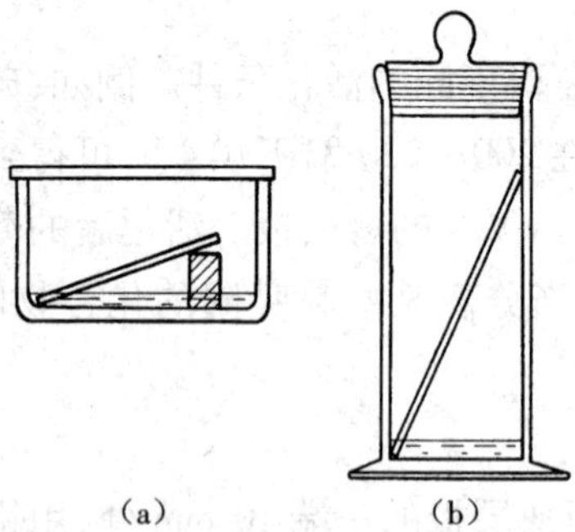

图 2-23　倾斜上行法展开

(a)长方形盒式展开槽；(b)广口瓶式展开槽

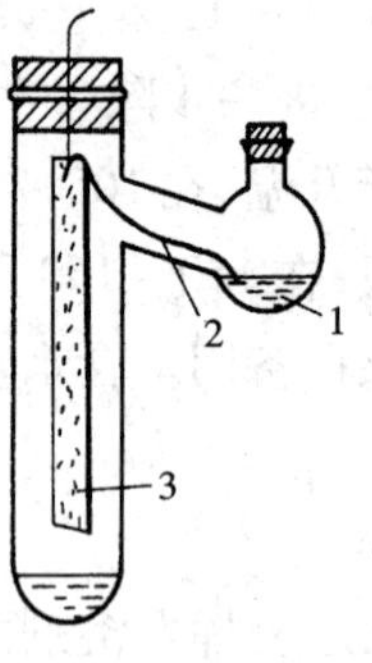

图 2-24　下降法展开

1—溶剂；2—滤纸条；3—薄层板

（3）下降法：展开剂放在圆底烧瓶中，用滤纸或纱布等将展开剂吸到薄层板的上端，使展开剂沿板下行，这种连续展开的方法适用于 R_f 值小的化合物的分离，如图 2-24 所示。

（4）双向展开法：将样品点在方形玻璃板的角上，向一个方向展开，然后转动 90°，再换另一种展开剂展开，此法适用于成分复杂的混合物的分离。

5）显色

样品展开后，如果本身带有颜色，可直接看到斑点的位置。但是，大多数有机化合物是无色的，因此，就存在显色的问题。常用的显色方法如下。

（1）紫外灯显色。由于在用硅胶 GF_{254} 制成的薄层板中加入了荧光剂，因此在 254 nm 波长的紫外灯下可观察到暗色斑点，此斑点就是样品点。

（2）碘熏显色。在一密闭容器（碘缸）中放入一些碘，容器中充满碘的蒸气。将展开并晾干的薄层板放入碘缸，碘与大多数有机化合物（烷和卤代烷除外）会可逆地结合，在数秒钟内化合物的斑点呈黄棕色。取出薄层板，用铅笔将点圈好，否则碘很快挥发，使呈现的颜色消失。

（3）喷洒显色剂。薄层板可用腐蚀性显色剂（如浓硫酸、浓盐酸、浓磷酸等）显色。另外，根据化合物的特性，还可以采用一些试剂显色，如三氯化铁溶液、水合茚三酮溶液、磷钼酸溶液等。

6）比移值 R_f 的计算

某种化合物在薄层板上上升的高度与展开剂上升高度的比值称为该化合物的比移值，常用 R_f 表示为

$$R_f = \frac{\text{样品中某组分移动离开原点的距离}}{\text{展开剂前沿至原点中心的距离}}$$

图 2-25 给出了某化合物的展开过程及 R_f 值。对于一种化合物,当展开条件相同时,R_f 值是一个常数。因此,可用 R_f 值作为定性分析的依据。但是,由于影响 R_f 值的因素较多,如展开剂、吸附剂、薄层板的厚度、温度等均能影响 R_f 值,因此同一化合物的 R_f 值与文献值会相差很大。实验中常采用的方法是,在一块板上同时点一个已知物和一个未知物进行展开,通过计算 R_f 值来确定是否为同一化合物。

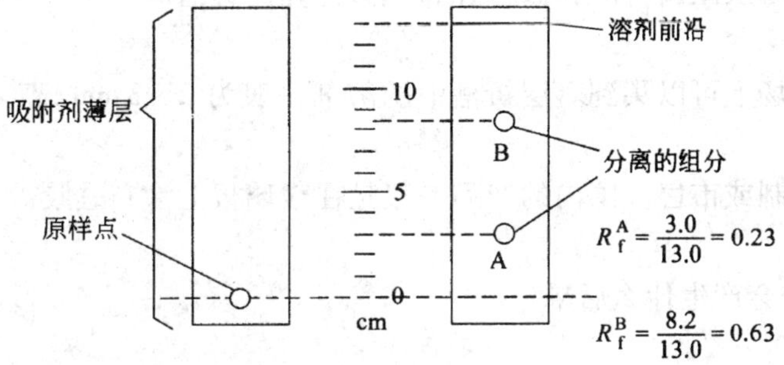

图 2-25　R_f 值的计算

实验 2-10　薄层色谱法分离有机化合物

目的要求

(1)了解薄层色谱法分离有机化合物的原理和用途。

(2)掌握薄层色谱法分离有机化合物的基本操作。

预习提示

(1)预习色谱法及薄层色谱法分离有机化合物的相关知识及操作。

(2)了解色谱法按分离原理和操作条件进行的分类。

(3)什么是薄层色谱? 薄层色谱的特点是什么?

(4)掌握比移值的计算方法。

实验原理

见第二部分八、(一)、1. 薄层色谱的分离原理。

仪器与试剂

仪器:见图 2-23 所示装置。

试剂:硅胶 G,丙酮,蒸馏水。

1 号样品:0.5% 甲基橙水溶液。

2 号样品:0.5% 甲基橙水溶液与 0.1% 乙基紫水溶液等量混合。

3 号样品:0.1% 乙基紫水溶液(乙基紫应先用少量乙醇溶解,再用水稀释)。

实验步骤

(1)制板:用湿法制板,放置几小时后置于烘箱中于 105 ℃烘 0.5 h 活化,备用。

(2)点样:用毛细管吸取样品,在距薄层板一端 1 cm 处,分别点 2 个样品(1、2 号或 2、3 号),每个样品间的距离约 1.5 cm,点的直径不超过 3 mm,吹干后,各复点 1 次。

(3)展开:用小量筒量取蒸馏水 2 mL、丙酮 2 mL,倒入广口层析槽中混匀,待样品点吹干后，将薄层板放入层析槽中，要使薄层板浸入溶剂中 0.5 ~ 1 cm，自然倾斜，及时盖严，不要随意移动或打开盖子，以免溶剂挥发。观察展开情况，当展开至距板边缘 5 mm 时取出薄层板，画出溶剂上升高度，待溶剂挥发。

(4)显色：展开结束后，有颜色的物质在薄层板上显出斑点，若物质无颜色，需显色，干燥后使其显出斑点。

(5)用铅笔画出薄层图谱，标出各斑点的轮廓，计算比移值。

提示与备注

[1]层析槽在市场上可以买到。层析槽中的溶剂一般为 2 ~ 3 mm 高。若无层析槽，可用广口瓶代替。

[2]薄层板可自制或市售。国内的产品一般是在玻璃板上涂布硅胶。

思考题

点样太多或太少会产生什么后果？

(二)柱色谱

柱色谱是将固定相填装在玻璃柱中进行分离的一种色谱分析方法。常用的有吸附色谱和分配色谱两种。固定相以氧化铝或硅胶作吸附剂的称为吸附色谱；以硅藻土或纤维素作为支持剂，支持剂中吸附大量液体作固定相的称为分配色谱。实验室中常用的是吸附色谱。

1. 柱色谱的分离原理

为了进一步理解色谱原理，对柱色谱的分离过程作简单介绍。将已溶解的样品从柱顶加入到已装好的色谱柱中，然后用洗脱剂(流动相)淋洗。样品中各组分在吸附剂(固定相)上的吸附能力不同，一般来说，极性大的吸附能力强，极性小的吸附能力弱。当用洗脱剂淋洗时，各组分在洗脱剂中的溶解度也不一样。因此，被解吸的能力也不同。根据“相似相溶”原理，极性化合物易溶于极性洗脱剂中，非极性化合物易溶于非极性洗脱剂中。一般是先用非极性洗脱剂进行淋洗。当样品加入后，无论是极性组分还是非极性组分均被固定相吸附(其作用力为范德华力)。当加入洗脱剂后，由于非极性组分在固定相(吸附剂)中吸附能力弱，而在流动相(洗脱剂)中溶解度大，非极性组分首先被解吸出来，然后随着流动相向下移动与新的吸附剂接触再次被固定相吸附。随着洗脱剂向下流动，被吸附的非极性组分再次与新的洗脱剂接触，并再次被解吸出来随着流动相向下流动。由于极性组分的吸附能力强，且在洗脱剂中溶解度又小，因此不易被解吸出来，这样经过一定次数的吸附和解吸后，各组分在色谱柱中形成一段一段的色带，随着洗脱过程的进行，每个色带的溶液从柱底端流出。每一段色带代表一个组分，分别收集不同的色带，再将洗脱剂蒸发，就可以获得单一的纯净物质。图 2-26 和图 2-27 给出了柱色谱分离过程。

2. 吸附剂和洗脱剂

1)吸附剂

选择合适的吸附剂作为固定相对于柱色谱来说非常重要。常用的吸附剂有硅胶、氧化铝、氧化镁、碳酸钙和活性炭等。实验室一般使用氧化铝或硅胶，在这两种吸附剂中氧化铝的极性更大一些，它是一种高活性和强吸附的极性物质。通常市售的氧化铝分为中性、酸性和碱性 3 种。酸性氧化铝用于分离酸性有机物；碱性氧化铝适用于分离碱性有机物，如生物碱和烃类化合物；中性氧化铝应用最为广泛，适用于中性物质的分离，如醛、酮、酯、醌等有机物。市售的硅

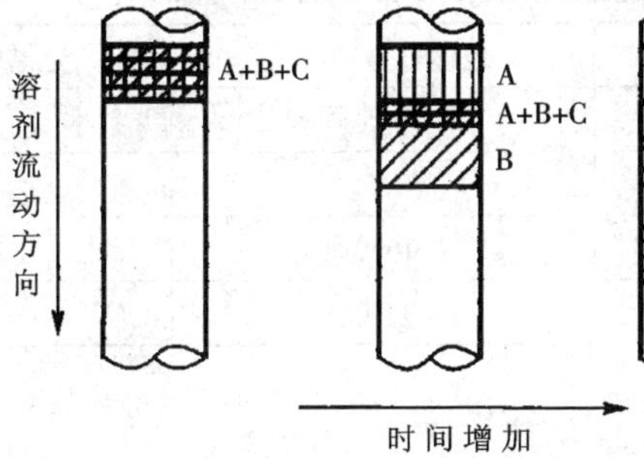

图 2-27　色层的展开

图 2-26　柱色谱装置

胶略带酸性。

由于样品被吸附到吸附剂表面上，因此颗粒大小均匀、比表面积大的吸附剂吸附分离效果最佳。比表面积越大，组分在流动相和固定相之间达到平衡就越快，色带就越窄。通常使用的吸附剂颗粒大小以 100 目至 150 目为宜。

吸附剂的活性取决于吸附剂的含水量。含水量越高，吸附剂的吸附能力越弱；反之，则吸附能力越强。吸附剂的含水量和活性等级关系见表 2-4。

2）洗脱剂

在柱色谱分离中，吸脱剂的选择也是一个重要因素。一般洗脱剂的选择是通过薄层色谱实验确定的。能将样品中各组分完全分开的展开剂作为柱色谱的洗脱剂。有时单纯一种展开剂达不到所要求的分离效果，可考虑选用混合展开剂。

选择洗脱剂的另一个原则是：洗脱剂的极性不能大于样品中各组分的极性，否则会由于洗脱剂在固定相上被吸附，迫使样品一直保留在流动相中。在这种情况下，组分在色谱柱中移动得非常快，很少有机会建立起分离所要达到的化学平衡，影响分离效果。

另外，所选择的洗脱剂必须能够将样品中的各组分溶解，但不能同组分竞争与固定相的吸附。如果被分离的样品不溶于洗脱剂，那么各组分可能会牢固地吸附在固定相上，而不随流动相移动或移动很慢。

不同的洗脱剂使给定的样品沿着固定相的相对移动能力称为洗脱能力。一般来说，在反相色谱中，洗脱能力按以下顺序排列：

在极性固定相上洗脱剂能力提高 →

水、甲醇、乙醇、1-丙醇、丙酮、乙酸乙酯、乙醚、氯仿、二氯甲烷、甲苯、环己烷、己烷、石油醚

← 在非极性固定相上洗脱剂能力提高

在正相色谱中的洗脱能力刚好与之相反。

3. 基本操作

1）柱色谱装置

柱色谱是一根带有下旋塞或无下旋塞的玻璃管，如图 2-26 所示。一般来说，吸附剂的质量应是待分离物质质量的 25 ~ 30 倍，所用柱的高度和直径比为 8∶1。表 2-6 给出了样品质量、吸附剂质量、色谱柱高度和直径间的关系，实验者可根据实际情况参照选择。

表 2-6　样品和吸附剂质量与色谱柱高度和直径的关系

样品质量/g	吸附剂质量/g	色谱柱直径/cm	色谱柱高度/cm
0.01	0.3	3.5	30
0.10	3.0	7.5	60
1.00	30.0	16.0	130
10.00	300.0	35.0	280

2)柱色谱操作要点

(1)装柱。装柱前应先将色谱柱洗干净并进行干燥。在柱底铺一小块脱脂棉,再铺上约 0.5 cm 厚的石英砂,然后进行装柱。装柱分为湿法装柱和干法装柱两种,下面分别介绍。

a.湿法装柱。将吸附剂(氧化铝或硅胶)用洗脱剂中极性最低的洗脱剂调成糊状,在柱内先加入约3/4柱高的洗脱剂,再将调好的吸附剂边敲打边倒入柱中,同时,打开下旋塞,在色谱柱下面放一个干净并且干燥的锥形瓶或烧杯,接收洗脱剂。当装入的吸附剂有一定高度时,洗脱剂下流速度变慢,待所用吸附剂全部装完后,用流下来的洗脱剂转移残留的吸附剂,并将柱内壁残留的吸附剂淋洗下来。在此过程中,应不断敲打色谱柱,以使色谱柱填充均匀并没有气泡。柱子填充完后,在吸附剂上端覆盖一层约 0.5 cm 厚的石英砂。覆盖石英砂的目的是:①使样品均匀地流入吸附剂表面;②当加入洗脱剂时,它可以防止吸附剂表面被破坏。在整个装柱过程中,柱内洗脱剂的高度始终不能低于吸附剂最上端,否则柱内会出现裂痕和气泡。

b.干法装柱。在色谱柱上端放一个干燥的漏斗,将吸附剂倒入漏斗中,使其成为一细流连续不断地装入柱中,并轻轻敲打色谱柱身,使其填充均匀,再加入洗脱剂湿润。也可以先加入3/4的洗脱剂,然后再倒入干的吸附剂。因为硅胶和氧化铝的溶剂化作用易使柱内形成缝隙,所以这两种吸附剂不宜使用干法装柱。

(2)样品的加入及色谱带展开。液体样品可以直接加入到色谱柱中,如浓度低,则可浓缩后再进行分离。固体样品应先用最少量的溶剂溶解后再加入到柱中。在加入样品时,应先将柱内洗脱剂排至稍低于石英砂表面后停止排液,用滴管沿柱内壁把样品一次加完。在加入样品时,应注意滴管尽量向下靠近石英砂表面。样品加完后,打开下旋塞,使液体样品进入石英砂层后再加入少量的洗脱剂将壁上的样品洗下来,待这部分液体进入石英砂层后,再加入洗脱剂进行淋洗,直至所有色带被展开。

色谱带的展开过程也就是样品的分离过程。在此过程中应注意以下事项。

a.洗脱剂应连续平稳地加入,不能中断。样品量少时,可用滴管加入。样品量大时,用滴液漏斗作储存洗脱剂的容器,控制好滴加速度,可得到更好的效果。

b.在洗脱过程中,应先使用极性最小的洗脱剂淋洗,然后逐渐加大洗脱剂的极性,使洗脱剂的极性在柱内形成梯度,以形成不同的色带环。也可以分步进行淋洗,即将极性小的组分分离出来,再改变洗脱剂的极性,分离出极性较大的组分。

c.在洗脱过程中,样品在柱内的下移速度不能太快,但也不能太慢(甚至过夜),因为吸附剂表面活性较大,时间太长会造成某些成分被破坏,使色谱带扩散,影响分离效果。通常流出速度为 5 ~10 滴/min,若洗脱剂下移速度太慢,可适当加压或用水泵减压。

d.当色谱带出现拖尾时,可适当提高洗脱剂极性。

(3)样品中各组分的收集。当样品中各组分带有颜色时,可根据不同的色带用锥形瓶分别进行收集，然后分别将洗脱剂蒸除得到纯组分。但是大多数有机物质是无色的，可采用等分收集的方法，即将收集瓶编好号，根据使用吸附剂的量和样品分离情况来进行收集。一般用 50 g 吸附剂时，每份洗脱剂的收集体积约为 50 mL。如果洗脱剂的极性增加或样品中组分的结构相近，每份收集量应适当减小。将每份收集液浓缩后，以残留在烧瓶中物质的质量为纵坐标，收集瓶的编号为横坐标绘制曲线图，确定样品中的组分数。对于在紫外线照射下可以发出荧光的化合物，可用紫外线照射来确定。一般用薄层色谱进行监控是最为有效的方法。

实验 2-11　柱色谱法分离有机化合物

实验目的

(1) 了解柱色谱法分离有机化合物的原理和用途。

(2) 掌握柱色谱法分离有机化合物的基本操作技术。

预习提示

(1) 预习色谱法及柱色谱法分离有机化合物的相关知识及操作。

(2) 湿法装柱和干法装柱应注意什么问题?

(3) 什么是柱色谱? 柱色谱的特点是什么?

实验原理

见第二部分八、(二)、1. 柱色谱的分离原理。

仪器与试剂

仪器：见图 2-26 所示装置。

试剂：氧化铝 8 g，95% 乙醇 10 mL，蒸馏水。

样品：0.5% 甲基橙水溶液与 0.1% 亚甲基蓝水溶液等量混合。

实验步骤

用湿法装柱，加样，洗脱和分离，收集。具体步骤见第二部分八、(二)、3. 基本操作。本实验先采用 10 mL 蒸馏水与 10 mL 95% 乙醇混合溶剂作为洗脱剂，待亚甲基蓝溶液的蓝色段带全部洗脱下来，再改用蒸馏水作为洗脱剂将甲基橙溶液的橙色段带洗脱下来。

提示与备注

[1] 装柱要求吸附剂必须均匀地填在柱内，没有气泡，没有裂缝，否则将影响洗脱和分离效果。

[2] 可用分液漏斗来代替滴管连续不断地加洗脱剂。

思考题

干法装柱和湿法装柱各有什么优缺点?

九、无水无氧操作

在化学实验中，经常会遇到一些对空气中的氧气和水敏感的化合物。此时就需要在无水无氧条件下进行实验。无水无氧操作有以下几种。

(1) 直接向反应体系中通入惰性气体保护。对于一般要求不是很高的体系，可采用直接将惰性气体通入反应体系置换出空气的方法。这种方法简便易行，广泛用于各种常规有机合成，是最常见的保护方式。惰性气体可以是普通氮气，也可以是高纯氮气或氩气。使用普通氮气时最好让气体通过浓硫酸洗气瓶或装有合适干燥剂的干燥塔，使用效果会更好。

（2）手套箱。对于需要称量、研磨、转移、过滤等较复杂操作的体系，一般采用在一充满惰性气体的手套箱中操作。常用的手套箱由有机玻璃板制成，在其中放入干燥剂即可进行无水操作，向手套箱中通入惰性气体而置换其中的空气后，则可进行无氧操作。有机玻璃手套箱不耐压，不能通过抽气置换其中的空气，空气不易置换完全。使用手套箱也造成惰性气体的大量浪费。

（3）Schlenk 技术。对于无水无氧条件下的回流、蒸馏或过滤等操作，应用 Schlenk 仪器比较方便。Schlenk 仪器是为便于抽真空、充惰性气体而设计的带旋塞支管的普通玻璃仪器，可保证反应体系能达到无水无氧状态。

第三部分　有机化合物的制备

一、烯烃的制备

烯烃是重要的有机化工原料。石油裂解是工业上制备烯烃的主要方法。实验室中制备烯烃，主要采用醇脱水和卤代烷脱卤化氢两种方法。

在由醇脱水制备的反应中，常用的脱水剂是浓硫酸、浓磷酸和氧化铝。用氧化铝为脱水剂时，反应温度要求较高，一般为350～400 ℃。但它的优点是脱水剂经再生后可重复使用，且反应过程中很少有重排现象发生。而用浓硫酸为脱水剂时，反应温度较低，但产物不够单一，且以重排产物为主。

醇的脱水作用随其结构不同而有所不同。其反应速率为叔醇 > 仲醇 > 伯醇。叔醇在较低温度下即可失水，整个反应是可逆的。为了促使反应完成，必须不断把生成的沸点较低的烯烃蒸出。由于高浓度的硫酸会导致烯烃的聚合和分子间的脱水，因此，醇在酸催化脱水反应中的主要副产物是烯烃的聚合物和醚。

卤代烷与碱的醇溶液作用脱卤化氢，也是实验室用来制备烯烃的方法。常用的碱有NaOH、KOH等。一般认为，这是一个双分子消除反应（E2）。当有可能生成两种烯烃时，反应遵从Saytzeff规则，即主要生成双键碳原子上连有较多取代基的烯烃。

实验3-1　环己烯的制备

实验目的

（1）学习环己醇在酸催化作用下分子内脱水制备环己烯的原理和方法。

（2）了解分馏原理及其基本操作。

预习提示

（1）预习醇在酸性条件下脱水成烯的反应。

（2）复习分馏、干燥、蒸馏等实验操作。

（3）本实验为什么要采取分馏装置进行合成反应？

（4）合成后的混合物是如何分离纯化的？

实验原理

醇在脱水剂作用下分子内脱去一分子水而形成烯烃。

主反应：

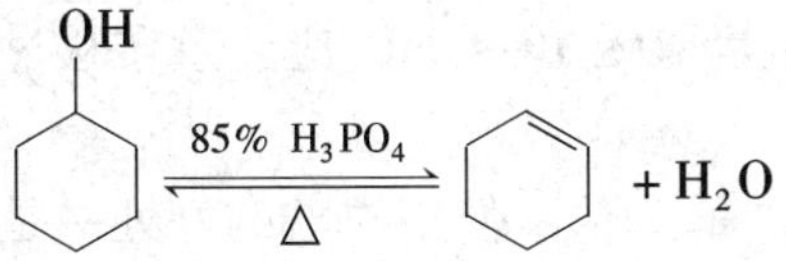

副反应：

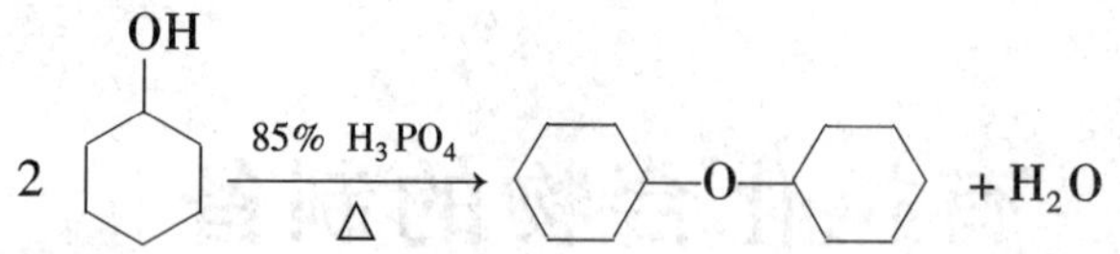

仪器与试剂

仪器:图 1-10(e)分馏装置和图 1-10(a)常用蒸馏装置。

试剂:环己醇 10 g(10.4 mL,0.1 mol),85%磷酸 5 mL,氯化钠 1 g,无水氯化钙 1 ~2 g,5%碳酸钠溶液 4 mL。

实验步骤

在 50 mL 干燥的圆底烧瓶中分别加入 10 g 环己醇(10.4 mL)[1]和 5 mL 85%磷酸[2],充分摇荡,使两种液体混合均匀。投入几粒沸石,按图 1-10(e)安装好分馏装置。用小锥形瓶作接收器,置于冷水浴中。

用小火慢慢加热混合物至沸腾,以较慢速度进行蒸馏,并控制分馏柱顶部温度不超过 73 ℃[3]。当无液体蒸出时,可适当加大火源,继续蒸馏。当温度达到 85 ℃时,停止加热,馏出液为环己烯和水的混浊液。

在馏出液中分批加入约 1 g 食盐,使之饱和。再加入 3 ~4 mL 5%的碳酸钠溶液,以中和其中的微量酸。然后,将上述液体倒入分液漏斗中,振荡后静置分层。分出下面的水层,将有机层转入干燥的小锥形瓶中,加入适量无水氯化钙将其干燥[4]。

将干燥后澄清透明的粗环己烯滤入 30 mL 蒸馏瓶中,加入几粒沸石,加热蒸馏收集 80 ~85 ℃馏分。所用的蒸馏装置必须干燥。

产量:4 ~5 g。

纯环己烯为无色透明液体,沸点 83 ℃, 环己烯的红外光谱和核磁共振氢谱见图 3-1 和图 3-2。

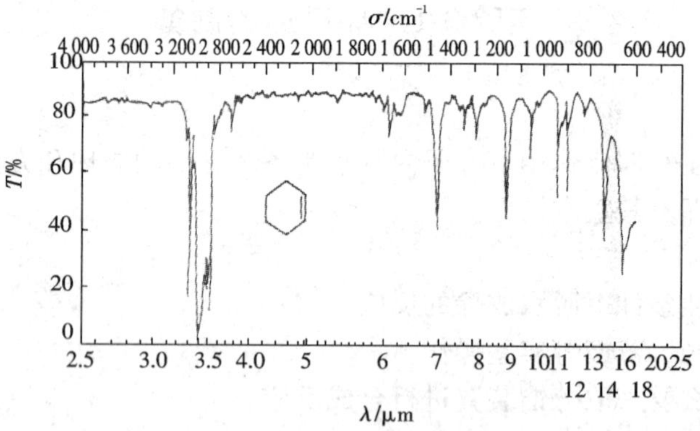

图 3-1 环己烯的红外光谱

本实验约需 4 h。

注释

[1]环己醇在常温下是黏稠状液体,如果用量筒量取约 10.4 mL,应注意转移过程中的损失。也可用称量法称取。

[2]脱水用磷酸或硫酸均可。磷酸的用量是硫酸的 2 倍。但用磷酸的好处一是反应中不生成炭渣,二是反应中无刺激性气体生成。

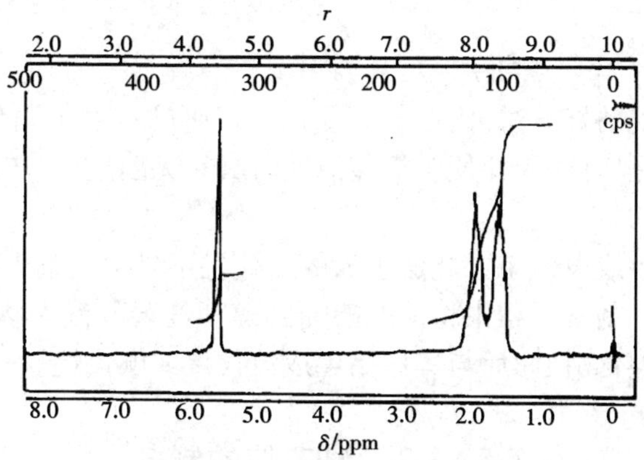

注:ppm 已不用,ppm = 10^{-6},下同

图 3-2 环己烯的核磁共振氢谱

[3]环己醇和水、环己烯和水皆形成二元恒沸物。前者沸点为 97.8 ℃,后者沸点为 70.8 ℃。因此,在加热时温度不可过高,蒸馏速度不宜太快,以减少未反应的环己醇蒸出。

[4]水层应尽可能分离完全,否则将增加无水氯化钙的用量,使产物更多地被干燥剂吸附而导致损失。这里用无水氯化钙干燥较适宜,因为它还可以除去少量环己醇。

思考题

(1)用磷酸作脱水剂比用硫酸作脱水剂有什么优点?

(2)在制备环己烯的过程中为什么要控制分馏柱顶部馏出温度不超过 73 ℃?

(3)在粗制环己烯中,加入食盐使水层达到饱和的目的何在?

二、卤代烃的制备

在实验室中,饱和烃的一卤衍生物(卤代烷)的制备通常采用以下方法。

1. 醇和氢卤酸反应

$$ROH + HX \rightleftharpoons RX + H_2O$$

醇和氢卤酸反应是一个可逆反应。为了使反应平衡向右移动,可以增加醇或氢卤酸的浓度,也可以不断地除去生成的卤代烷或水,或是两者并用。

上述反应的速度随所用氢卤酸与醇的结构不同而改变。一般情况下,氢卤酸的反应活性为 $HI > HBr > HCl$;醇的反应活性为 $R_3COH > R_2CHOH > RCH_2OH$。

叔醇在无催化剂存在下,室温即可与氢卤酸进行反应;仲醇需温热及酸催化以加速反应;伯醇则需要更剧烈的反应条件及更强的催化剂才得以反应。

醇转变为溴化物可用溴化钠及过量的浓硫酸代替易挥发且刺激性很强的氢溴酸。

$$n\text{-}C_4H_9OH + NaBr + H_2SO_4 \xrightarrow{\triangle} n\text{-}C_4H_9Br + NaHSO_4 + H_2O$$

这种方法不适于制备相对分子质量较大的溴化物,因高浓度的盐降低了醇在反应介质中的溶解度。

必须指出,与上述取代反应同时存在的还有消除反应。对于仲醇和叔醇还存在着重排反应。因此,在不同卤代烷的制备过程时,可能存在着醚、烯烃和重排的副产物。

2. 醇和亚硫酰氯反应

$$ROH + SOCl_2 \xrightarrow{\text{吡啶}} RCl + SO_2\uparrow + HCl\uparrow$$

此方法是制备氯代烷的好方法,由亚硫酰氯在少量吡啶存在下与醇一起回流而制得。由于此反应所得副产物都是气体,因此便于提纯。同时具有无副反应、产率好、纯度高等优点。

3. 醇和卤化磷反应

醇与三卤化磷作用生成卤代烷。此法生成的卤代烷不易发生重排反应。这也是制备溴代烷和碘代烷的常用方法。制备过程中将溴或碘加到醇和红磷的混合物中加热,溴或碘与红磷作用生成三溴化磷或三碘化磷,而后与醇作用生成溴代烷或碘代烷。

实验 3-2 溴乙烷的制备

实验目的

(1)学习用乙醇和氢溴酸反应制取溴乙烷的反应原理和方法。

(2)熟悉蒸馏和分液漏斗的使用方法。

预习提示

(1)预习醇的亲核取代反应历程。

(2)复习液体有机物的洗涤、干燥、常压蒸馏和简易蒸馏等实验操作。

(3)分析影响本实验产率的主要因素。

实验原理

乙醇与氢溴酸反应生成溴乙烷。

主反应:

$$NaBr + H_2SO_4 \longrightarrow HBr + NaHSO_4$$

$$CH_3CH_2OH + HBr \longrightarrow CH_3CH_2Br + H_2O$$

副反应:

$$CH_3CH_2OH \xrightarrow[\triangle]{H_2SO_4} CH_2{=\!=}CH_2 + H_2O$$

$$2CH_4CH_2OH \xrightarrow[\triangle]{H_2SO_4} CH_3CH_2OCH_2CH_3 + H_2O$$

$$2HBr + H_2SO_4(\text{浓}) \longrightarrow Br_2 + SO_2 + 2H_2O$$

仪器与试剂

仪器:见图 1-10(a)和图 1-10(b)所示装置。

试剂:95% 乙醇 10 mL(7.9 g,0.165 mol),溴化钠(无水)15 g(0.15 mol),浓硫酸(d = 1.48)19 mL (0.34 mol),饱和亚硫酸氢钠溶液。

实验步骤

在 100 mL 圆底烧瓶中加入 10 mL 95% 乙醇和 9 mL 水[1],在不断旋摇和冷水冷却下,慢慢加入 19 mL 浓硫酸,冷却至室温后,加入 15 g 研细的溴化钠[2]及几粒沸石,装好常压蒸馏装置进行蒸馏,在接收瓶内放入少量冷水并浸入冷水浴中[3],使接引的末端刚好与冰水接触为宜。开始用小火[4]加热蒸馏,约 30 min 后慢慢提高加热温度,直至无油状物馏出为止[5]。

将馏出液倒入分液漏斗,将下层的粗制溴乙烷置于干燥的锥形瓶里。将锥形瓶浸入冰水浴,在旋摇下逐滴加入浓硫酸约 5 mL[6],用干燥的分液漏斗仔细地分去下面的硫酸层,将溴乙烷层从漏斗的上口倒入 30 mL 蒸馏烧瓶中。

装配蒸馏装置,加入沸石,用水浴加热进行蒸馏,用已称重的干燥锥形瓶作接收器,并浸入冰水中冷却。收集 37 ~40 ℃的馏分。

产量约 10 g。

纯溴乙烷为无色液体,沸点为 38.4 ℃,$d_4^{20}=1.46$。

本实验约需 4 h。

注释

[1]加少量水可防止反应进行时发生大量泡沫,减少副产物乙醚的生成和避免氢溴酸的挥发。

[2]在搅拌下加入研细的溴化钠,以防止结块而影响反应的进行。亦可用含结晶水的溴化钠($NaBr \cdot 2H_2O$),其用量按物质的量进行换算,并相应减少加入的水量。

[3]由于接收瓶中加入了冷水,故在蒸馏时防止馏出液倒吸。一旦发生倒吸,应立即使接引管的下端露出液面,然后稍微加大火焰,待有馏出液馏出时再恢复原状。

[4]蒸馏速度宜慢,否则蒸气来不及冷却而遗失;而且在开始加热时,常有很多泡沫发生,若加热太剧烈,会使反应物冲出。

[5]馏出液由浑浊变成澄清时表示已经蒸完。拆除热源前,应先将接收器和接引管离开,以防倒吸。稍冷后,应趁热将瓶内物倒出,以免硫酸氢钠等冷后结块,不易倒出。

[6]加硫酸可除去乙醚、乙醇及水等杂质,为防止产物挥发,应在冷却下操作。

思考题

(1)在制备溴乙烷时,反应混合物中如果不加水,会有什么结果?

(2)粗产物中可能有什么杂质?是如何除去的?

(3)造成本次实验产量不高的主要原因是什么?

实验 3-3 1-溴丁烷的制备

实验目的

(1)学习用正丁醇与氢溴酸反应制取 1-溴丁烷的反应原理和方法。

(2)了解并掌握带有尾气吸收的回流装置及操作。

预习提示

(1)预习带有尾气吸收回流装置的安装。

(2)预习醇的亲核取代反应历程及影响因素。

(3)复习液体有机物的洗涤、干燥、常压蒸馏等实验操作。

(4)粗产物分别用浓硫酸、水、10%碳酸钠溶液洗涤的目的是什么?

实验原理

正丁醇与氢溴酸作用生成 1-溴丁烷。

主反应:

$$NaBr + H_2SO_4 \longrightarrow HBr + NaHSO_4$$

$$n\text{-}C_4H_9OH + HBr \longrightarrow n\text{-}C_4H_9Br + H_2O$$

副反应：

$$n\text{-}C_4H_9OH \xrightarrow{H_2SO_4} C_4H_8 + H_2O$$

$$2\ n\text{-}C_4H_9OH \xrightarrow[\triangle]{H_2SO_4} (n\text{-}C_4H_9)_2O + H_2O$$

仪器与试剂

仪器：见图 1-6(c)带有气体吸收的回流装置。

试剂：正丁醇 5 g(6.2 mL，0.068 mol)，无水溴化钠 8.3 g[1] (0.078 mol)，浓硫酸 10 mL (0.18 mol)，10% 碳酸钠溶液 10 mL，无水氯化钙。

实验步骤

在 100 mL 圆底烧瓶中，放入 6.2 mL 正丁醇，8.3 g 研细的溴化钠和几粒沸石，安装好回流装置。在一小锥形瓶内放入 10 mL 水，将瓶放在冷水浴中冷却，一边摇荡，一边慢慢地加入 10 mL 浓硫酸。将稀释的硫酸分 4 次从冷凝管上端加入瓶内，每加一次都要充分振荡烧瓶，使反应物混合均匀。在冷凝管上口连接气体吸收装置[2]，将烧瓶放在热源上，用小火加热至沸腾，保持回流 30 min[3]。

回流反应完成后，待反应物稍冷却，拆下回流冷凝管，再加入 1 ~2 粒沸石，如图 1-10(b)所示改成蒸馏装置进行蒸馏。仔细观察馏出液，直到无油滴蒸出为止[4]。

将馏出液倒入分液漏斗中，将油层[5]从下面放入干燥的小锥形瓶中，然后用 4 mL 浓硫酸分两次加入瓶中，每加一次都要摇动锥形瓶，如果混合物发热，可用冷水浴冷却。将混合物慢慢倒入分液漏斗中，静置分层，放出下层的浓硫酸。油层依次用 10 mL 水、5 mL 10% 碳酸钠和 10 mL 水洗涤。将下层的粗 1-溴丁烷放入干燥的小锥形瓶中，加入适量的无水氯化钙干燥，直到液体澄清为止。

将干燥后的澄清液滤入 50 mL 蒸馏烧瓶中，加入沸石，如图 1-10(a)所示安装好蒸馏装置，然后用小火加热蒸馏，收集 99 ~103 ℃馏分。

产量约 6.5 g。

纯 1-溴丁烷为无色透明液体。沸点为 101.6 ℃，折光率，$d_4^{20} = 1.275$，$n_D^{20} = 1.440$。

1-溴丁烷的核磁共振氢谱见图 3-3。

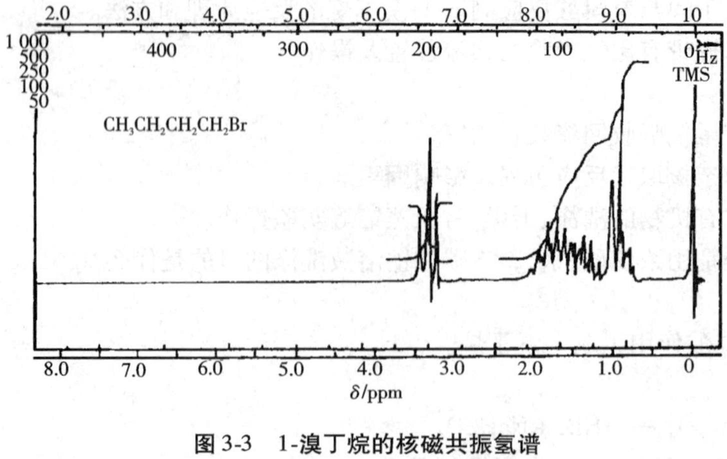

图 3-3　1-溴丁烷的核磁共振氢谱

本实验约需 6 h。

注释

[1]如用含结晶水的溴化钠,可按物质的量进行核算并减少水的加入量。

[2]勿使漏斗全部埋入水中,以免倒吸。

[3]回流时间太短,则反应不完全;回流时间太长,会增加副产物。

[4]用盛清水的小量筒收集溜出液,看有无油滴。粗 1-溴丁烷约 7 mL。

[5]溜出液分为 2 层,通常下层为粗 1-溴丁烷,上层为水。若未反应的正丁醇较多,或因蒸馏过久而蒸出一些氢溴酸恒沸液,则液层的相对密度发生变化,油层可能悬浮或变为上层。若遇此现象可加清水稀释使油层下沉。

三、醇的制备

醇是有机合成中应用普遍的一类化合物。它来源方便,不但用作溶剂,而且易转变成卤代烷、烯、醚、酮、羧酸和羧酸酯等多种化合物,是一类重要的化工原料。

醇的制法很多,简单和常用的醇在工业上利用水煤气合成、淀粉发酵、烯烃水合等反应来制备。实验室中醇的制备,除了羰基还原(醛、酮、羧酸和羧酸酯)和烯烃的硼氢化氧化等方法外,利用 Grignard 反应是合成各种结构复杂的醇的主要方法。

卤代烷在无水乙醚中和金属镁作用生成的烷基卤化镁(RMgX)称为 Grignard 试剂。

$$R—X + Mg \xrightarrow{\text{无水乙醚}} RMgX$$

Grignard 试剂能和环氧乙烷、醛、酮和羧酸酯等发生加成反应,将该加成反应物进行酸性水解,便分别得到伯醇、仲醇、叔醇。

例如:

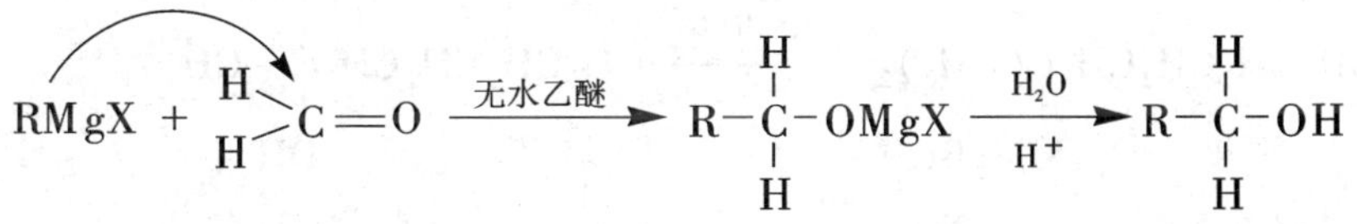

甲醛　　　　伯醇

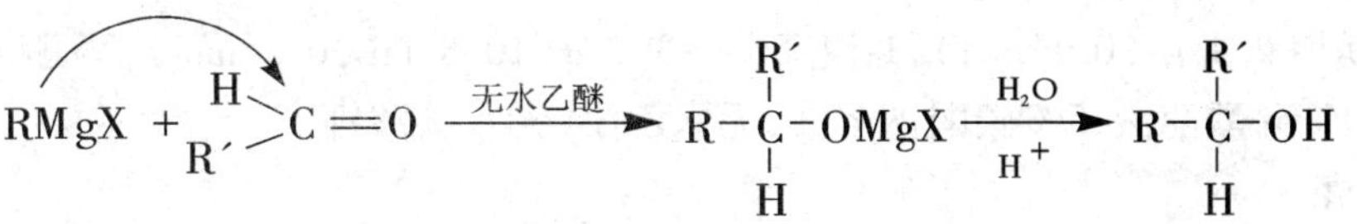

醛　　　　仲醇

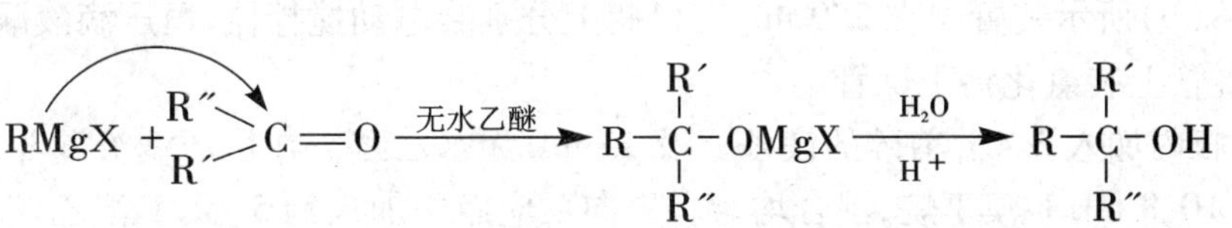

酮　　　　叔醇

Grignard 试剂的化学性质非常活泼,遇含有活泼氢的化合物(如水、醇、酸等)和氧立即分解。所以,Grignard 反应必须在无水条件下进行,所用仪器和试剂均需干燥。同时为了提高产率，Grignard 反应时需要在惰性气体(氮气、氦气)保护下进行。

此外，Grignard 试剂的制备及其加成和水解反应都是放热反应。因此，在实验室进行上述反应时，必须控制加料速度和反应温度等条件。

实验 3-4　2-甲基-2-己醇的制备

实验目的

(1)学习由卤代烷制备 Grignard 试剂的基本方法。

(2)掌握由 Grignard 试剂制备叔醇的原理、装置和操作。

预习提示

(1)预习格氏试剂的制备及性质。

(2)复习酮与格氏试剂的亲核加成反应机理。

(3)本实验哪些步骤需要进行无水操作？预习相关药品和试剂的干燥方法。

(4)复习搅拌、干燥、蒸馏等实验操作。

实验原理

以 1-溴丁烷为起始原料制备的 Grignard 试剂，与丙酮的加成产物经水解便得到所制产品。

反应式：

$$CH_3CH_2CH_2CH_2Br + Mg \xrightarrow{\text{无水乙醚}} CH_3CH_2CH_2CH_2MgBr$$

$$CH_3CH_2CH_2CH_2MgBr + CH_3\overset{\overset{\Large O}{\|}}{C}CH_3 \xrightarrow{\text{无水乙醚}} CH_3CH_2CH_2CH_2\underset{\underset{\large OMgBr}{|}}{C}(CH_3)_2$$

$$CH_3CH_2CH_2CH_2\underset{\underset{\large OMgBr}{|}}{C}(CH_3)_2 \xrightarrow{H_2O/H^+} CH_3CH_2CH_2CH_2\overset{\overset{\large CH_3}{|}}{\underset{\underset{\large OH}{|}}{C}}—CH_3$$

仪器与试剂

仪器：见图 1-8(b)所示装置。

试剂：镁屑 2.4 g (0.1 mol)，1-溴丁烷 13.7 g(10.8 mL，0.1 mol)，丙酮 6 g(7.4 mL，0.1 mol)，20% 硫酸溶液，5% 碳酸钠溶液，无水乙醚，无水碳酸钾。

实验步骤

1. 正丁基溴化镁(Grignard 试剂)的制备

按图 1-8(b)所示装置[1]在 250 mL 三口瓶上分别装电动搅拌器、恒压滴液漏斗、回流冷凝管，并在冷凝管上装氯化钙干燥管。

向三口瓶内加入 2.4 g 剪碎的镁条[2]及 15 mL 无水乙醚。在恒压滴液漏斗中加入 15 mL 无水乙醚和 10.8 mL 1-溴丁烷，混合均匀。先向反应瓶中加入约 5 mL 1-溴乙烷-乙醚混合液，数分钟后即见反应呈微沸状态。若不发生反应，可用温水浴加热[3]。反应开始比较剧烈，必要时可用冷水浴冷却。待反应缓和后，自冷凝管上端加入 25 mL 无水乙醚。开始搅拌，并滴入其余的 1-溴丁烷-乙醚混合液，控制滴加速度，维持反应液呈微沸状态。滴加完毕，水浴回流

20 min,使镁屑几乎作用完全。

2. 2-甲基-2-己醇的制备

将上面制好的 Grignard 试剂,在冰水浴冷却和搅拌下,自滴液漏斗中滴入 7. 4 mL 丙酮和 15 mL 无水乙醚的混合液,控制滴加速度,勿使反应过于猛烈。加完后,室温下继续搅拌 15 min。有时反应液中可能有灰白色黏稠状固体析出。

将反应瓶在冷水浴冷却和搅拌条件下,自滴液漏斗中分批加入 50 ~ 60 mL 20% 硫酸溶液分解产物(开始滴入稍慢,随后可逐渐加快)。待分解完全后,将溶液倒入 250 mL 分液漏斗中,分出醚层。水层每次用 20 mL 乙醚萃取两次,合并醚液,用 30 mL 5% 碳酸钠溶液洗涤一次,用无水碳酸钾干燥[4]。

将干燥后的粗产物醚溶液滤入 50 mL 蒸馏烧瓶中,安装好普通蒸馏装备,用水浴加热,先蒸出乙醚[5],继续加热,收集 139 ~ 143 ℃馏分。

产量 5 ~6 g。

纯 2-甲基-2-己醇沸点为 143 ℃,d_4^{20} =0. 811 9,n_D^{20} =1. 417 5。

本实验约需 6 h。

注释

[1]本实验所用仪器及试剂必须充分干燥。1-溴丁烷用无水氯化钙干燥并蒸馏纯化;丙酮用无水碳酸钾干燥,亦经蒸馏纯化。

[2]不宜采用长期放置的镁屑。如长期放置,镁屑表面常有一层氧化膜,可采用以下方法除去:用 5% 盐酸溶液作用数分钟,抽滤除去酸液后,依次用水、乙醇、乙醚洗涤,抽干后置于干燥器内备用。也可用镁条代替镁屑,使用前用细砂纸将其表面擦亮,剪成小段。

[3]若 5 min 后反应仍不开始,可用温水浴加热,或在加热前加入一小粒碘促使反应发生。

[4]2-甲基-2-己醇与水能形成共沸物,因此必须很好地干燥,否则前馏分将大大地增加。

[5]由于醚溶液体积较大,可采用分批过滤蒸去乙醚。

思考题

(1)本实验在将 Grignard 试剂加成产物水解前的各步反应中,为什么使用的仪器和试剂均需要绝对干燥?

(2)在试剂都按要求加入后,若反应仍未开始,应采取哪些措施?

(3)本实验所得粗产物乙醚溶液,为什么用无水碳酸钾干燥而不用无水氯化钙干燥?

实验 3-5　三苯甲醇的制备

实验目的

(1)进一步学习 Grignard 反应的原理和方法。

(2)掌握搅拌、水蒸气蒸馏及重结晶等实验操作。

预习提示

(1)预习 Grignard 试剂的制备及与酮的亲核加成反应。

(2)复习无水实验操作。

(3)复习水蒸气蒸馏及重结晶等实验操作。

(4)画出本实验的流程图。

实验原理

【方法一】二苯甲酮与苯基溴化镁反应：

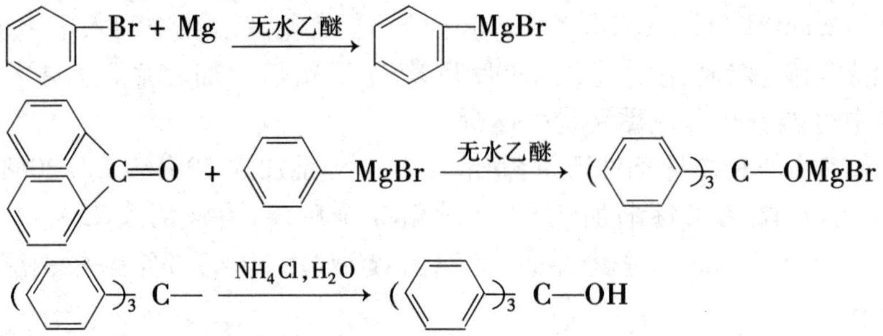

【方法二】苯甲酸乙酯与苯基溴化镁反应：

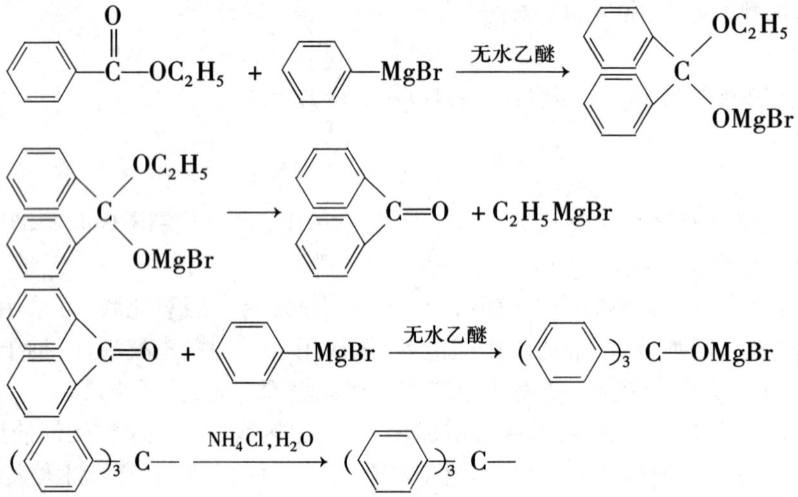

仪器与试剂

仪器：见图 1-8(b)所示装置。

【方法一】镁屑 0.8 g(0.03 mol)，溴苯 4.8 g(3.2 mL，0.03 mol)，二苯甲酮 5.5 g(0.03 mol)，无水乙醚，乙醇，氯化铵 6 g。

【方法二】镁屑 1.5 g(0.0062 mol)，溴苯 10 g(6.7 mL，0.064 mol)，苯甲酸乙酯 4 g(3.8 mL，0.062 mol)，无水乙醚，乙醇，氯化铵 7.5 g。

实验步骤

【方法一】

在 250 mL 三口瓶[1] 上分别安装搅拌器、恒压滴液漏斗、回流冷凝管，在冷凝管上口装上氯化钙干燥管。在三口瓶中放入 0.8 g 镁屑[2] 及一小片碘，在恒压滴液漏斗中加入 3.2 mL 溴苯及 15 mL 无水乙醚[3]，首先滴入 1/3 混合液至三口瓶中[4]，待反应开始后，碘的颜色逐渐消失。开始搅拌，缓缓滴入剩余的混合物，保持溶液呈微沸状。滴加完毕，用水浴加热回流 0.5 h，直至镁屑作用完全[5]。

将三口瓶在冰水浴冷却和搅拌下，滴加 5.5 g 二苯甲酮溶于 15 mL 无水乙醚的溶液，加毕后加热回流 0.5 h，使反应完全。

将反应瓶在冷水浴中冷却，由滴液漏斗滴入 6 g 氯化铵配成的饱和水溶液(约加23 mL水)并不断搅拌，分解加成产物[6]。

将反应装置改成蒸馏装置，蒸出乙醚后再进行水蒸气蒸馏，除去未作用完的溴苯和副产物联苯，直至无油状物为止。将反应瓶冷却便析出固体，抽滤，用水洗涤。抽干后，用乙醇-水双溶剂进行重结晶[7]，干燥后产物为 4 ~4.5 g。

纯三苯甲醇为无色棱状晶体，熔点为 161 ~162 ℃。

本实验约需 8 h。

【方法二】

实验仪器装置及实验步骤同方法一。

用 1.5 g 镁屑和 6.7 mL 溴苯及 25 mL 无水乙醚制成 Grignard 试剂，在冷却及搅拌下滴加 3.8 mL 苯甲酸乙酯和 10 mL 无水乙醚混合溶液。加毕后，在水浴上回流 0.5 h，使反应进行完全，这时可以明显观察到反应物分为双层。将反应物改为冰水浴冷却，在搅拌下由滴液漏斗缓慢滴加由 7.5 g 氯化铵配成的饱和水溶液（约加水 28 mL），分解加成产物。然后加热蒸去乙醚后，再进行水蒸气蒸馏。冷却，抽滤，经乙醇-水重结晶，得纯净三苯甲醇结晶，干燥，产量 4.5 ~5 g，熔点为 161 ~162 ℃。

本实验约需 8 h。

注释

[1] 见实验 3-4 注释[1]。

[2] 见实验 3-4 注释[2]。

[3] 若无水乙醚为市售，需用压钠机向瓶内压入钠丝，瓶口用带有无水氯化钙干燥管的橡皮塞塞紧，放置 24 h（放置在远离火源的阴凉、黑暗处保存），直至无氢气泡放出。

[4] 也可以用手心接触瓶底，反应开始后将手移开。

[5] 极少量残留的镁不会影响下面的反应。

[6] 若反应中絮状氢氧化镁未完全溶解，可加入几毫升稀盐酸，促使其全部溶解。

[7] 因为三苯甲醇溶于乙醇而不溶于水，所以可以选择乙醇-水双溶剂重结晶。具体操作为：先用热的乙醇使三苯甲醇晶体溶解，然后滴加热水直至溶液出现混浊，再加热使溶液混浊消失，溶液变为澄清，冷却即可析出晶体。

思考题

(1) 本实验中溴苯加入太快或一次加入，有什么不好？

(2) 如果原料中有醇存在，对反应有何影响？

四、醚的制备

大多数有机化合物在醚中都有良好的溶解度，有些反应（如 Grignard 反应）必须在醚中进行，因此，醚是合成中常用的有机溶剂。

醚的制法主要有以下两种。

(1) 在酸性脱水剂存在下，醇分子间脱水生成醚。

$$R—OH + HO—R \xrightarrow[\triangle]{\text{催化剂}} R—O—R + H_2O$$

这种方法主要适用于制备脂肪族低级单醚，如乙醚、正丁醚等。实验室常用的脱水剂是浓硫酸，除此之外，还可以用磷酸和离子交换树脂。常用的醇是低级伯醇。例如，在制备乙醚时，乙醇与等物质量的硫酸反应，生成酸式硫酸乙酯，后者再与乙醇反应生成乙醚。为了提高产率，当制备沸点较低的醚时，可将生成的醚从反应器中蒸出来；当制备沸点较高的醚时，可利用分水器将生成的水及时不断地从产物中除去。

需要指出的是，醇类在较高温度下易发生分子内脱水生成烯烃，因此用上述方法制备醚时，为了减少副产物，在操作时必须控制好反应温度；此外，该方法仅适用于从低级伯醇制备单醚；用仲醇制醚产量不高；用叔醇则主要生成烯烃。

(2)由醇(酚)钠与卤代烷作用来制取醚。

$$RONa + R'—X \longrightarrow R—O—R' + NaX$$

$$ArONa + R—X \longrightarrow Ar—O—R + NaX$$

这一方法主要是用来制备混醚，特别是制备芳基烷基醚时产率较高。

由醇钠与卤代烷通过取代反应制备混醚时，因醇钠是强碱，在进行取代反应的同时伴随着双分子消除反应(E2)，与叔卤代烷和仲卤代烷反应时，主要生成烯烃，因此，最好使用伯卤代烷。

烷基芳基醚应用酚钠与卤代烷(或硫酸酯)反应。一般是将酚和卤代烷(或硫酸酯)与一种碱性试剂一起加热。

实验 3-6　正丁醚的制备

实验目的

(1)学习醇在酸催化下分子间脱水制取醚的反应原理和方法。

(2)了解分水器的使用方法。

预习提示

(1)预习醇分子间脱水制备醚的反应及影响因素。

(2)预习回流分水装置的安装及操作方法。

(3)本实验粗产物的分离提纯方法是什么?

实验原理

低级伯醇在酸性脱水剂催化下共热，分子间脱水生成单醚。

主反应:

$$2CH_3CH_2CH_2CH_2OH \xrightarrow[134\sim135\ ℃]{H_2SO_4} (CH_3CH_2CH_2CH_2)_2O + H_2O$$

副反应:

$$CH_3CH_2CH_2CH_2OH \xrightarrow[>135\ ℃]{H_2SO_4} C_4H_8 + H_2O$$

仪器和试剂

仪器:见图 1-9(b)和图 1-10(c)所示装置。

试剂:正丁醇 15.5 mL(12.5 g,0.17 mol)，浓硫酸($d = 1.84$)2.5 mL,50%硫酸溶液，无水氯化钙。

实验步骤

在 100 mL 三口瓶中加入 15.5 mL 正丁醇，边摇边缓慢加入 2.5 mL 浓硫酸，使混合均匀[1]，并加入 1～2 粒沸石。在烧瓶侧口安装一温度计，正口安装分水器，分水器内装有（$V-2$）[2] mL 水，分水器上方安装回流冷凝管，烧瓶另一侧用塞子塞住［见图 1-9（b）］。

在石棉上用小火加热，使瓶内液体微沸，开始回流。回流液经冷凝管收集于分水器内，水沉于下层，有机液浮于上层，积至支管时即可返流回烧瓶中。待烧瓶内温度升至 134～135 ℃[3]（约需 50 min）时，分水器中已全部被水充满，可停止加热。

反应物冷却后，连同分水器中的水一起倒入盛有 25 mL 水的分液漏斗中，振荡后静置，分出下层液体。上层粗产物每次用 8 mL 饱和氯化钙溶液洗涤两次，再每次用 10 mL 水洗涤两次，然后加入适量无水氯化钙干燥。

将干燥后的粗产物滤入 50 mL 烧瓶中，加入 1～2 粒沸石，装上空气冷凝管［见图 1-10（c）］，加热收集 140～144 ℃馏分。

产量：4～5 g。

纯正丁醚为无色液体，沸点 142.4 ℃，$d_4^{20}=0.773$，$n_D^{20}=1.3992$。

本实验约需 6 h。

注释

［1］正丁醇和浓硫酸一定要混合均匀，否则局部过浓的浓硫酸会使正丁醇部分碳化。

［2］（$V-2$）中的 V 为分水器的容积，单位是 mL；2 为反应中水的生成量，即为 2 mL。实际水的理论生成量为 1.52 mL。由于考虑到水中溶解少量正丁醇和仪器中可能带入的水，故取 2 mL。当分水器充满水后，表示反应已基本结束。

［3］制备正丁醚的适宜温度是 134～135 ℃，但开始回流时很难达到。因为正丁醇、正丁醚、水可形成二元或三元恒沸物，这些恒沸物的沸点都低于 134 ℃。

思考题

（1）为什么反应过程中要严格控制反应温度？

（2）用 50% 的硫酸洗涤粗产物的目的是什么？为什么不用浓硫酸洗涤？

（3）能否用本实验的方法由乙醇和 2-丁醇制备乙基仲丁基醚？

实验 3-7　苯乙醚的制备

实验目的

（1）掌握 Williamson 合成法制备醚的原理和方法。

（2）进一步熟悉机械搅拌、分液等基本操作。

预习提示

（1）预习利用 Willamson 合成法制备醚的反应及特点。

（2）复习机械搅拌装置的安装及操作方法。

（3）复习分液、干燥、蒸馏等实验操作。

（4）画出本实验的流程图。

实验原理

通过 Williamson 合成法由溴乙烷和苯酚钠作用制备苯乙醚，其基本反应式为：

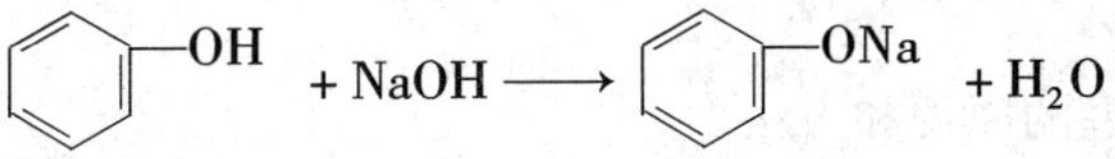

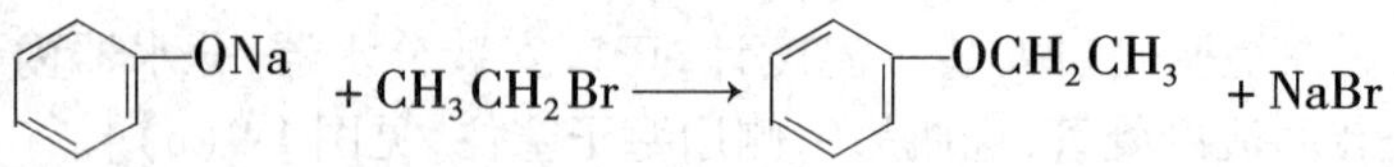

仪器与试剂

仪器：见图1-8(b)所示装置。

试剂：苯酚7.5 g(0.08 mol)，氢氧化钠4 g(0.10 mol)，溴乙烷8.5 mL(0.12 mol)，乙醚，食盐，无水氯化钙。

实验步骤

在100 mL三口瓶中装上搅拌器、回流冷凝管和恒压滴液漏斗。将7.5 g苯酚、4 g氢氧化钠和4 mL水加入瓶中，开动搅拌器，用水浴加热使固体全部溶解，控制水浴温度在80～90 ℃，并开始慢慢滴加8.5 mL溴乙烷[1]，大约1 h可滴加完毕，然后继续保温搅拌2 h，并降至室温。加适量水(10～20 mL)使固体全部溶解。将液体转入到分液漏斗中，分出水相和有机相，用等体积的饱和食盐水洗涤两次(若有乳化现象，可减压过滤)，分出有机相，将两次洗涤液合并，用无水氯化钙干燥。先用水浴蒸出乙醚[2]，然后再常压蒸馏收集170～173 ℃馏分。

产物为无色透明液体，产量5～6 g。相对密度 $d_D^{20}=0.96$。

本实验需6～8 h。

注释

[1]溴乙烷沸点低(38.4 ℃)，实验时回流冷却水流量要大，或加入冰块，才能保证有足够量的溴乙烷参与反应。滴加溴乙烷时若有结块出现，则停止滴加，待充分搅拌后再继续滴加。

[2]蒸去乙醚时不能够用明火加热，将尾气通入下水道，以防乙醚蒸气外漏引起火灾。

思考题

(1)制备苯乙醚时，用饱和食盐水洗涤的目的是什么?

(2)反应中，回流的液体是什么? 出现的固体又是什么?

五、醛的制备

醛类分子的结构特点是含有醛基。醛经催化加氢还原成醇，也易被氧化剂甚至弱氧化剂氧化。醛基既有氧化性，又有还原性。许多反应都可进行醛的合成，其中一个重要合成方法是通过相应的伯醇氧化或脱氢制备。工业中，甲醛的大量合成主要通过在催化剂存在下，以价廉易得的氧气为氧化剂对甲醇进行氧化制备。在实验室中，醛的制备最常使用的氧化剂为铬(Ⅵ)试剂。氧化反应可通过伯醇和酸性重铬酸钾(钠)溶液共热进行。由于醛容易进一步被氧化，在不控制反应条件的情况下醛会继续被氧化为酸。所以在制备较低级的醛时，需要控制温度使醛及时从反应混合物中蒸出，以避免继续氧化及发生其他副反应。也可使用更温和的氧化剂，如吡啶重铬酸盐(PCC)制备醛，以避免醛进一步氧化为酸。

实验3-8　正丁醛的制备

实验目的

(1)掌握由正丁醇氧化制备正丁醛的原理和方法。

(2)进一步巩固分馏柱的使用。

(3)学习通过反应物的投料比控制生成产物的种类。

预习提示

(1)预习氧化法制备醛的有关反应。

(2)复习分馏、干燥、蒸馏等实验操作。

实验原理

主反应:

$$CH_3(CH_2)_2CH_2OH \xrightarrow[H_2SO_4]{Na_2Cr_2O_7} CH_3(CH_2)_2CHO + H_2O$$

副反应:

$$CH_3(CH_2)_2CHO \xrightarrow[H_2SO_4]{Na_2Cr_2O_7} CH_3(CH_2)_2COOH$$

仪器与试剂

仪器:见图 1-10(f)和图 1-10(a)所示装置。

试剂:正丁醇 14 mL(11.1 g,0.15 mol),重铬酸钠($Na_2Cr_2O_7 \cdot 2H_2O$)15 g(0.05 mol),浓硫酸 11 mL($d=1.84$),无水硫酸镁或无水硫酸钠。

实验步骤

在烧杯中称取 15 g 重铬酸钠[1]加入 83 mL 水使其溶解。在仔细搅拌和冷却下,缓缓加入 11 mL 浓硫酸。将配制好的氧化剂溶液小心倒入滴液漏斗中。往 250 mL 三口烧瓶里放入 14 mL 正丁醇及几粒沸石。安装反应装置。

用小火将正丁醇加热至微沸,待蒸气上升刚好达到分馏柱底部时,开始滴加氧化剂溶液。注意滴加速度,使分馏往顶部的温度不超过 78 ℃(约需 30 min)。同时,生成的正丁醛不断馏出[2]。由于氧化反应是放热反应,在加料时要注意温度变化,控制柱顶温度不低于 71 ℃,又不高于 78 ℃。

当氧化剂全部加完后,继续用小火加热 15 ~ 20 min。收集所有在 95 ℃以下馏出的粗产物。将此粗产物倒入分液漏斗中,分去水层。把上层的油状物倒入干燥的小锥形瓶中,加入无水硫酸镁或无水硫酸钠干燥。

将澄清透明的粗产物倒入 30 mL 蒸馏烧瓶中,投入几粒沸石。安装好蒸馏装置。在石棉网上缓慢地加热蒸馏,收集 70 ~ 80 ℃的馏出液[3]。继续蒸馏,收集 80 ~ 120 ℃的馏分以回收正丁醇。

产量:约 3.5 g。

正丁醛的红外光谱和核磁共振氢谱见图 3-4 和图 3-5。

纯正丁醛为无色透明液体,沸点 75.7 ℃,$d_4^{20}=0.817$,$n_D^{20}=1.3843$。

注释

[1]重铬酸钠是强氧化剂且有毒,应避免与皮肤接触,反应残余物应放入指定容器处理。

[2]正丁醛和水一起蒸出。接收瓶要用冰浴冷却。正丁醛和水形成二元恒沸混合物,其沸点为 68 ℃,恒沸物含正丁醛 90.3%。为减少正丁醛的挥发,接收瓶可用冰水浴冷却。正丁醇和水也形成二元恒沸混合物,其沸点为 93 ℃,恒沸物含正丁醇 55.5%。

[3]绝大部分正丁醛应在 73 ~ 76 ℃馏出。为防止被氧化,正丁醛应保存在棕色瓶中。

思考题

(1)制备正丁醛有哪些方法?

(2)为什么本实验中正丁醛的产率低?

(3)反应混合物的颜色的变化说明什么?

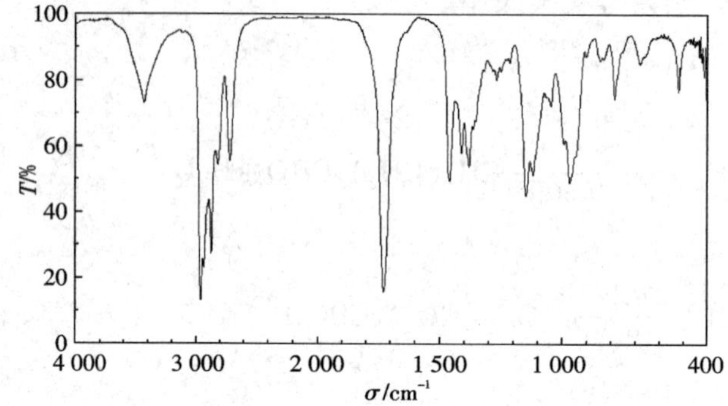

图 3-4　正丁醛的红外光谱

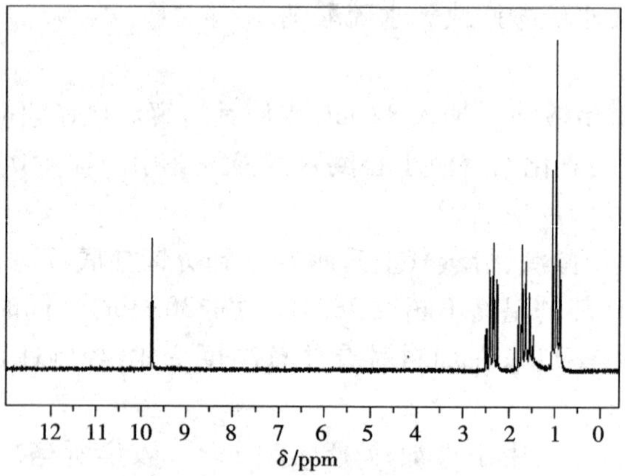

图 3-5　正丁醛的核磁共振氢谱

六、酮的制备

酮是一类重要的化工原料。根据分子结构的不同,酮可分为脂肪酮和芳香酮。仲醇的氧化和脱氢是制备脂肪酮的主要方法。工业上大多用催化氧化或催化脱氢法,即用相应的酮在较高的温度(250~350 ℃)和有银、铜等金属催化的情况下来制取。实验室一般都用试剂氧化,酸性重铬酸钠(钾)是最常用的氧化剂之一,例如:

$$Na_2Cr_2O_7 + H_2SO_4 \longrightarrow 2CrO_3 + Na_2SO_4 + H_2O$$

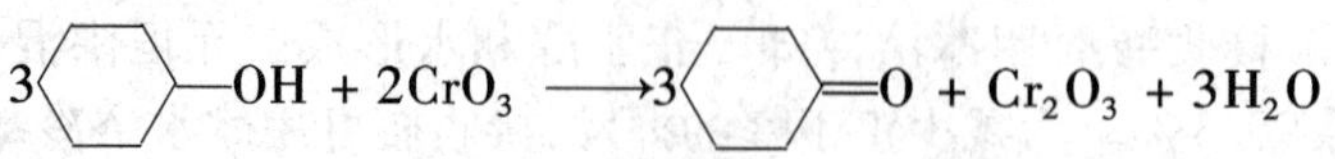

反应中重铬酸盐在硫酸作用下,先生成铬酸酐,再进一步和醇发生氧化作用。酮比醛稳定,不容易进一步被氧化,因此一般可得到满意的产率。但仍需谨慎地控制反应条件,勿使氧化反应进行得过于猛烈，而使反应产物进一步被氧化，发生分子断链。

α、β-不饱和酮通常可以通过羟醛缩合反应来制备，例如：

$$C_6H_5CHO + CH_3\overset{\overset{O}{\|}}{C}CH_3 \xrightarrow{OH^-} CH_6CH_5CH{=}CH\overset{\overset{O}{\|}}{C}CH_3 + H_2O$$

芳香酮的制备通常利用 Friedel-Crafts 酰基化反应，即将芳香烃在无水三氯化铝等催化剂存在下，同酰氯或酸酐作用，在苯环上发生亲电取代反应引入酰基，又称酰基化反应。

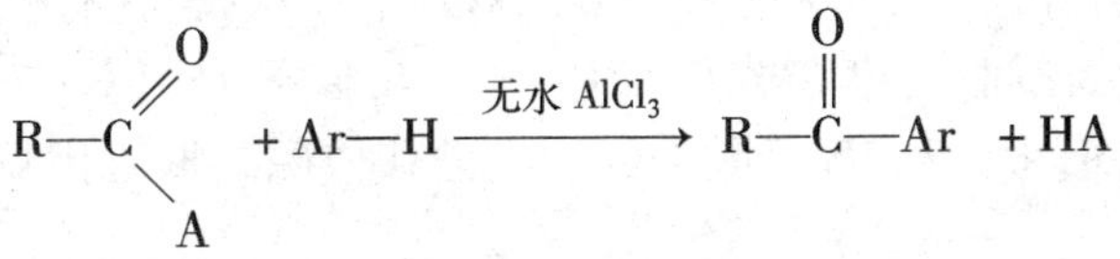

(A ═X 或 RCOO—)

由于三氯化铝与酰氯或芳酮可以形成络合物，而酸酐可以和三氯化铝作用，所以催化剂三氯化铝一般要过量。另外，三氯化铝遇水或潮气会发生分解，故在操作时必须注意，且反应中所用的仪器和试剂都应是干燥无水的。

Friedel-Crafts 反应是一放热反应，但它有一个诱导期，所以操作时要注意温度的变化。反应一般都在溶剂中进行。常用的溶剂有作为反应原料的芳烃或二硫化碳、硝基苯等。

实验 3-9 环己酮的制备

实验目的

(1)学习用氧化法由环己醇制备环己酮的原理和方法。

(2)熟悉蒸馏、分液、萃取等基本操作。

预习提示

(1)预习氧化法制备醛、酮的有关反应。

(2)本实验有哪些副反应？如何克服这些副反应？

(3)复习电动搅拌、水蒸气蒸馏、萃取、常压蒸馏等实验操作。

实验原理

环己醇在重铬酸钠和浓硫酸的作用下生成氧化产物环己酮。

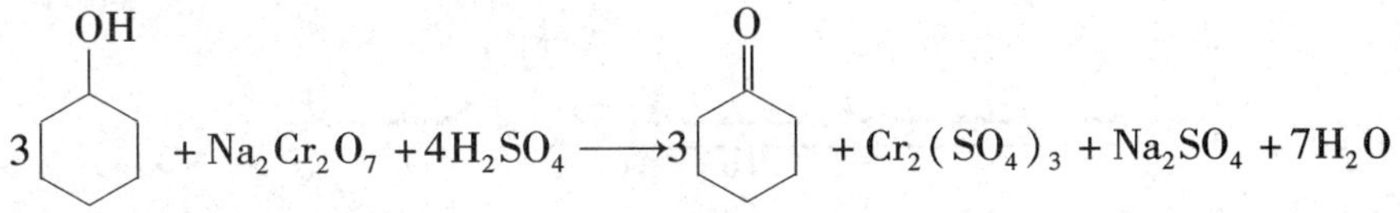

仪器与试剂

仪器：见图 1-8(a)和图 1-10(a)、(c)所示装置。

试剂：环己醇 10 g(12.4 mL，0.1 mol)，重铬酸钠 10.5 g(0.035 mol)，浓硫酸，乙醚，精盐，无水硫酸镁。

实验步骤

在 400 mL 烧杯中，溶解 10.5 g 重铬酸钠于 60 mL 水中，搅拌后，慢慢加入 9 mL 浓硫酸，得一橙红色溶液，冷却至 30 ℃以下备用。

如图 1-8(a)所示，在 250 mL 三口瓶上分别安装电动搅拌器、温度计和回流冷凝管。在圆底烧瓶中加入12.4 mL环己醇,然后一次加入上述制备好的铬酸溶液,搅拌使之充分混合。放入一温度计,测量初始反应温度,并观察温度变化情况。当温度上升至55 ℃时,立即用水浴冷却,保持反应温度在55 ~60 ℃。约0.5 h后,温度开始出现下降趋势,移去水浴再放置0.5 h以上。其间要不时地搅拌,使反应完全,反应液呈墨绿色。

在反应瓶中加入60 mL水和几粒沸石,改成蒸馏装置。将环己酮与水一起蒸出来[1],直至馏出液不再混浊,再多蒸15 ~20 mL,约收集50 mL馏出液。馏出液用精盐饱和[2](约需12 g)后,转入分液漏斗,静置后分出有机层。水层用15 mL乙醚提取一次,合并有机层与萃取液,用无水碳酸钾干燥,在水浴上蒸去乙醚,再蒸馏收集151 ~155 ℃馏分,产量6 ~7 g。

环己酮的沸点为155.7 ℃,n_D^{20} =1.450 7。环己酮的红外光谱和核磁共振氢谱见图3-6和图3-7。

本实验约需6 h。

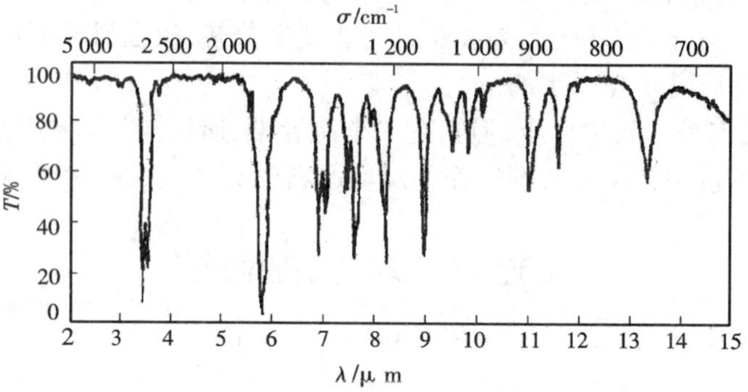

图3-6　环己酮的红外光谱

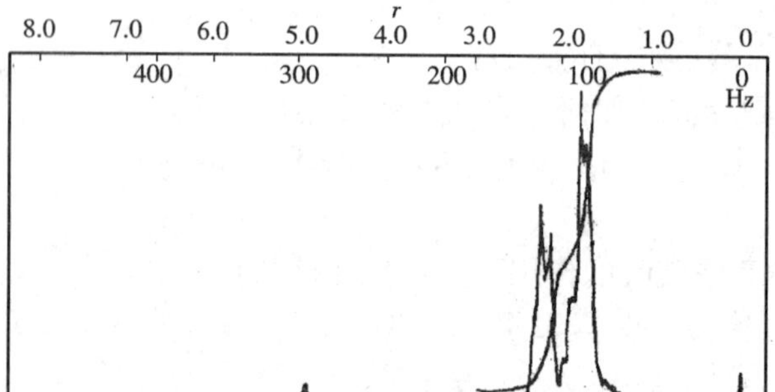

图3-7　环己酮的核磁共振氢谱

注释

[1]这里实际上是一种简化了的水蒸气蒸馏,环己酮与水形成恒沸混合物,沸点为95 ℃,含环己酮38.4%。

[2]加入精盐的目的是为了降低环己酮的溶解度,并有利于环己酮的分层。水的馏出量不宜过多,否则即使使用盐析,仍不可避免有少量环己酮溶于水中而损失掉。

思考题

(1)本实验为什么要严格控制反应温度在55 ~60 ℃,温度过高或过低有什么不好?

(2)环己酮用铬酸氧化得到环己酮,用高锰酸钾氧化得到己二酸,为什么?

实验3-10 苯乙酮的制备

实验目的

(1)学习 Friedel-Crafts 酰基化法制备芳酮的原理和方法。

(2)熟悉并掌握无水操作。

预习提示

(1)预习 Friedel-Crafts 酰基化反应及其影响因素。

(2)复习无水实验操作技术。

(3)复习电动搅拌、萃取、干燥、常压蒸馏等实验操作。

实验原理

在无水 $AlCl_3$ 的催化下,乙酸酐对苯进行亲电取代反应,生成苯乙酮:

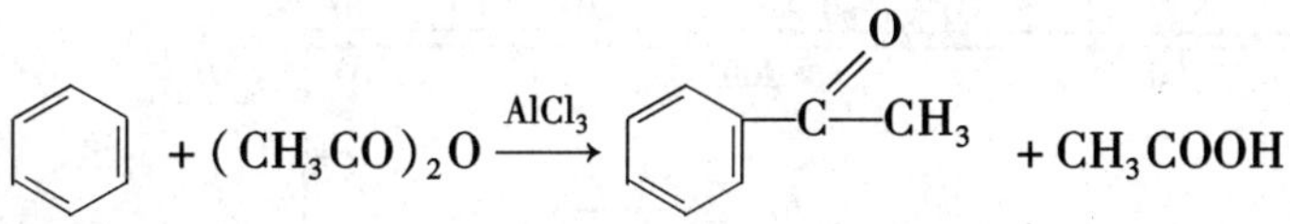

仪器与试剂

仪器:见图1-8(b)和图1-10(a)、(c)所示装置。

试剂:乙酸酐(新处理的)6.5 g(6 mL,0.064 mol),无水三氯化铝 20 g(0.15 mol),无水苯 40 mL,苯 30 mL,浓硫酸 50 mL,5%氢氧化钠 20 mL,无水硫酸镁。

实验步骤

在250 mL 三口瓶上[1]分别安装电动搅拌器、恒压滴液漏斗和冷凝管,在冷凝管上再安装一个氯化钙干燥管和氯化氢气体吸收装置。

迅速称取20 g无水三氯化铝[2]加入三口瓶中,再加入30 mL无水苯[3]。在恒压滴液漏斗中加入6.5 g乙酸酐[4]和10 mL无水苯的混合溶液。开动搅拌器,滴加乙酸酐的苯溶液,控制滴加速度,勿使反应过猛,维持反应瓶温度适宜,同时有氯化氢气体放出,约20 ~30 min后滴加完毕,在搅拌下用沸水浴加热0.5 h,至无氯化氢气体逸出为止。

在冷水浴冷却下,继续搅拌,慢慢滴加50 mL浓盐酸和50 mL冰水混合液[5]。当瓶中固体物质完全溶解后,停止搅拌。分出苯层,每次用15 mL苯萃取水层两次,合并苯层。依次用5%氢氧化钠和水各20 mL洗涤苯层,用无水硫酸镁干燥。

滤去干燥剂,先用电热套蒸去苯,继续蒸馏,当温度升至140 ℃时,除去冷凝管中的冷凝水,蒸馏收集198 ~202 ℃的馏分[6],产品为无色透明液体,产量5 ~6 g,产率66% ~79%。

纯苯乙酮的物理常数:沸点202 ℃,熔点20.5 ℃,$d_4^{20}=1.028$,$n_D^{20}=1.537\ 2$。苯乙酮的红外光谱和核磁共振氢谱见图3-8和图3-9。

本实验约需8 h。

注释

[1]仪器必须干燥,反应过程中必须保持体系干燥。

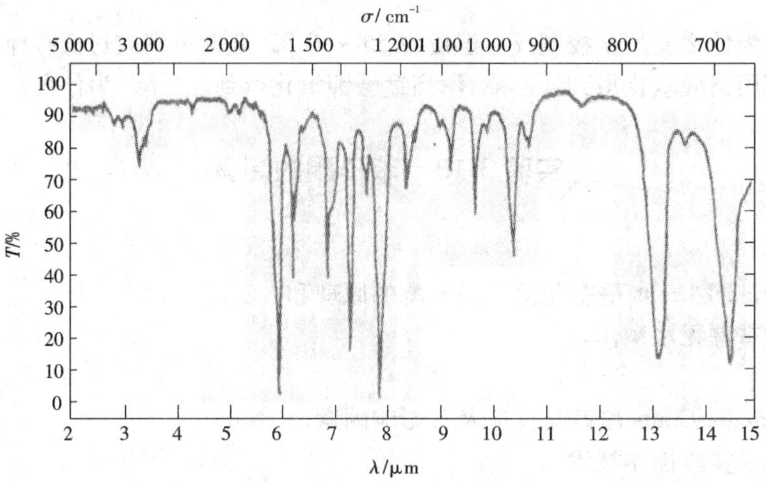

图 3-8 苯乙酮的红外光谱

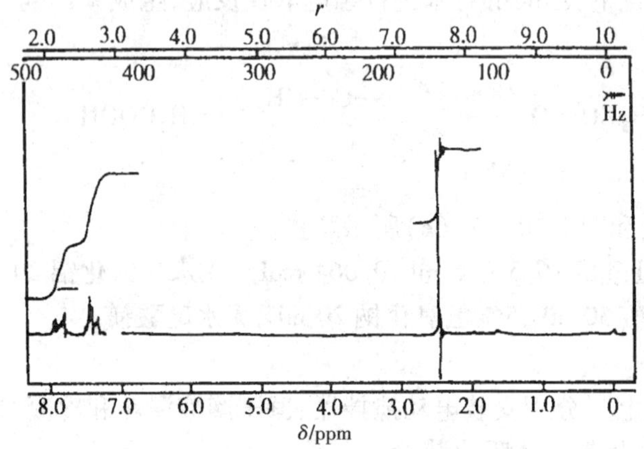

图 3-9 苯乙酮的核磁共振氢谱

[2]三氯化铝称量和投料都要迅速,防止长时间暴露在空气中。

[3]无水苯的制备方法见第六部分附录二。

[4]乙酸酐的提纯步骤是:在需处理的酸酐中先加入适量五氧化二磷,加热回流 20 min 后,经过蒸馏,收集 138 ~ 139 ℃的馏分,密封储存备用。

[5]若仍有少许固体不溶,可以补加 1∶1稀盐酸,再继续搅拌,至固体完全溶解为止。

[6]苯乙酮沸点较高,属高温常压蒸馏,蒸馏仪器的磨口连接处应注意涂抹凡士林。在蒸馏过程中要注意保温,也可改用减压蒸馏。

思考题

(1)水和潮气对本实验有什么影响? 在本实验中,对试剂处理、仪器装置和实验操作都采取什么除水、防潮措施?

(2)如果苯中含有噻吩,对实验结果有什么影响? 应怎样从苯中除去噻吩?

(3)为何采用滴加的方法加入乙酸酐?

(4)当反应完成后,为什么要加浓盐酸和冰水(1∶1)的混合液?

(5)在本实验中,为什么三氯化铝要大大过量?

七、羧酸的制备

羧酸是重要的有机化工原料。制备羧酸的方法很多,最常用的是氧化法。烯、醇和醛等氧化都可以用来制备羧酸,所用的氧化剂有重铬酸钾、硫酸、高锰酸钾、硝酸等。

制备脂肪族一元酸可用伯醇为原料。羧酸不易继续氧化,又比较容易分离提纯,因此,在实验操作上比利用氧化反应由醇制备醛酮更简单。

仲醇和酮的强烈氧化也能得到羧酸,同时发生碳链断裂。例如环己醇或环己酮氧化,可用来制备己二酸,同时产生一些降解的二元羧酸。

芳烃的侧链氧化是制备芳香族羧酸的最重要方法。芳环上的支链不论长短,强烈氧化后都变成羧基。

注意:氧化反应一般都是放热反应,所以必须严格控制反应条件和温度,如果反应失控,不仅破坏产物,降低收率,有时还有发生爆炸的危险。

制备羧酸的方法还有很多。腈的水解、Grignard 试剂与二氧化碳作用及卤仿反应,也是实验室制备某些羧酸常用的方法。另外芳香醛和酸酐在碱性催化剂作用下,可以发生类似羧酸缩合的反应,生成 α,β-不饱和芳香酸,称为 Perkin 反应。催化剂通常是相应酸酐的羧酸钾或钠盐,有时也可用碳酸钾或叔胺代替,典型的例子是肉桂酸的制备。

$$C_6H_5CHO + (CH_3CO)_2O \xrightarrow[170\sim180\ ℃]{CH_3CO_2K} C_6H_5CH{=}CHCO_2H + CH_3CO_2H$$

实验 3-11　己二酸的制备

实验目的

(1)了解并掌握以环己醇为原料,通过氧化反应制备己二酸的反应原理及方法。

(2)进一步掌握电动搅拌操作。

预习提示

(1)预习氧化法制备羧酸的反应。

(2)本实验的反应原料投料比是多少? 如何控制本实验的反应温度?

(3)复习电动搅拌、抽滤、重结晶等实验操作。

实验原理

以环己醇为原料,可以采用不同的氧化方法制取己二酸。

【方法一】浓硝酸法:

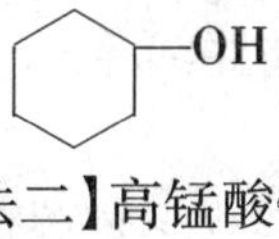

$$+ 8HNO_3 \longrightarrow HOOC(CH_2)_4COOH + 8NO_2 + 7H_2O$$

【方法二】高锰酸钾法:

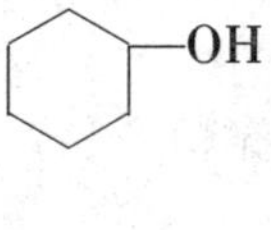

$$+ KMnO_4 \xrightarrow{NaOH} NaOOC(CH_2)_4COOK + MnO_2$$

$$\xrightarrow{H^+} HOOC(CH_2)_4COOH$$

本实验用方法二制备己二酸。

仪器与试剂

仪器:见图1-8(c)所示装置。

试剂:环己醇2 g(2.1 mL,0.02 mol),高锰酸钾6 g(0.038 mol),1%氢氧化钠溶液50 mL,浓盐酸4 mL,亚硫酸氢钠少量。

实验步骤

如图1-8(c)所示,在装有搅拌器、温度计和恒压滴液漏斗的150 mL三口烧瓶中,加入50 mL 1%的氢氧化钠溶液和6 g高锰酸钾。开动搅拌器,将2.1 mL环己醇[1]从滴液漏斗缓缓滴入,控制反应温度在43~47 ℃。当醇滴加完毕而且反应温度降至43 ℃时,在沸水浴中将反应物加热约10 min[2],使反应完全。

在一张平整的滤纸上滴一小滴反应液,以试验反应是否完成。如果紫红色消失,表示反应已经完成。如果紫红色还存在,可继续加热几分钟。若紫红色仍不消失,则向反应液中加入少许固体亚硫酸氢钠,以消除过量的高锰酸钾。

趁热过滤,滤渣二氧化锰每次用10 mL热水洗涤两次。每次尽量挤压掉滤渣中的水分。将滤液转移到100 mL烧杯,用4 mL浓盐酸酸化。小心地加热蒸发,使溶液的体积减少到15 mL左右[3],冷却析出己二酸。抽滤,用10 mL冷水洗涤晶体,干燥,得白色己二酸晶体,熔点为151~152 ℃,产量约2 g。

纯己二酸为白色棱状晶体,熔点为153 ℃,其红外光谱见图3-10。

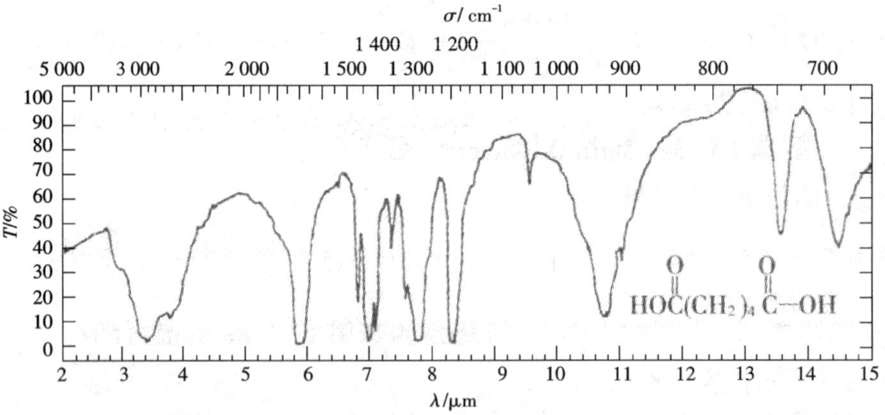

图3-10 己二酸的红外光谱

本实验约需6 h。

注释

[1]环己醇熔点为24 ℃,熔融时为黏稠液体。为减少转移时的损失,可用少量水冲洗量筒,并倒入滴液漏斗中。当室温较低时,这样做还可以降低其熔点,以免堵住漏斗。

[2]加热除可加速反应外,还有利于二氧化锰凝聚,便于下一步过滤。

[3]15 ℃时100 mL水能溶解己二酸1.5 g,因此浓缩母液可有利于回收少量产物。

思考题

用高锰酸钾法制取己二酸时,为什么先用热水洗涤滤渣,后用冷水洗涤粗产品?在洗涤过程中用水量过多对实验结果有什么影响?

实验 3-12　肉桂酸的制备

实验目的

(1)学习肉桂酸的制备原理和方法。

(2)进一步掌握回流、水蒸气蒸馏等操作。

预习提示

(1)预习有机化合物缩合反应的主要类型。

(2)预习 Perkin 反应的反应机理及影响因素。

(3)为什么反应后的产物要进行水蒸气蒸馏?

(4) 复习回流、水蒸气蒸馏、重结晶、常压蒸馏等实验操作。

实验原理

利用 Perkin 反应,将芳醛与酸酐混合后在相应的羧酸盐存在下加热,可以制备 α,β 不饱和酸。

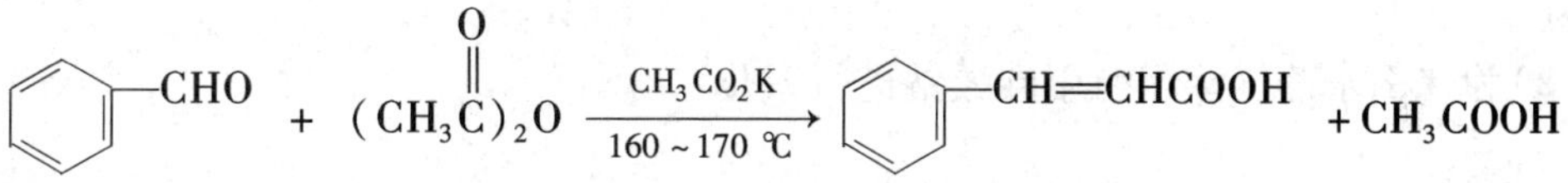

仪器与试剂

仪器:见图 1-6(b)和图 2-4 所示装置。

试剂:苯甲醛(新蒸)5. 3 g(5 mL,0. 05 mol),无水醋酸钾 3 g,醋酸酐(新蒸)8 g(7. 5 mL,0. 078 mol),碳酸钠,活性炭,浓盐酸。

实验步骤

在 100 mL 圆底烧瓶中,分别加入 5. 3 g 新蒸馏的苯甲醛[1]、8 g 蒸馏过的醋酸酐[2]和 3 g 无水醋酸钾[3],摇匀后将烧瓶与装有氯化钙干燥管的空气冷凝管连接上,将混合物加热回流 1. 5 ~2 h,并时加振摇,保持反应温度在 160 ~170 ℃。

反应完毕,将反应物趁热倒入 500 mL 圆底烧瓶中,将留在反应瓶中的沉淀用少量热水冲洗数次,并全部倒入圆底烧瓶中。加入约 7. 5 g 固体碳酸钠,使溶液呈微碱性(pH 值为 8 ~9),用水蒸气蒸馏,将反应物中未反应的苯甲醛蒸出,至馏出液无油珠为止。

在残留液中加入少量活性炭,装上回流冷凝管煮沸数分钟,用热滤漏斗趁热过滤。在搅拌下往热滤液中小心加入浓盐酸 12 ~14 mL,至溶液呈酸性(pH 值为 3 ~4)。冷却,待白色结晶完全析出后,抽滤,即得粗产品,干燥。

将粗产品转入 250 mL 锥形瓶中,用 1∶3的乙醇-水溶液进行重结晶,冷却,抽滤,洗涤,干燥。得产品约 4 g,产率 54%,熔点为 131. 5 ~132 ℃。

纯肉桂酸(反式)为白色片状结晶,熔点为 133 ℃,其红外光谱见图 3-11。

本实验约需 8 h。

注释

[1]提纯苯甲醛,需先用碳酸钠溶液洗去苯甲酸,用无水硫酸镁干燥后重新蒸馏。

[2]醋酸酐是在试剂醋酸酐中加入五氧化二磷回流 20 min 后再进行蒸馏收集得到的。

[3]无水醋酸钠需重新熔焙,即将醋酸钠放在蒸发皿中加热,醋酸钾先在自己的结晶水中

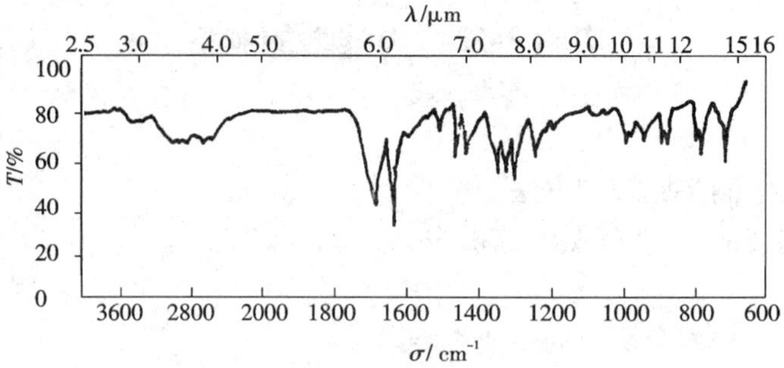

图 3-11　肉桂酸的红外光谱

溶化，水分挥发后又结成固体。加热使固体溶化，不断搅拌，使水分散发后趁热倒出，冷却后用研钵研碎，放在干燥器中备用。

思考题

(1)如果与苯甲醛缩合的酸酐在 α-碳原子上只含有一个氢原子，将会得到什么产物？试举一例。

(2)为什么水蒸气蒸馏前用碳酸钠进行碱化？

八、羧酸酯的制备

羧酸酯是一类在工业上和商业上用途广泛的有机化合物。许多酯具有芳香气味或特定的香气，所以可以作为调配食品或化妆品香精的原料。

羧酸酯常用羧酸与醇在酸催化下直接酯化制备，常用的催化剂有硫酸、氯化氢和对甲苯磺酸等。

$$\mathrm{R{-}\overset{\overset{\displaystyle O}{\|}}{C}{-}OH + HOR' \overset{H^+}{\rightleftharpoons} R{-}\overset{\overset{\displaystyle O}{\|}}{C}{-}OR' + H_2O}$$

催化剂的作用是使羰基质子化从而提高羰基的反应活性。该反应为可逆反应，如果使用等摩尔的羧酸和醇反应，达到平衡时，只有 2/3 的原料转化为酯。为了获得较高产率的酯，通常都用增加酸或醇的用量及不断地移去产物酯或水的方法来进行酯化反应。至于使用过量酸还是过量醇，则取决于原料来源难易和操作是否方便等因素。例如，在制备乙酸乙酯时，则乙醇过量，因为乙醇比乙酸便宜；而在制备乙酸正丁酯时，则为乙酸过量，因为乙酸比正丁醇容易得到。

除去酯化反应中的酯和水，一般是借形成共沸物来进行。在某些酯化反应中，醇、酯和水可以形成二元或三元最低恒沸物，或在反应体系中加入能与水形成共沸物的溶剂(如苯)，利用分水器可以达到满意的效果。

酰氯和酸酐的醇解是制备酯的又一重要方法。伯醇、仲醇与酰氯的反应很快，酸酐与醇也很容易进行反应。

酚与酸不能直接酯化，但与酰氯或酸酐反应可以得到满意的结果。

实验 3-13　乙酸正丁酯的制备

实验目的

(1)学习乙酸正丁酯的制备原理和方法。

(2)熟悉并掌握分水器的使用、液体有机物的洗涤及干燥等基本操作。

预习提示

(1)预习羧酸酯制备的相关知识。

(2)本实验为什么使用分水器?如何使用分水器?

(3)本实验的催化剂是什么?

(4)反应后混合物中存在哪些成分?通过什么方法将各种杂质除去?

实验原理

冰醋酸与正丁醇在少量浓硫酸或硫酸氢钠的催化下发生酯化反应,生成乙酸正丁酯:

$$CH_3COOH + n\text{-}C_4H_9OH \rightleftharpoons n\text{-}CH_3COOC_4H_9 + H_2O$$

仪器与试剂

仪器:见图 1-9(a)和图 1-10(a)所示装置。

试剂:正丁醇 11.5 mL(9.3 g,0.125 mol),冰醋酸 7.2 mL(7.5 g,0.125 mol),硫酸氢钠 1 g,无水硫酸镁。

实验步骤

在干燥的 100 mL 圆底烧瓶中,装入 11.5 mL 正丁醇和 7.2 mL 冰醋酸,再加入 1 g 硫酸氢钠。混合均匀,加入沸石,然后安装分水器和回流冷凝管,并在分水器中预先加水至略低于支管口,并做记号。用电热套加热回流,反应一段时间后把生成的水逐渐分去[1],保持分水器中水层液面在原来的高度,约 40 min 后不再有水生成,表示反应完毕。停止加热,记录分出的水量[2]。冷却后卸下回流冷凝管,把分水器中分出的酯层和圆底烧瓶中的反应液一起倒入分液漏斗中。分去水层,将酯层用 10 mL 水洗涤一次,分去水层,倒入干燥的小锥形瓶中,加少量无水硫酸镁干燥。

将干燥后的乙酸正丁酯滤入干燥的 30 mL 蒸馏烧瓶中,加入沸石,安装好蒸馏装置,加热蒸馏,收集 124 ~ 126 ℃ 的馏分。前后馏分倒入指定的回收瓶中。产量为 10 ~ 11 g,产率约 70%。

纯乙酸正丁酯的沸点为 126.5 ℃,n_D^{20} = 1.394 7。

本实验约需 5 h。

注释

[1]本实验利用恒沸混合物除去酯化反应中生成的水。正丁醇、乙酸正丁酯和水形成下表中列出的几种恒沸混合物:

恒沸混合物		沸点/℃	组成的质量分数		
			乙酸正丁酯	正丁醇	水
二元	乙酸正丁酯-水	90.7	0.729	—	0.271
	正丁醇-水	93.0	—	0.555	0.445
	乙酸正丁酯-正丁醇	117.6	0.328	0.672	—
三元	乙酸正丁酯-正丁醇-水	90.7	0.630	0.080	0.290

[2]根据分出的水量,可以粗略地估计酯化反应的完全程度。

思考题

(1)本次实验采取什么方法提高乙酸正丁酯的产率?

(2)计算反应完全时应分出多少水?

实验 3-14　乙酰水杨酸的制备

实验目的

(1)学习乙酰水杨酸的制备原理和方法。

(2)熟悉并掌握重结晶等基本操作。

预习提示

(1)预习酚酰基化反应的相关知识。

(2)复习重结晶的相关知识及操作。

(3)反应后混合物中存在哪些成分?通过什么方法将各种杂质除去?

(4)如何判断反应是否完全?

实验原理

本实验用乙酸酐对水杨酸的酚羟基进行酰基化制备乙酰水杨酸,即阿斯匹林。在生成乙酰水杨酸的同时,水杨酸分子间可以发生缩合反应,生成少量聚合物,因此反应温度不可过高,以减少聚合物的生成。

主反应:

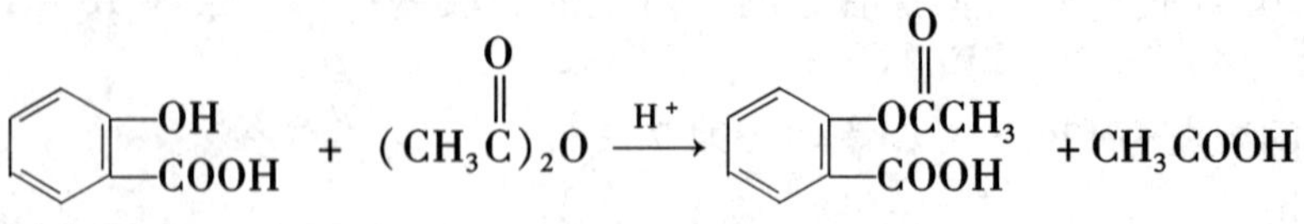

副反应:

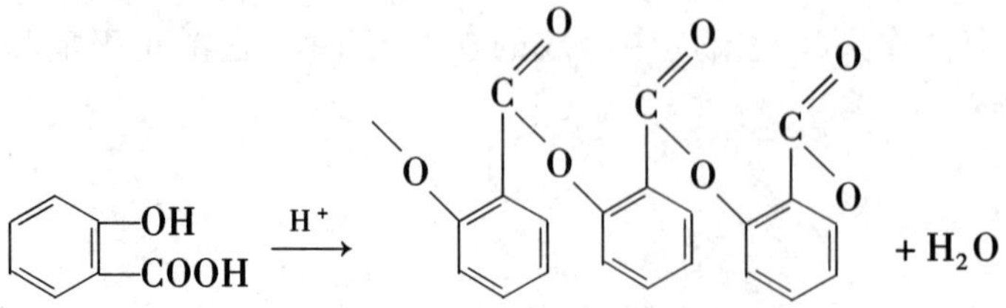

仪器与试剂

仪器:见图 1-6(a)和图 2-9(c)所示装置。

试剂：水杨酸 3 g (0.022 mol)，乙酸酐 4.5 g (4.3 mL, 0.044 mol)，浓 H_2SO_4，饱和碳酸氢钠溶液，浓盐酸，1% 三氯化铁溶液。

实验步骤

在干燥的 50 mL 锥形瓶中加入 3 g 干燥的水杨酸、4.5 g 乙酸酐[1] 和 5 滴浓硫酸，充分摇动，使水杨酸全部溶解，装上冷凝管，在水浴上加热 30 min，控制浴温在 80 ~ 85 ℃，并时时振摇。稍冷，在不断搅拌下将反应物倒入 50 mL 水中，并用冷水冷却。抽滤，用适量的冷水洗涤。

将抽滤后的粗产物转入 100 mL 烧杯中，在搅拌下加入 38 mL 饱和碳酸氢钠水溶液[2]，加完后继续搅拌几分钟，直至无二氧化碳产生。抽滤，滤出副产物聚合物，并用 5 ~ 10 mL 水冲洗漏斗，合并滤液，倒入预先盛有 7 mL 浓盐酸和 15 mL 水的烧杯中，搅拌均匀，即有乙酰水杨酸晶体析出，将烧杯用冷水冷却，使其结晶完全。抽滤，用冷水洗涤结晶。将结晶转移至表面皿，干燥后称重 2.5 ~ 2.8 g，产率为 63% ~ 71%，熔点为 134 ~ 136 ℃[3]。取几粒结晶加入盛有 5 mL水的试管中溶解，加入 1 ~ 2 滴 1% 三氯化铁溶液，观察有无颜色变化，从而判定产物中有无未反应的水杨酸。

为了得到更纯的产品，可用乙酸乙酯进行重结晶。

纯乙酰水杨酸为白色针状结晶，熔点为 135 ~ 136 ℃。其红外光谱和核磁共振氢谱见图 3-12 和图 3-13。

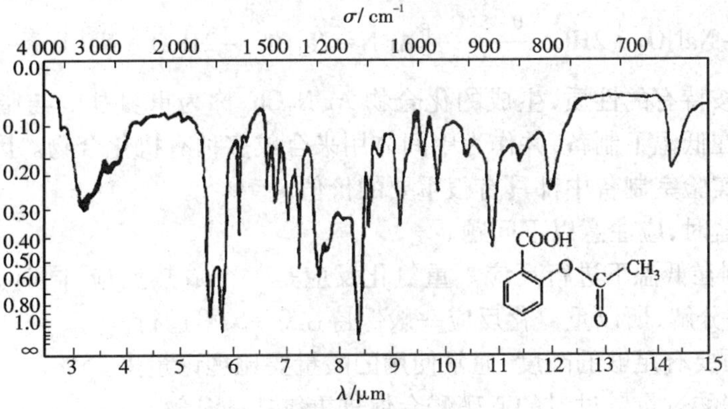

图 3-12 乙酰水杨酸的红外光谱

本实验约需 4 h。

注释

[1] 乙酸酐应是新蒸的。

[2] 乙酰水杨酸与碳酸氢钠反应生产水溶性钠盐，而副产物聚合物则不能溶于碳酸氢钠水溶液。

[3] 乙酰水杨酸受热易分解，因此熔点不很明显，它的分解点为 128 ~ 135 ℃，测定熔点时，应先将热载体加热至 120 ℃左右，然后再放样品测定。

思考题

(1) 浓硫酸在反应中起什么作用？

(2) 反应中有哪些副产物？如何除去？

(3) 怎样由水杨酸制备水杨酸甲酯？

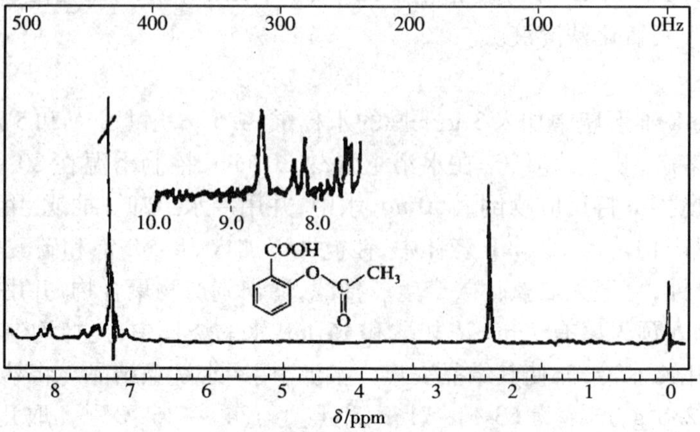

图 3-13　乙酰水杨酸的核磁共振氢谱

九、重氮化反应

芳香族伯胺在强酸性介质中与亚硝酸作用,生成重氮盐的反应,称为重氮化反应。

$$ArNH_2 + NaNO_2 + 2HCl \xrightarrow{0\sim5\ ℃} [Ar\overset{+}{N}\equiv N]Cl^- + 2H_2O + NaCl$$

这是芳香伯胺特有的性质,生成的化合物 $Ar\overset{+}{N}_2Cl^-$ 称为重氮盐。与脂肪族重氮盐不同,芳香族重氮盐可在低温下制备,并作为中间体用来合成多种有机化合物。因此,芳香族重氮盐无论在工业还是实验室制备中都具有很重要的价值。

在制备重氮盐时,应注意以下问题。

(1)严格控制在低温下进行反应。重氮化反应是一个放热反应,同时大多数重氮盐极不稳定,在室温时易分解,所以重氮化反应一般保持在 0 ~5 ℃进行。

(2)反应介质要有足够的酸度,通常使用的酸量要比理论量多 25%。

(3)避免亚硝酸过量。过量的亚硝酸会促进重氮盐的分解。

(4)反应时应不断搅拌。避免局部过热,以减少副产物。

制得的重氮盐水溶液不宜放置过久,要及时地用于下一步合成中。

最常见的重氮盐的化学反应有下列两种类型。

(1)作用时放出氮气的反应。在不同的条件下,重氮基能被氢原子、羟基、氰基、卤原子等置换,同时放出氮气。例如,桑德迈尔(Sandmeyer)反应:

$$ArN_2^+Cl^- \xrightarrow[\text{过量浓 HCl}]{CuCl} ArCl + N_2\uparrow$$

(2)作用时保留氮的反应。最重要的是偶合反应,例如重氮盐与酚或叔芳胺在低温时作用,生成具有 Ar—N ═N—Ar′ 结构稳定的有色偶氮化合物。重氮盐与酚的偶合,一般在碱性溶液中进行,而重氮盐与叔芳胺的偶合,一般在中性或弱酸性溶液中进行。

偶合反应也要控制在较低温度下进行,要不断搅拌,还要控制反应介质的酸碱度。

实验3-15　对氯甲苯的制备

实验目的

(1)学习通过 Sandmeyer 反应制备对氯甲苯的原理和方法。

(2)熟悉掌握亚铜盐的制备方法和低温操作技术。

预习提示

(1)预习重氮盐的性质及其在有机合成中的应用。

(2)预习氯化亚铜的制备及纯化。

(3)重氮盐制备的加料顺序如何？反应条件如何？

(4)产品如何分离纯化？

实验原理

重氮盐溶液在氯化亚铜存在下,重氮基被氯原子取代,生成芳香族氯化物。

$$2CuSO_4 + 2NaCl + NaHSO_3 + 2NaOH \longrightarrow 2CuCl\downarrow + 2Na_2SO_4 + NaHSO_4 + H_2O$$

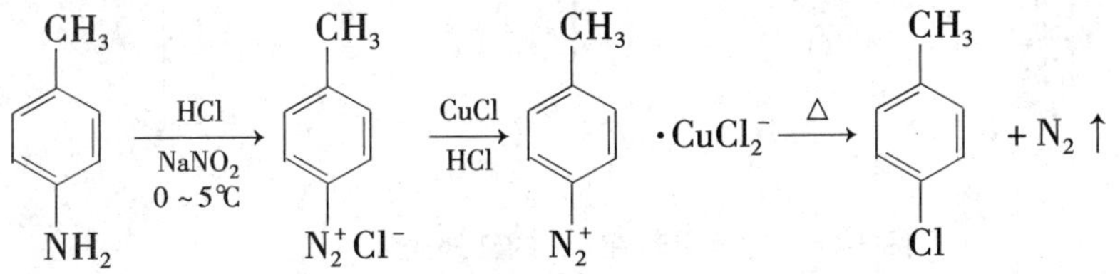

仪器与试剂

仪器:见图1-10(b)、(c)和图2-4所示装置。

试剂:对甲苯胺10.7 g(10.7 mL,0.1 mol),亚硝酸钠7.7 g(0.11 mol),结晶硫酸铜($CuSO_4 \cdot 5H_2O$)30 g(0.12 mol),亚硫酸氢钠7 g(0.067 mol),精盐9 g(0.16 mol),氢氧化钠4.5 g(0.11 mol),浓盐酸,苯,无水氯化钠,淀粉-碘化钾试纸。

实验步骤

1. 氯化亚铜的制备

在500 mL圆底烧瓶中放置30 g结晶硫酸铜、9 g精盐及100 mL水,加热使固体溶解。趁热(60 ~70 ℃)[1]在振摇下加入由7 g亚硫酸氢钠[2]与4.5 g氢氧化钠及50 mL水配成的溶液。溶液由原来的蓝绿色变成浅绿色或无色,并析出白色粉状固体,置于冷水浴中冷却。倾去上层溶液,再用适量水洗涤两次,得到白色粉末状的氯化亚铜。加入50 mL冷的浓盐酸,使沉淀溶解,塞紧瓶塞,置冰水浴中冷却备用[3]。

2. 重氮盐溶液的制备

在烧杯中放置30 mL浓盐酸、30 mL水及10.7 g对甲苯胺,加热使对甲苯胺溶解。稍冷后,置冰盐浴中并不断搅拌使成糊状,反应控制在5 ℃以下。在搅拌中,由滴液漏斗加入7.7 g亚硝酸钠溶于20 mL水溶液,控制滴加速度,使温度始终保持在5 ℃以下[4]。必要时可用冰水浴冷却,防止温度上升。当85% ~90%的亚硝酸钠溶液加入后,取一两滴反应液在淀粉-碘化钾试纸上检验。若立即出现深蓝色,表示亚硝酸钠已适量,不必再加,搅拌片刻。重氮化反应越来越慢,最后每加一滴亚硝酸钠溶液后,需略等几分钟再检验。

3. 对氯甲苯的制备

把制好的对甲苯胺重氮盐溶液慢慢倒入冷的氯化亚铜盐酸溶液中,边加边振摇烧瓶,不久析出重氮盐-氯化亚铜橙红色复合物。加完后，在室温下放置 15 ~ 30 min，用水浴慢慢加热到 50 ~ 60 ℃[5]，分解复合物，直至不再有氮气逸出。将产物进行水蒸气蒸馏蒸出对氯甲苯。分出油层，水层每次用 15 mL 苯萃取两次，苯萃取液与油层合并，依次用 10% 氢氧化钠溶液、水、浓硫酸、水各 10 mL 洗涤。苯层经无水氯化钙干燥后在水浴上蒸去苯，然后蒸馏收集 158 ~ 162 ℃的馏分，产量约 7 ~ 9 g。

纯对氯甲苯的沸点为 162 ℃，折射率 n_D^{20} = 1.515 0。其红外光谱和核磁共振氢谱见图 3-14 和图 3-15。

本实验约需 8 h。

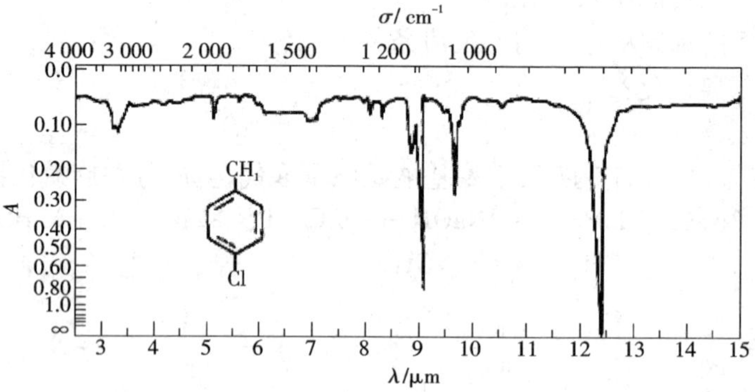

图 3-14　对氯甲苯在 CS_2 的红外光谱

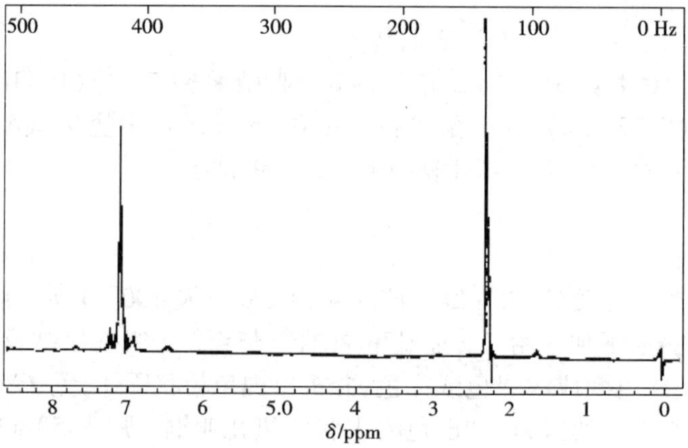

图 3-15　对氯甲苯的核磁共振氢谱

注释

[1] 在此温度下得到的氯化亚铜颗粒较粗，便于处理，且质量较好。温度较低时，则颗粒较细，难于洗涤。

[2] 亚硫酸氢钠的纯度最好在 90% 以上。如果纯度不高，按此比例还原不完全。

[3] 氯化亚铜在空气中遇热或光易被氧化，重氮盐久置易于分解。为此，二者的制备应同时进行，且在较短的时间内进行混合。

[4] 如反应温度超过 5 ℃，则重氮盐会分解，使产率降低。

[5] 分解温度过高会产生副反应，生成部分焦油状物质。若时间许可，可将混合后生成的

复合物在室温放置过夜,然后再加热分解。在水浴加热分解时,有大量氮气逸出,应不断搅拌,以免反应液外溢。

思考题

(1)为什么重氮化反应必须在低温下进行？如果温度过高或溶液酸度不够会产生什么副反应？

(2)为什么不直接将甲苯氯化而用 Sandmeyer 反应来制备邻和对氯甲苯？

实验 3-16　甲基橙的制备

实验目的

(1)通过甲基橙的制备掌握重氮化反应和偶合反应的实验操作。

(2)进一步巩固重结晶的原理与操作。

预习提示

(1)预习重氮化反应和偶合反应。

(2)掌握低温反应的操作技巧,巩固重结晶、减压过滤等基本操作技术。

(3)重氮化和偶联反应为何要控制在低温下进行？

(4)甲基橙粗产品是如何进行分离纯化的？分离纯化时要注意什么问题？为什么？

实验原理

甲基橙是指示剂,它是由对氨基苯磺酸重氮盐与 N,N-二甲基苯胺的醋酸盐在弱酸性介质中偶合得到的。

仪器与试剂

仪器:抽滤装置见图 2-9(c)所示装置。

试剂:对氨基苯磺酸晶体 2.1 g(0.01 mol),亚硝酸钠 0.8 g(0.11 mol),N,N-二甲基苯胺 1.2 g(约 1.3 mL,0.01 mol),盐酸,氢氧化钠,乙醇,乙醚,冰醋酸,淀粉-碘化钾试纸。

实验步骤

1. 重氮盐的制备

在烧杯中放置 10 mL 5% 氢氧化钠溶液及 2.1 g 对氨基苯磺酸晶体[1],温热使其溶解。另溶 0.8 g 亚硝酸钠于 6 mL 水中,加入到上述烧杯中,用冰盐浴冷至 0 ~ 5 ℃。在不断搅拌下,将 3 mL 浓盐酸与 10 mL 水配成的溶液缓缓加到上述混合物中,并控制温度在 5 ℃以下。滴加完后用淀粉-碘化钾试纸检验[2],然后在冰盐浴中放置 15 min,以保证反应完全[3]。

2. 偶合

在试管内混合 1.2 g N,N-二甲基苯胺和 1 mL 冰醋酸,在不断搅拌下,将此溶液慢慢加到上述冷却的重氮盐溶液中。加完后,继续搅拌 10 min,然后慢慢加入 25 mL 5% 氢氧化钠溶液,直到反应物变为橙色,这时反应液呈碱性,粗制的甲基橙呈细粒状沉淀析出[4]。将反应物在沸水浴上加热 5 min,冷至室温后,再在冰水浴中冷却,使甲基橙晶体析出完全。抽滤收集晶体,依次用少量水、乙醇、乙醚洗涤,压干。

若要得到较纯产品,可用溶有少量氢氧化钠(0.1 ~ 0.2 g)的沸水(每克粗产物约需 25 mL)进行重结晶。待结晶析出完全后,抽滤收集,沉淀依次用少量乙醇、乙醚洗涤[5]。得到橙色的小叶片状甲基橙晶体,产量约 2.5 g。

将少许甲基橙溶于水中，加几滴稀盐酸溶液，接着用稀氢氧化钠溶液中和，观察颜色变化。其红外光谱和核磁共振氢谱见图 3-16 和图 3-17。

本实验约需 6 h。

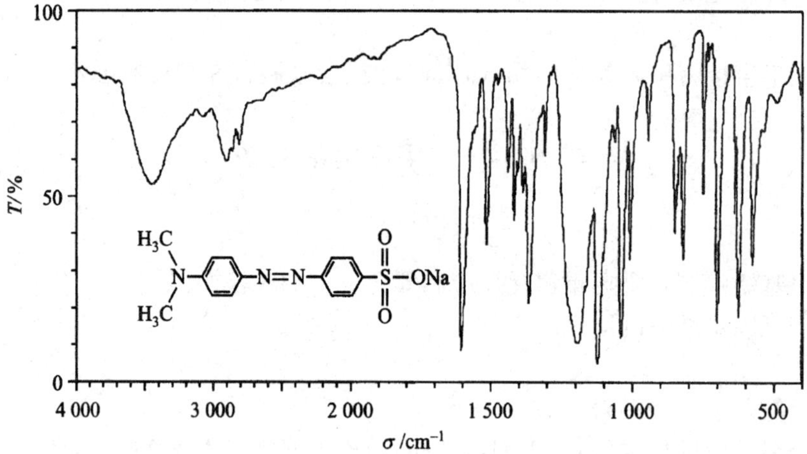

图 3-16　甲基橙的红外光谱

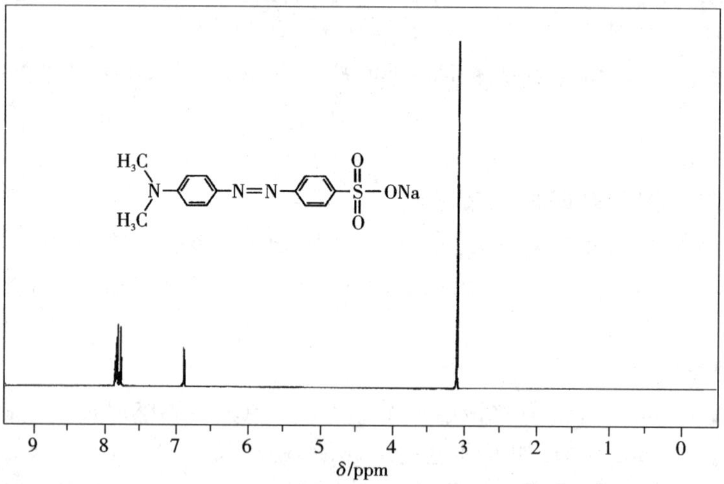

图 3-17　甲基橙的核磁共振氢谱

注释

[1]对氨基苯磺酸是两性化合物，酸性比碱性强，能形成酸性内盐，所以它能与碱作用生成盐而不能与酸作用生成盐。

[2]试纸不显蓝色，尚需补充亚硝酸钠溶液。

[3]在此时往往析出对氨基苯磺酸的重氮盐。

[4]若反应物中含有未作用的 N,N-二甲基苯胺的醋酸盐，在加入氢氧化钠后，就会有难溶于水的 N,N-二甲基苯胺析出，影响产品的纯度。湿的甲基橙在空气中受光的照射后，颜色会很快变深，所以一般得到紫红色粗产物。

[5]重结晶操作应迅速，否则由于产物呈碱性，在温度高时易使产物变质，颜色变深。用

乙醇、乙醚洗涤的目的是使其迅速干燥。

思考题

(1)什么是偶联反应？试结合本实验讨论一下偶联反应的条件。

(2)在本实验中,制备重氮盐时为什么要把对氨基苯磺酸变为钠盐。

十、酯缩合反应

含有α-活泼氢的酯在碱性催化剂存在下,能与另一分子酯发生克莱森(Claisen)酯缩合反应,生成β-羰基酸酯,乙酰乙酸乙酯就是通过这一反应来制备的。乙酰乙酸乙酯的合成经历了以下平衡过程:

$$CH_3CO_2C_2H_5 + {}^-OC_2H_5 \rightleftharpoons {}^-CH_2CO_2C_2H_5 + C_2H_5OH$$

$$CH_3\overset{\overset{O}{\|}}{C}OC_2H_5 + {}^-CH_2CO_2C_2H_5 \rightleftharpoons CH_3-\underset{\underset{OC_2H_5}{|}}{\overset{\overset{O^-}{|}}{C}}-CH_2CO_2C_2H_5 \rightleftharpoons CH_3\overset{\overset{O}{\|}}{C}CH_2CO_2C_2H_5 + {}^-OC_2H_5$$

$$CH_3COCH_2CO_2C_2H_5 + C_2H_5ONa \rightleftharpoons Na^+[CH_3COCHCO_2C_2H_5]^- + C_2H_5OH$$

由于乙酰乙酸乙酯分子中亚甲基上的氢非常活泼,能与醇钠作用生成稳定的钠化合物,所以反应向生成乙酰乙酸乙酯钠化合物的方向进行。

乙酰乙酸乙酯的钠化合物与醋酸作用生成乙酰乙酸乙酯:

$$Na^+[CH_3COCHCO_2C_2H_5]^- + CH_3COOH \longrightarrow CH_3\overset{\overset{O}{\|}}{C}CH_2CO_2C_2H_5 + CH_3COONa$$

乙酰乙酸乙酯是酮式和烯醇式平衡的混合物,在室温时含有92.5%的酮式及7.5%的烯醇式:

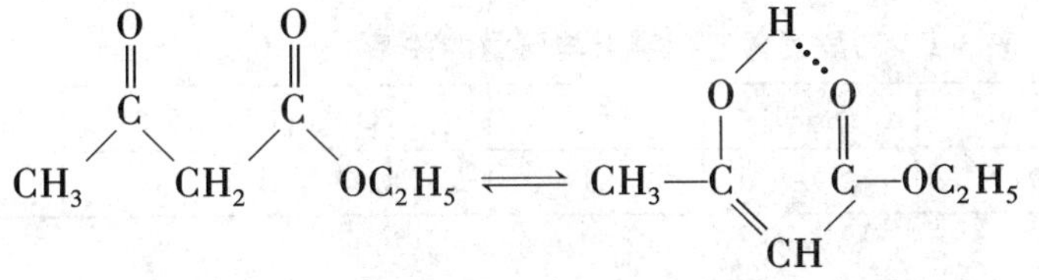

沸点　41 ℃/266 Pa(2 mmHg)　　　沸点　33 ℃/266 Pa(2 mmHg)

熔点　-33 ℃

实验3-17　乙酰乙酸乙酯的制备

实验目的

(1)了解并掌握乙酰乙酸乙酯的制备原理与方法。

(2)掌握装有干燥管的回流装置及操作。

(3)进一步熟悉减压蒸馏装置及操作。

预习提示

(1)预习酯缩合反应、酮式与烯醇式的结构互变。

(2)预习减压蒸馏的相关知识及操作。

(3)反应后的反应液中都有哪些主要成分?如何进行产品分离?

(4)为什么要用减压蒸馏进一步纯化产品?减压下应如何收集乙酰乙酸乙酯馏分?

实验原理

两分子乙酸乙酯在强碱作用下缩合,再经过水解生成乙酰乙酸乙酯,此反应称为 Claisen 酯缩合反应。本实验利用金属钠与市售乙酸乙酯中含有的少量乙醇生成乙醇钠作为碱性缩合剂,促使反应发生。

反应式:

$$2CH_3COOC_2H_5 + C_2H_5ONa \xrightarrow{C_2H_5OH} [CH_3COCHCOOC_2H_5]^- Na^+$$

$$\xrightarrow{H^+} CH_3COCH_2COC_2H_5$$

仪器与试剂

仪器:见图 1-6(b)所示装置。

试剂:乙酸乙酯[1]16.2 g(18 mL,0.184 mol),金属钠[2]1.8 g(0.078 mol),50%乙酸(约 15 mL),饱和食盐水,无水硫酸镁。

实验步骤

在 50 mL 的圆底烧瓶中加入 18 mL 分析纯乙酸乙酯、1.8 g 刚刚切成小薄片的金属钠,迅速装上回流冷凝管,上接氯化钙干燥管。反应立即开始,使反应保持微沸状态,直至金属钠全部反应完。此时,反应瓶内溶液呈棕红色并有白色固体出现。

冷却反应液,边摇边加入 50%乙酸[3](约 15 mL)[4],使反应液的 pH 值等于 6。此时,固体应全部溶解(若还有固体,可加水使其溶解)。将反应液倒入分液漏斗中,加入等体积的饱和食盐水洗涤,分出有机层,用无水硫酸镁干燥,常压蒸出过量的乙酸乙酯,再减压蒸出产品[5](见表 3-1),产率约 50%。

表 3-1 乙酰乙酸乙酯沸点与压力的关系

压力/Pa	10 640	7 980	5 320	3 990	2 660	1 995	1 596
沸点/℃	100	97	92	88	82	73	71

纯乙酰乙酸乙酯的沸点为 180.4 ℃,$d_4^{20}=1.025$,$n_D^{20}=1.4198$。其红外光谱和核磁共振氢谱见图 3-18 和图 3-19。

本实验约需 8 h。

注释

[1]乙酸乙酯必须绝对干燥,但其中应含有 1%~2%的乙醇。其提纯方法为:将普通乙酸乙酯用饱和氯化钙溶液洗涤数次,再用烘焙过的无水碳酸钾干燥,在水浴上蒸馏,收集 76~78 ℃馏分。

[2]金属钠为易燃物质,遇水可自燃,操作时应小心。在将钠切成小薄片的过程中动作要快,以防金属钠表面被氧化。

[3]一定要等大部分钠反应完后再加乙酸水溶液,以防着火。

[4]要注意避免加入过量的乙酸溶液,否则会增加酯在水中的溶解度。另外,酸度过高,

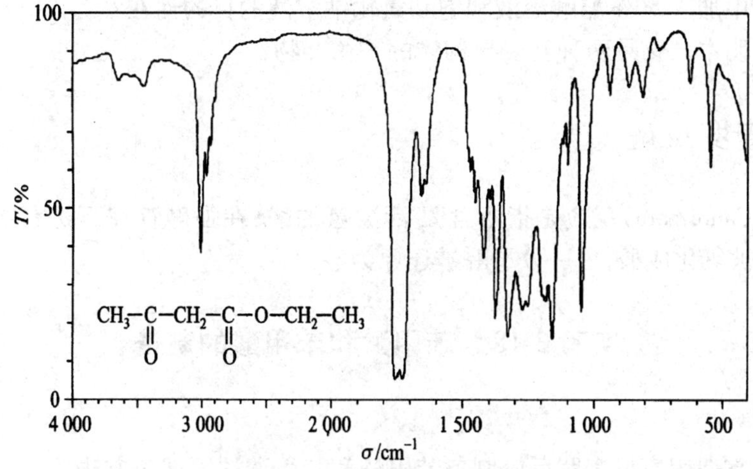

图 3-18　乙酰乙酸乙酯的红外光谱

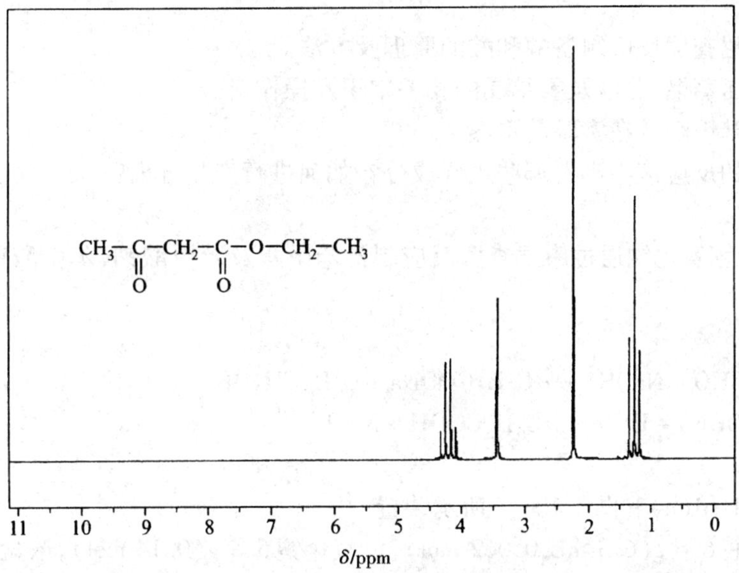

图 3-19　乙酰乙酸乙酯的核磁共振氢谱

会促使副产物“去水乙酸”的生成，从而降低产量。

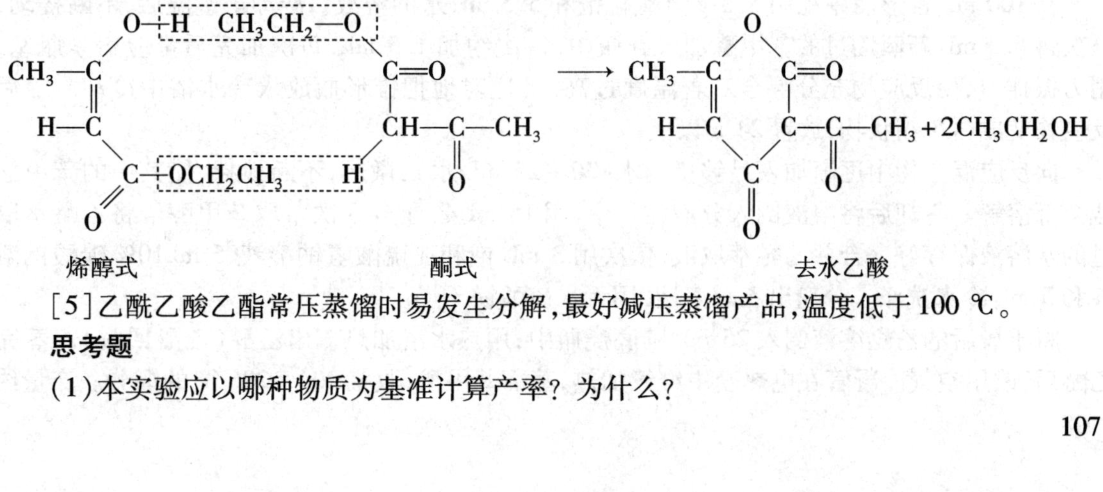

烯醇式　　　　　　　　酮式　　　　　　　　去水乙酸

［5］乙酰乙酸乙酯常压蒸馏时易发生分解，最好减压蒸馏产品，温度低于 100 ℃。

思考题

（1）本实验应以哪种物质为基准计算产率？为什么？

(2)本实验中加入50%醋酸溶液和饱和氯化钠溶液的目的何在?

(3)如何证明本产物是两种互变异构体的平衡产物?

十一、康尼查罗反应

康尼查罗(Cannizzaro)反应是指不含α-活泼氢的醛,在强碱存在下进行的自身氧化还原反应,一分子醛被氧化成酸,另一分子醛被还原为醇。

实验3-18 苯甲醇和苯甲酸的制备

实验目的

(1)了解并掌握用康尼查罗反应制备苯甲醇和苯甲酸的原理与方法。

(2)进一步熟悉常压蒸馏、分液等基本操作。

预习提示

(1)预习康尼查罗反应制备醇和酸的原理及方法。

(2)复习常压蒸馏、分液及重结晶的相关知识及操作。

(3)为什么苯甲醛要在实验前重蒸?

(4)反应后的反应液中都有哪些主要成分?如何进行产品分离?

实验原理

由苯甲醛和氢氧化钠通过康尼查罗反应制备苯甲醇及苯甲酸钠,苯甲酸钠再用浓盐酸酸化制备苯甲酸。

反应式:

$$2C_6H_5CHO + NaOH \longrightarrow C_6H_5COONa + C_6H_5CH_2OH$$

$$C_6H_5COONa + HCl \longrightarrow C_6H_5COOH + NaCl$$

仪器与试剂

仪器:见图1-10(a)和图1-10(c)所示装置。

试剂:苯甲醛6.6 g(6.3 mL,0.062 mol),氢氧化钠5.5 g(0.14 mol),浓盐酸,乙醚15 mL,饱和亚硫酸氢钠溶液3 mL,10%碳酸钠溶液5 mL,无水硫酸镁。

实验步骤

在100 mL锥形瓶中配制5.5 g氢氧化钠和5.5 mL水的溶液。冷却至室温后,不断摇动,分次将6.3 mL新蒸馏过的苯甲醛加入到瓶中,每次约加1.5 mL,每次加完后都应盖紧瓶塞,用力振摇[1],使反应物充分混合。若温度过高,可适时地把锥形瓶放入冷水浴中冷却。最后反应物变成白色糊状物,放置24 h以上。

向反应混合物中逐渐加入足够量的水(20~25 mL水),微热,不断搅拌,使其中的苯甲酸盐全部溶解。冷却后将溶液倒入分液漏斗中,用15 mL乙醚分3次萃取苯甲醇。将乙醚萃取过的水溶液保存好。合并乙醚萃取液,依次用3 mL饱和亚硫酸氢钠溶液、5 mL10%碳酸钠溶液和5 mL冷水洗涤。分离出乙醚溶液,用无水硫酸镁干燥。

将干燥后的乙醚溶液倒入25 mL圆底烧瓶中,用热水浴加热蒸出乙醚(乙醚回收)。蒸完乙醚后,改用空气冷凝管在电热套中继续加热,蒸馏苯甲醇,收集204~206 ℃的馏分。产量约

2.2 g。纯苯甲醇为无色液体,沸点为 205.4 ℃,$d_4^{20}=1.045$,$n_D^{20}=1.5396$。其红外光谱和核磁共振氢谱见图 3-20 和图 3-21。

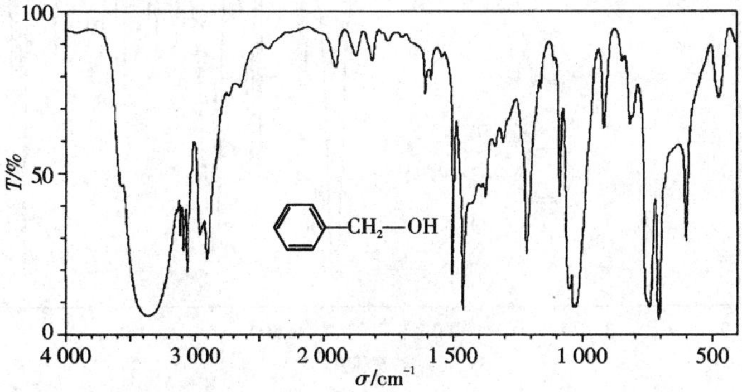

图 3-20 苯甲醇的红外光谱

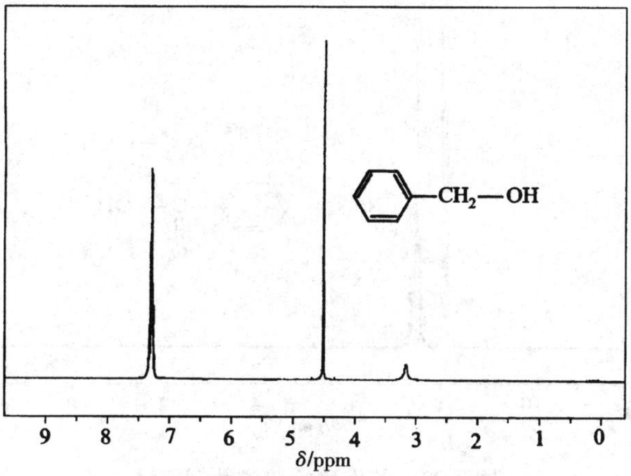

图 3-21 苯甲醇的核磁共振氢谱

在不断搅拌下,向前面保存的乙醚萃取过的水溶液中慢慢滴加 20 mL 浓盐酸、20 mL 水和 12.5 g 碎冰的混合物。充分冷却,使苯甲酸完全析出,抽滤,用少量冷水洗涤,挤压出水分,取出产物,烘干。粗苯甲酸可用水重结晶,产量约 3.5 g。纯苯甲酸为白色针状晶体,熔点为 122.4 ℃。其红外光谱和核磁共振氢谱见图 3-22 和图 3-23。

本实验约需 8 h。

注释

[1]充分振摇是反应成功的关键。如混合充分,放置 24 h 后混合物通常在瓶内固化,苯甲醛气味消失。

思考题

(1)苯甲醛为什么要在实验前新蒸?苯甲醛长期放置后含有什么杂质?如果不除去,对本实验会有什么影响?

(2)本实验中的苯甲醇和苯甲酸是依据什么原理分离提纯的?用饱和亚硫酸氢钠溶液洗涤乙醚萃取液的目的是什么?

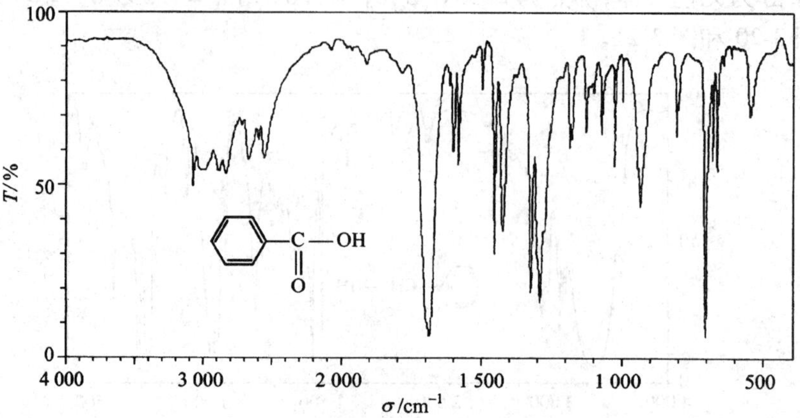

图 3-22　苯甲酸的红外光谱

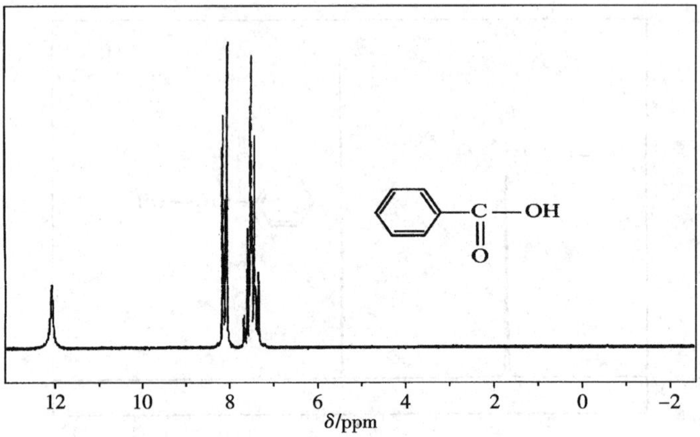

图 3-23　苯甲酸的核磁共振氢谱

实验 3-19　呋喃甲醇和呋喃甲酸的制备

实验目的

(1)了解并掌握用康尼查罗反应制备呋喃甲酸和呋喃甲醇的原理与方法。

(2)进一步熟悉常压蒸馏、分液等基本操作。

实验原理

由呋喃甲醛和氢氧化钠通过康尼查罗反应制备呋喃甲醇及呋喃甲酸钠,呋喃甲酸钠再用浓盐酸酸化制备呋喃甲酸。

反应式:

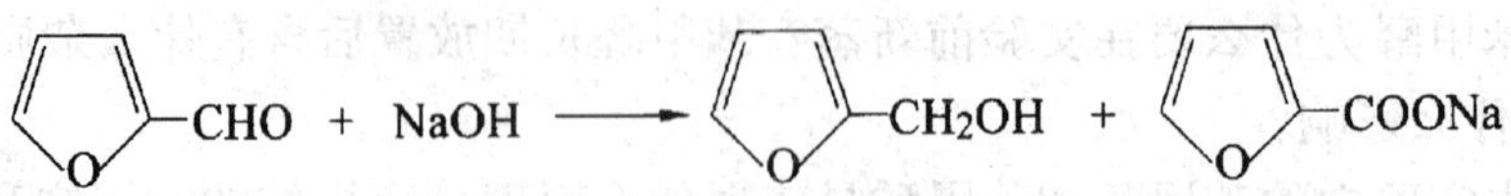

仪器与试剂

仪器:见图 1-10(a)、(c)所示装置。

试剂:呋喃甲醛 1.6 mL ,43% 氢氧化钠 1.5 mL,浓盐酸,乙醚 12 mL,无水硫酸镁。

预习提示

(1)预习康尼查罗反应制备醇和酸的原理及方法。

(2)复习常压蒸馏、分液及重结晶的相关知识及操作。

(3)此反应为什么要充分搅拌?

(4)反应后的反应液中都有哪些主要成分?如何进行产品分离?

实验步骤

将 1.5 mL 43% 氢氧化钠溶液放入 50 mL 烧杯中,冰水浴冷至 5 ℃左右,手动搅拌[1]下滴加呋喃甲醛 1.6 mL(约需 5 min)[2],维持反应温度在 8 ~ 12 ℃[3],加完后继续搅拌,反应 10 min得到黄色浆状物。

在搅拌下加入适量的水(约 2.5 mL),使固体全溶[4]。将反应液转入分液漏斗中,用乙醚萃取 3 次(6 mL、3.5 mL、2.5 mL),合并萃取液,用无水硫酸镁干燥后,水浴蒸出乙醚,继续蒸馏,收集 169 ~ 172 ℃馏分,得到的液体产品约 0.6 g。纯的呋喃甲醇为无色透明液体,沸点为 171 ℃ ,n_D^{20} = 1.486 8。其红外光谱和核磁共振氢谱见图 3-24 和图 3-25。

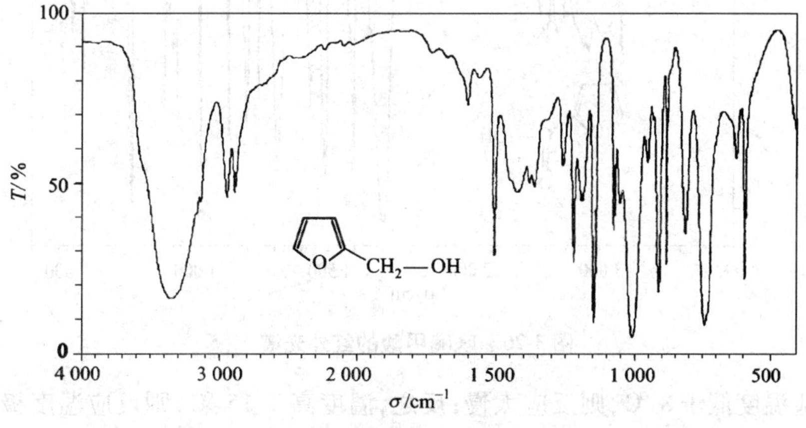

图 3-24　呋喃甲醇的红外光谱

乙醚萃取过的水溶液用浓盐酸酸化至 pH = 3[5],待结晶全部析出,抽滤,用少许水洗涤,干燥,称重,产品约 0.75 g。纯的呋喃甲酸为白色针状晶体[6],熔点为 133 ~ 134 ℃。其红外光谱和核磁共振氢谱见图 3-26 和图 3-27。

本实验约需 8 h。

注释

[1]这个反应在两相间进行。欲使反应正常进行,必须充分搅拌。

[2]纯呋喃甲醛为无色或浅黄色液体,但久存易呈棕色,使用前蒸馏纯化,收集 155 ~ 162 ℃馏分,最好减压蒸馏,收集(54 ~ 55) ℃/17 mmHg 的馏分。

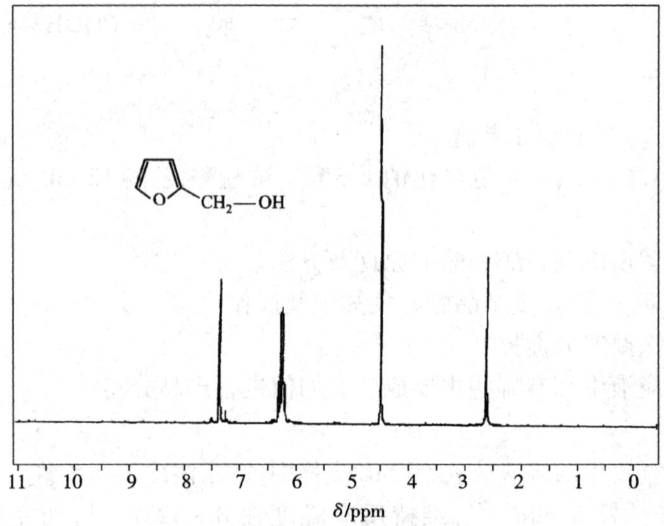

图 3-25　呋喃甲醇的核磁共振氢谱

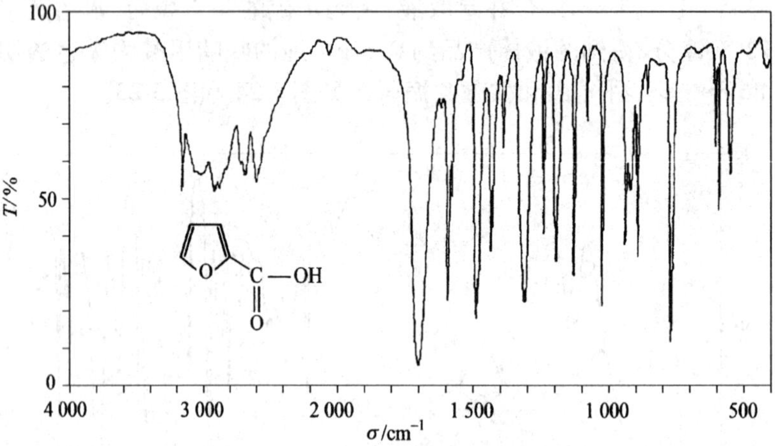

图 3-26　呋喃甲酸的红外光谱

[3]若反应温度低于 8 ℃,则反应太慢;反之,温度高于 15 ℃,则反应温度极易上升而难于控制,反应物会变成深红色。也可采用将氢氧化钠溶液滴加到呋喃甲醛中的方法。两种方法产率相近。

[4]加入适量水溶解呋喃甲酸钠,使之呈溶液状。若加水过量,会导致部分产品损失。

[5]酸量一定要加够,保证酸化后真正达到 pH = 3,使呋喃甲酸充分游离出来,这一步骤是影响呋喃甲酸收率的关键。

[6]从水中得到的呋喃甲酸呈叶状晶体,100 ℃时有部分升华,最好自然晾干。

思考题

(1)根据什么原理来分离提纯呋喃甲醇和呋喃甲酸?

(2)在反应过程中析出的黄色浆状物是什么?

(3)用 50% 硫酸酸化乙醚萃取过的水溶液是否合适?

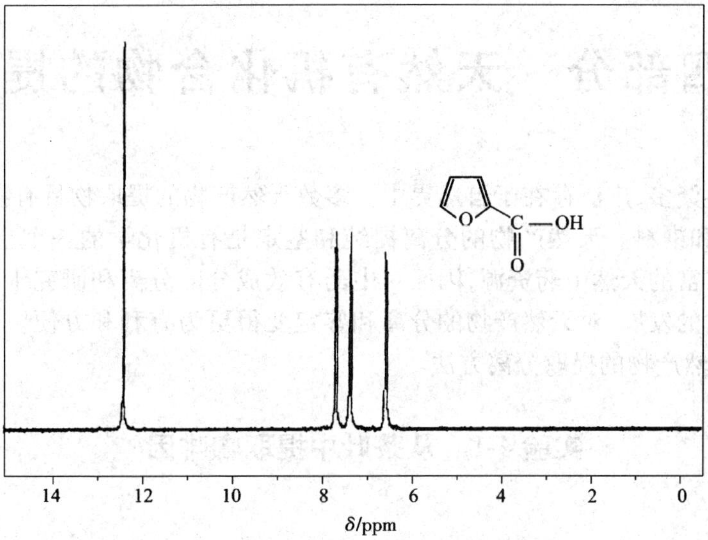

图 3-27　呋喃甲酸的核磁共振氢谱

第四部分　天然有机化合物的提取

天然产物种类繁多，广泛存在于自然界中。多数天然产物的提取物具有特殊的生理效能，可用作药物、香料和染料。天然产物的分离提纯和鉴定是有机化学的一个十分活跃的领域。我国有着独特和丰富的天然中药资源，因而对中药有效成分的分离和研究十分重要。随着现代色谱和波谱技术的发展，对天然产物的分离和鉴定变得更为有利和方便。本部分选择介绍6种较为典型的天然产物的提取分离方法。

实验 4-1　从茶叶中提取咖啡因

实验目的

(1)学习从天然产物——茶叶中提取咖啡因的原理和方法。

(2)了解并掌握索氏提取器的使用和升华的基本操作。

预习提示

(1)预习天然有机产物的提取原理及方法。

(2)掌握索氏提取器、升华的相关知识及操作。

(3)本实验采用什么溶剂提取咖啡因？选择依据是什么？

(4)怎样控制和选择咖啡因的升华温度？理由是什么？

实验原理

咖啡因具有刺激心脏、兴奋大脑神经和利尿等作用，主要用作中枢神经兴奋药。现代制药工业多用合成方法来制得咖啡因。

茶叶中含有多种生物碱、丹宁酸、茶多酚、纤维素和蛋白质等物质。咖啡因是其中一种生物碱，在茶叶中含量为1%～5%，属于杂环化合物嘌呤的衍生物，化学名称为1,3,7-三甲基-2,6-二氧嘌呤，结构式如下：

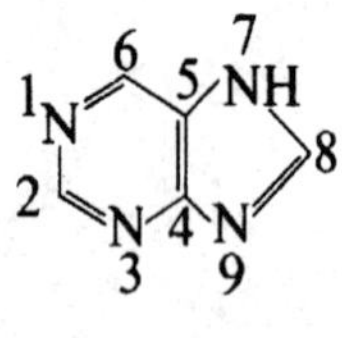

嘌呤

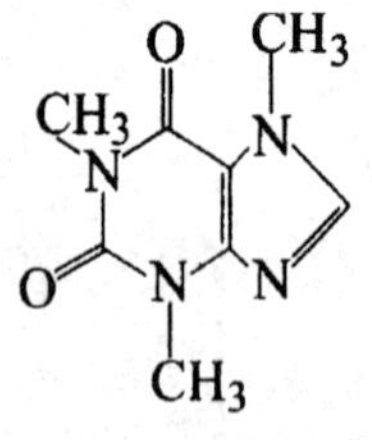

1, 3, 7-三甲基-2, 6-二氧嘌呤

含结晶水的咖啡因系白色针状结晶，味苦，能溶于水、乙醇、氯仿等。在100 ℃时即失去结晶水，开始升华，120 ℃时升华相当显著，至178 ℃时升华很快。

从茶叶中提取咖啡因的方法是：利用适当的溶剂（乙醇、氯仿等）在脂肪提取器（又称索氏提取器）中连续抽提，然后蒸去溶剂，即得粗咖啡因。粗咖啡因中还含有其他一些生物碱和杂质，利用升华可进一步提纯。

仪器与试剂

仪器:见图 2-2 和图 2-11(a)所示装置。

试剂:茶叶 8 g,95% 乙醇 70 mL,生石灰 2 ~ 3 g。

实验步骤

称取 8 g 茶叶,放入索氏提取器的提取筒内[1],在烧瓶内加入 70 mL 95% 的乙醇,见图 2-2。用水浴加热,连续抽提 1 h 后[2],待冷凝液刚好虹吸下去时,立即停止加热,改换蒸馏装置(注意补加沸石)加热蒸馏,回收大部分乙醇[3]。然后将残液倾入蒸发皿中,加入 2 ~ 3 g 生石灰粉[4],在蒸汽浴上蒸干,最后将蒸发皿移至石棉网上,加热焙炒并研细,使水分全部除去[5],呈茶色粉末。冷却后擦去沾在蒸发皿边上的粉末,以免升华时污染产物。

咖啡因的升华操作见实验 2-6 咖啡因的升华。无水咖啡因的熔点为 234.5 ℃,其红外光谱和核磁共振氢谱见图 4-1 和图 4-2。

实验约需 6 h。

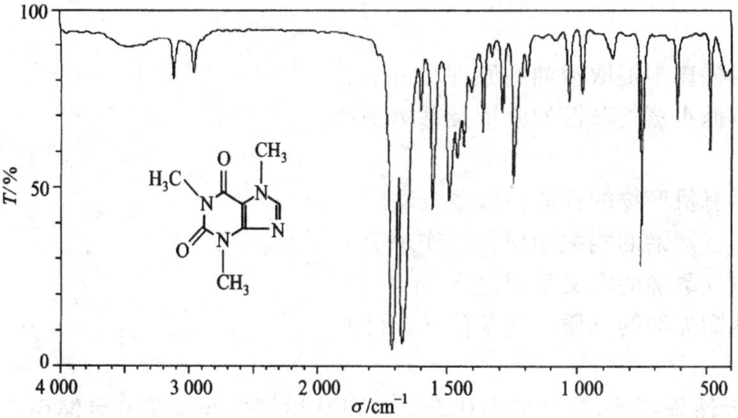

图 4-1　咖啡因的红外光谱

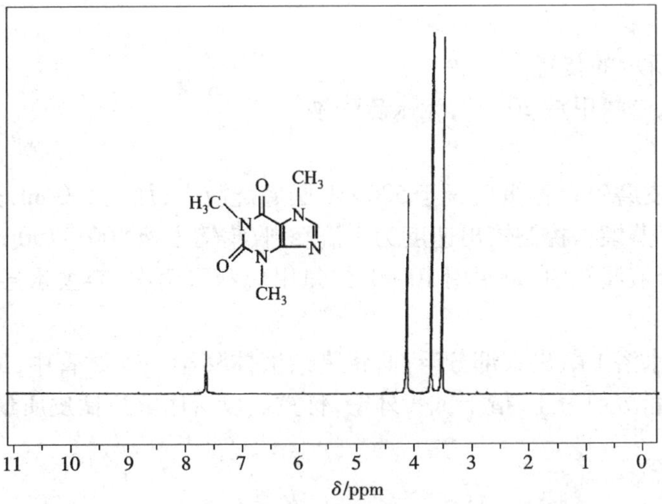

图 4-2　咖啡因的核磁共振氢谱

注释

[1]提取器下口用少量棉花堵上。棉花要适量,要严防茶叶漏出堵塞虹吸管。纸套上面折成凹形,以保证回流液均匀浸润被萃取物。

[2]当提取液颜色很淡时,即可停止提取。

[3]瓶中乙醇不可蒸得太干,否则残液很黏,转移时损失较大。

[4]生石灰起吸水和中和作用,可以除去部分杂质。

[5]如留有少量水分,会在升华开始时带来一些烟雾,污染器皿。焙炒切不能过火。

思考题

(1)简要说明索氏提取器的提取原理。

(2)提取咖啡因时加入生石灰起什么作用?

实验 4-2　从柑橘皮中提取橙油

实验目的

(1)学习从柑橘皮中提取橙油的原理和方法。

(2)了解并掌握水蒸气蒸馏的原理及基本操作。

预习提示

(1)预习天然有机产物的提取原理及方法。

(2)掌握水蒸气蒸馏的相关知识及操作。

(3)了解水蒸气蒸馏的定义及用途。

(4)水蒸气蒸馏提纯的物质应具备什么条件?

实验原理

橙油是一种天然香精油,为萜烯类化合物。可从柑橘皮经水蒸气蒸馏得到,主要成分中含有多种分子式为 $C_{10}H_{16}$的物质,它们均为无色液体,沸点、折射率都很相近,多具有旋光性,不溶于水,溶于乙醇和冰醋酸。

仪器与试剂

仪器:见图 2-4 所示的装置。

试剂:鲜柑橘皮,二氯甲烷 20 mL,无水硫酸钠。

实验步骤

将 4 ~6 个柑橘皮磨碎[1]称重后置于 500 mL 圆底烧瓶中,加入 100 mL 热水。安装水蒸气蒸馏装置进行水蒸气蒸馏。控制馏出速度为 1 滴/s,收集馏出液 100 ~ 150 mL。

将馏出液移至分液漏斗中,每次用 10 mL 二氯甲烷萃取两次,弃去水层,用无水硫酸钠干燥萃取液。

滤弃干燥剂,在水浴上蒸出大部分溶剂,将剩余液体移至一支试管中,继续在水浴上小心加热,浓缩至完全除净溶剂为止,揩干试管外壁,称重。以所用鲜柑橘皮质量为基准,计算橙油的回收率。

本实验约需 5 h。

注释

[1]可使用食品绞碎机将鲜柑橘皮绞碎后称重,以备水蒸气蒸馏使用。

思考题

(1)能用水蒸气蒸馏提纯的物质应具备什么条件?

(2)在水蒸气蒸馏过程中,出现安全管的水柱迅速上升并从管上口喷出水来等现象,表明蒸馏体系中发生了什么故障?

实验4-3 从番茄酱中提取番茄红素

实验目的

(1)学习从番茄酱中提取番茄红素的原理和方法。

(2)了解并掌握柱色谱分离有机化合物的原理及操作。

预习提示

(1)预习天然有机产物的提取原理及方法。

(2)掌握柱色谱分离的相关知识及操作。

(3)什么是柱色谱?柱色谱的特点及用途是什么?

(4)如何选择柱色谱洗脱液?

实验原理

番茄红素是一种天然色素,是人体最常见和最有效的类胡萝卜素抗氧剂之一,具有极强的清除自由基的能力,有“植物黄金”称号。在自然界中主要存在于番茄、西瓜、南瓜、葡萄柚、木瓜、番石榴、葡萄、红椒等果蔬中,在食品、保健品、化妆品及医药领域具有重要的应用价值。

番茄红素由11个共轭双键及2个非共轭双键组成的直链型碳氢化合物,含有多种顺反异构体,其分子式为$C_{40}H_{56}$。天然来源的番茄红素主要以反式构型存在,其结构式为:

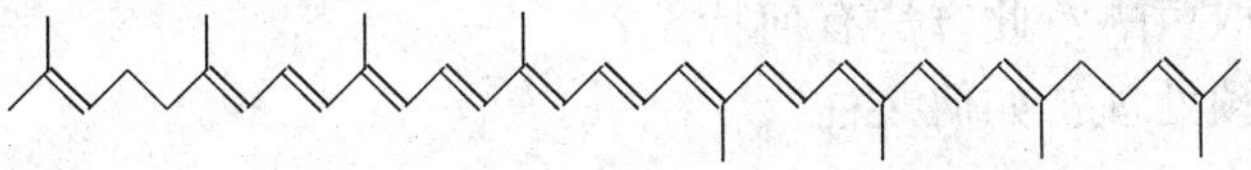

番茄红素不稳定,易被氧化,光照、加热、与氧和酸性物质及金属离子等接触,均可使番茄红素降解。纯产品应该以氮气保护,铝箔纸包裹避光,低温保存。取用样品时,如果在快速升温的同时与氧气接触,会发生反应,偶尔还会发生样品自燃现象;正确的方法是连包装容器一并从冷冻室中取出,放置到室温后再打开,确保安全。

番茄红素为脂溶性色素,可溶于乙醚、石油醚、己烷、丙酮,易溶于氯仿、苯、二硫化碳等有机溶剂,不溶于水,难溶于强极性溶剂,如甲醇、乙醇。本实验利用溶剂法从番茄酱中提取番茄红素,再用柱色谱分离得到番茄红素晶体。

仪器和试剂

仪器:见图2-26所示装置。

试剂:番茄酱50 g,石油醚25 mL,50 mL饱和NaCl溶液,50 mL 10% K_2CO_3溶液,50 mL水,丙酮,正己烷,无水硫酸镁,中性氧化铝。

实验步骤

1. 从番茄酱中提取番茄红素

在250 mL圆底烧瓶中称取50g番茄酱,加入25 mL石油醚和25 mL丙酮,混匀,浸泡番茄酱并搅拌20 min,静置,分层,取出上清液;重复萃取三次后合并萃取液,抽滤得黄色滤液,滤液依次用50 mL饱和NaCl溶液和50 mL 10% K_2CO_3溶液和50 mL水洗涤,无水硫酸镁干燥后得橙黄色溶液,在旋转蒸发仪上(不加热)除去大部分溶剂后,得深红色浓缩液。

2. 分离纯化番茄红素

湿法装好 Al_2O_3色谱柱后,用铝箔包住柱子[1],将上步所得深红色浓缩液进行柱色谱分离。先用正己烷洗脱,下层为浅黄色,中层为红色。将下层洗脱出来以后,改用正己烷:丙酮(10:1)的洗脱剂洗脱,收集橙红色洗脱液。洗脱液经旋转蒸发仪浓缩后用铝箔包住[1],置于冰盐浴中冷却至番茄红素晶体析出[2],抽滤,称重。

注释

[1]光照会加速番茄红素的异构化或氧化降解,因此使用铝箔隔绝光线。

[2]析出的番茄红素为深红色固体,固体产品比在溶液状态下稳定性更好。

思考题

(1)色谱柱中有气泡会对分离带来什么影响?如何除去气泡?

(2)实验中为什么选择用铝箔包住色谱柱?

实验 4-4　银杏叶中黄酮类有效成分的提取

实验目的

(1)学习从银杏叶中提取黄酮的原理和方法。

(2)了解大孔吸附树脂的特征和在生化分离中的应用。

预习提示

(1)预习从天然产物银杏叶中提取黄酮的原理和方法。

(2)本实验采用什么方法提取黄酮?此方法有何特点?

(3)大孔吸附树脂如何进行预处理?如何装柱?

实验原理

银杏是银杏科银杏属落叶乔木,银杏叶中含有多种生理活性成分,作为药用已经有几十年的历史。其中黄酮类化合物是重要的生理活性物质,具有保肝护肝、预防治疗心血管疾病、抗氧化、抗衰老等作用。我国以银杏提取物为原料制成的药物制剂、保健食品、化妆品畅销国内外市场。

银杏叶中含有多种成分,包括总黄酮苷类、萜类、烃基酚类、多烯醇类以及生物碱、糖、淀粉、蛋白质和无机盐。上述成分很多性质相近,分离纯化十分困难,国内外均采取从银杏叶中分离出总黄酮苷和总萜内酯等有效成分的方法。提取黄酮类化合物的方法主要包括水浸取法、有机溶剂浸提法、超声波提取法、超临界流体萃取法、微波提取法和酶提取法等。目前国内外使用最广泛的银杏叶中黄酮的提取方法是有机溶剂提取法,一般可用乙酸乙酯、丙酮、乙醇、甲醇或某些极性较大的混合溶剂。有机溶剂浸取法中,乙醇浸取的效率高且无毒。大孔吸附树脂属于高分子聚合物树脂,是由聚合单体和交联剂、致孔剂、分散剂等添加剂经聚合反应制备而成。大孔吸附树脂的吸附性不仅取决于其多孔网状型结构,还与大孔树脂的极性和各种功能基团相关。具有吸附选择性高、再生简单以及稳定性好的优点,可采用水、有机溶剂、酸碱溶液对被吸附物质进行洗脱,使用方便。本实验采取乙醇萃取得到粗提物,再用大孔吸附树脂精制。

仪器与试剂

仪器：见图2-2和图2-26所示装置。

试剂：银杏叶粉末25 g，60%的乙醇130 mL，D101大孔吸附树脂，无水乙醇。

实验步骤

1. 黄酮类粗产物的提取

称取干燥的银杏叶粉末25 g，放入索式提取器的滤纸筒内[1]，圆底烧瓶中加入130 mL 60%的乙醇，连续提取2～3 h，直至银杏叶颜色变浅，停止提取。将装置改为蒸馏装置（注意补加沸石），蒸去大部分溶剂[2]，得到棕黑色银杏粗提取物。

2. 粗产物的精制

将D101大孔吸附树脂预处理并充分吸涨后进行装柱[3]，并在柱顶加少量石英砂。将样品溶液从柱的上端以较快速度加入，待样品完全上柱后，用无水乙醇进行洗脱[4]，并在下端收集洗脱液。将洗脱下来的样品进行浓缩、干燥，得到精制的黄酮提取物，称重。

本实验约需7 h。

注释

[1]索式提取器中的滤纸筒应紧贴内壁并低于虹吸管。装银杏叶粉末时严防漏出，以免堵塞虹吸管。

[2]回收乙醇时不可蒸得太干，否则不易转移，增大损失量。

[3]在装柱时必须防止气泡、分层及液面在树脂表面以下的现象发生。

[4]一直保持流速缓慢以加强吸附性。

思考题

(1)不同时期的银杏叶中黄酮含量是否一致？

(2)查阅资料，了解黄酮类化合物的药用功能。

(3)本实验中溶剂提取法有什么优点和缺点？

(4)大孔树脂柱层析的分离原理是什么？常用的大孔树脂有哪些类型？各自的使用范围如何？

实验4-5 从槐花米中提取芦丁

实验目的

(1)学习利用碱提酸沉的方法从槐花米中提取芦丁。

(2)巩固趁热过滤及重结晶等基本操作。

预习提示

(1)查阅相关资料，了解从槐花米中提取芦丁的常用方法。

(2)自学利用酸碱调节法提取中药活性成分的原理。

(3)复习趁热过滤及重结晶等基本操作。

实验原理

芦丁(rutin)又名芸香苷，广泛存在于植物界中，现已发现含芦丁的植物有70种以上，如烟叶、槐花、荞麦和蒲公英中均含有。尤以槐花米（含量可达12～16%）和荞麦（约含8%）中含量最高，可作为大量提取芦丁的原料。槐花米为豆科植物槐树的干燥花蕾，味苦性凉，具清热、凉血、止血之功效。芦丁具有维生素P样作用，可降低毛细血管前壁的脆性和调节渗透性，有助于保持及恢复毛细血管的正常弹性，临床上用作毛细血管脆性引起的出血症，并常用作防治高血压病的辅助治疗药物。

芦丁是由槲皮素3位上的羟基与芸香糖（葡萄糖与鼠李糖组成的双糖）脱水合成的苷，为浅黄色粉末或极细的针状结晶。含有3分子结晶水的芦丁熔点为174～178 ℃，无水芦丁的熔点为188 ℃。冷水中的溶解度为1∶8 000；热水中的溶解度为1∶200；冷乙醇中的溶解度为1∶650；热乙醇中的溶解度为1∶60；冷吡啶中的溶解度为1∶12。不溶于苯、乙醚、氯仿、石油醚、丙酮、乙酸乙酯等溶剂，易溶于碱液而呈黄色，酸化后复析出，可溶于浓硫酸和浓盐酸，呈棕黄色，加水稀释复析出。

本实验是利用芦丁易溶于碱性水溶液，溶液经酸化后芦丁又可析出的性质进行提取和精制的。芦丁的结构示意图如下：

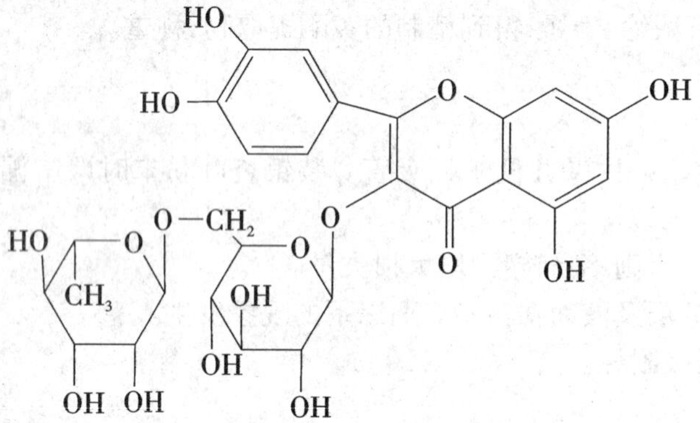

芦丁（rutin）

仪器和试剂

仪器：见图2-9（c）减压过滤装置。

试剂：槐花米15 g，饱和石灰水，15%盐酸。

实验步骤

称取15 g槐花米于研钵中研成粉状物，置于250 mL烧杯中，加入100 mL饱和石灰水溶液[1]，于石棉网上加热至沸腾，并不断搅拌，煮沸15 min后，抽滤。滤渣再用100 mL饱和石灰水溶液煮沸10 min，抽滤。合并两次滤液，然后用15%盐酸（约需3 mL）中和，调节pH为3～4[2]。放置1～2 h，待沉淀完全后抽滤，沉淀用水洗涤2～3次，制得芦丁粗产品。

将制得的粗芦丁置于250 mL烧杯中，加水100 mL，于石棉网上加热至沸腾，不断搅拌并慢慢加入约30 mL饱和石灰水溶液，调节溶液的pH为8～9，待沉淀溶解后趁热过滤[3]。滤液置于250 mL的烧杯中，用15%盐酸调节溶液的pH值为4～5，冷却静置30 min，芦丁以浅黄色结晶析出。抽滤，产品用水洗涤1～2次，烘干，称重，计算收率。

图4-3为芦丁的红外光谱，图4-4是芦丁的核磁共振碳谱。

本实验约需4 h。

注释

[1]芦丁分子中具有酚羟基，显弱酸性，能与碱成盐而增大溶解度。加入饱和石灰水还可以除去槐花米中大量多糖黏液质。

[2] pH值过低会使芦丁形成不稳定的盐而增加水溶性，降低收率。

[3]操作要迅速,防止溶液冷却后晶体析出。

思考题

(1)为什么可用碱法从槐花米中提取芦丁?

(2)在一开始用酸调节 pH 值时,如果加入的盐酸过量,pH 值小于 3 ~ 4,请问对实验会产生什么后果?为什么?

(3)根据这个实验,请总结出用酸碱调节法提取中药活性成分的适用条件及一般原理。

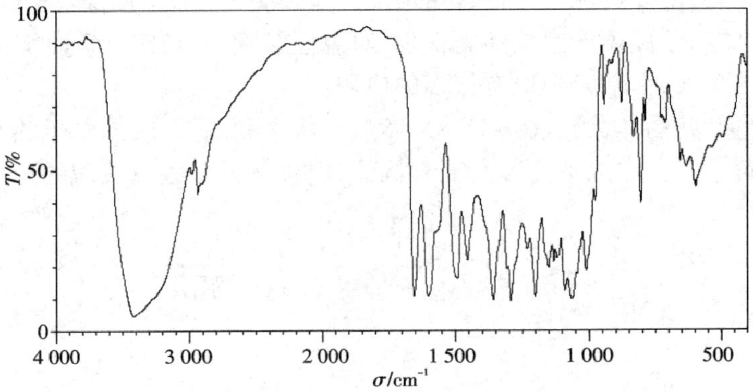

图 4-3　芦丁的红外光谱

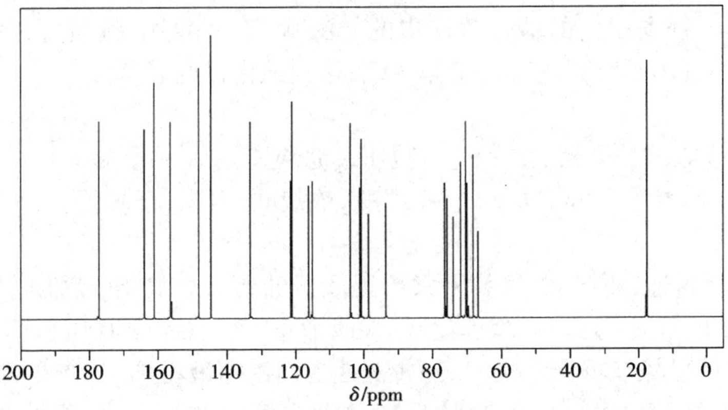

图 4-4　芦丁的核磁共振碳谱

实验 4-6　从黄连中提取黄连素

实验目的

(1)学习从中草药黄连中提取生物碱的原理和方法。

(2)进一步掌握索氏提取器的使用方法,巩固减压过滤操作。

预习提示

(1)查阅相关资料,了解黄连素的结构特点和提取分离方法。

(2)复习索氏提取器、减压蒸馏的相关知识及操作。

(3)什么是重结晶？重结晶的用途和使用范围是什么？

(4)了解黄连素的应用及结构鉴定方法。

实验原理

黄连为多年生草本植物，是我国名产中药药材之一，并且享有“中药抗生素”的美称。其根茎中含有多种生物碱，如小檗碱(黄连素)、甲基黄连碱、棕榈碱等。随野生和栽培及产地的不同，黄连中黄连素的含量在4%～10%。其他如黄柏、伏牛花、白屈菜、南天竹等植物也可作为提取黄连素的原料，但以黄连与黄柏含量最高。黄连为清热类的药物，味极苦，性寒，具有清热燥湿、泻火解毒的功效。黄连素抗菌力很强，对急性结膜炎、口疮、急性细菌性痢疾、急性肠胃炎等均有很好的疗效，在临床中也有较多的应用。

黄连素是黄色针状晶体，熔点为145 ℃，微溶于冷水和乙醇，较易溶于热水和热乙醇中，几乎不溶于乙醚。黄连素存在以下三种互变异构体，但自然界多以季铵碱的形式存在。

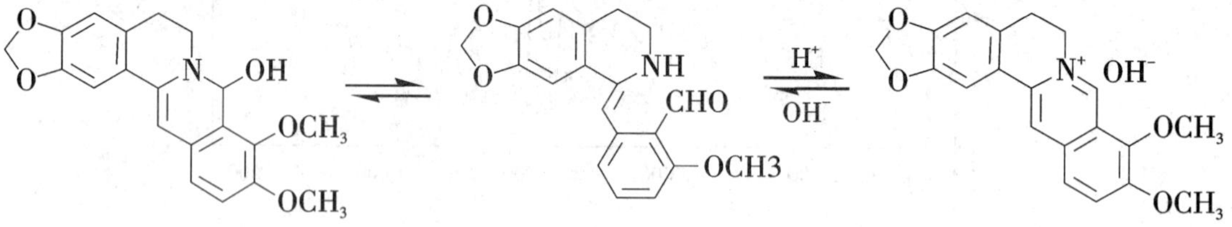

（醇式）　　　　（醛式）　　　　（季铵碱式）

从黄连中提取黄连素，往往采用适当的溶剂(如乙醇、水、硫酸等)在索式提取器中连续抽提，然后浓缩，酸化，得到相应的盐。黄连素的盐酸盐、氢碘酸盐、硫酸盐、硝酸盐均难溶于冷水，易溶于热水，故可用水对其进行重结晶，从而达到纯化目的。

仪器与试剂

仪器：见图2-2索式提取器，图2-9(c)减压过滤装置。

试剂：黄连10 g，95%乙醇100 mL，1%醋酸，浓盐酸，丙酮，石灰乳。

实验步骤

称取10 g中药黄连，研碎磨烂，装入索氏提取器的滤纸套筒内，烧瓶内加入100 mL 95%的乙醇，加热萃取2～3 h，直至回流液体颜色很淡为止[1]。在水泵减压下蒸馏，回收大部分乙醇，至瓶内残留液体呈棕红色糖浆状[2]，停止蒸馏。向浓缩液里加入1%的醋酸(30～40 mL)，加热溶解后趁热抽滤，除掉固体杂质，然后向滤液中滴加浓盐酸[3]，至溶液混浊为止(约需10 mL)。冷却降至室温后即有黄色针状的黄连素盐酸盐析出[4]，抽滤，结晶用冰水洗涤两次，再用丙酮洗涤一次，干燥，可得黄连素盐酸盐的粗产品。

将粗产品放入100 mL烧杯中，加热水至刚好溶解，煮沸，用石灰乳调节pH = 8.5～9.8[5]，冷却滤除杂质，滤液继续冷却至室温以下，即有黄色晶体析出，抽滤，滤渣用少量冷水洗涤两次，得到纯净的黄连素晶体。干燥后称重，计算收率。

黄连素的红外光谱和核磁共振氢谱见图4-5和图4-6。

本实验约需6 h。

注释

[1]黄连素的提取回流要充分。

[2]不可蒸干。

[3]滴加浓盐酸前不溶物要去除干净，否则影响产品的纯度。

[4]最好用冰水浴冷却。

[5]用精密试纸认真比对。

思考题

(1)影响黄连素提取产率的因素有哪些？列举进一步提高产率的方法。

(2)黄连素为何种生物碱类化合物？实验中是根据什么原理来提取黄连中的黄连素的？

(3)为何要用石灰乳来调节 pH？用强碱(如氢氧化钠)行不行？为什么？

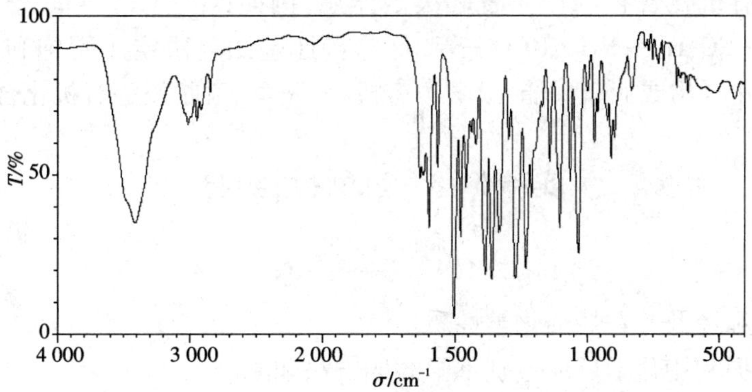

图 4-5　黄连素的红外光谱

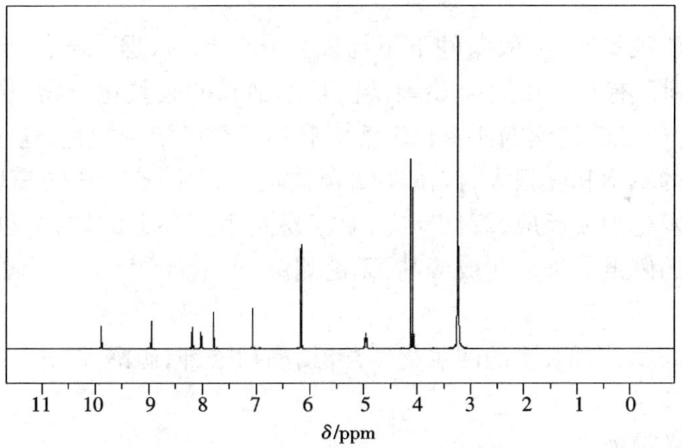

图 4-6　黄连素的核磁共振氢谱

第五部分　有机化合物的基本化学性质及鉴定

有机化学反应大多数为分子反应，分子中直接发生变化的部分一般都局限在特性基团上，因此，特性基团对有机化合物的性质着起决定作用，例如：C ═C、C≡C、—X、—OH、—CHO、—COOH、—NO_2、—SO_3H、—NH_2、RCO—等，这些特性基团就决定了不饱和烃、卤代烃、醇或酚、醛、羧酸、硝基化合物或亚硝酸酯、磺酸类有机物、胺类、酰胺类等有机化合物的化学性质。

实验 5-1　烃的性质实验

实验目的

（1）掌握不饱和烃及芳香烃的化学性质。

（2）学习和掌握利用化学反应鉴别不同烃的方法和原理。

预习提示

预习不饱和烃以及芳香烃的化学性质。

实验原理

烷烃的化学性质很稳定，一般条件下不易发生化学反应，但在光照条件下能发生取代反应。烯烃和炔烃分别含有 C ═C 键和 C≡C 键，是不饱和的碳氢化合物，易于发生加成和氧化反应。因此，烯烃和炔烃能使溴的四氯化碳溶液和高锰酸钾溶液褪色，这一现象可以作为特性鉴定反应。芳香烃的不饱和度很大，但由于闭合共轭体系中 π 电子的离域使整个分子稳定，在一般条件下很难发生加成反应、氧化反应，而容易发生芳环上的取代反应，如卤代、硝化、磺化等反应。芳环上的侧链易被氧化成羧基，无论侧链的长短都生成苯甲酸。

试剂

环已烷，环已烯，苯，甲苯，溴的四氯化碳溶液，高锰酸钾，硫酸，20% 发烟硫酸。

实验方法

1. 溴的四氯化碳溶液实验

取 4 支洁净的小试管，各加入 1 mL 环已烷、环已烯、苯、甲苯，再分别逐滴加入 3% 溴的四氯化碳溶液 10 滴，边加边摇动试管，观察并记录现象。将没有褪色的试管放在强光下照射几分钟，观察并记录现象。

2. 高锰酸钾溶液氧化实验

于 4 支洁净的小试管中分别加入苯、甲苯、环已烯、环已烷各 1 mL，再分别加入 0.5% 高锰酸钾溶液 10 滴和 6 mol/L 硫酸溶液 3 滴，振摇，必要时在 60 ~ 70 ℃水浴上加热几分钟，观察并记录现象。

3. 发烟硫酸实验

取 2 支干燥洁净的小试管，各加入 1 mL 20% 发烟硫酸，分别逐滴加入 0.5 mL 苯、环已烷，用力摇动试管，观察现象并记录。

实验 5-2　卤代烃的性质实验

实验目的

(1)掌握卤代烃的主要化学性质。

(2)进一步加深理解卤代烃结构与反应活泼性的关系。

预习提示

预习卤代烃的化学性质。

实验原理

亲核取代反应是卤代烃的主要化学性质。

在卤代烃的亲核取代反应中,由于底物的组成和结构不同以及反应条件的差异和亲核试剂的强弱等因素,而使其反应历程有单分子亲核取代反应(S_N1)和双分子亲核取代反应(S_N2)之分。由于反应历程不同,各类卤代烃的化学活性也不同。

在单分子亲核取代反应中,各类卤代烃的化学活性次序是:

叔卤代烃 > 仲卤代烃 > 伯卤代烃

在双分子亲核取代反应中,各种卤代烃的化学活性次序是:

伯卤代烃 > 仲卤代烃 > 叔卤代烃

另外还有两种化学活性次序:

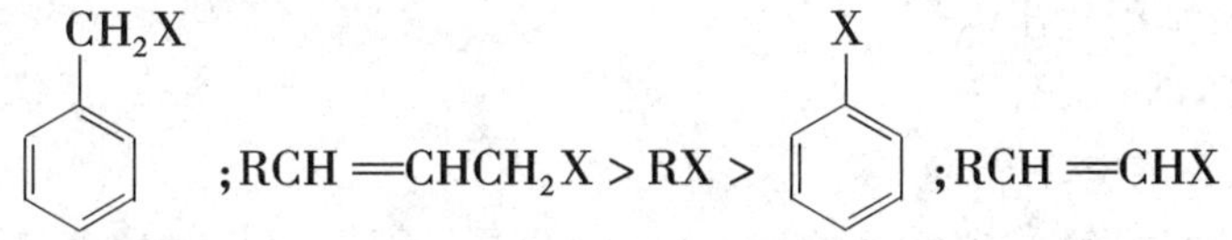

RCl < RBr < RI

以卤代烃与硝酸银的乙醇溶液迅速反应为例:烯丙式卤代烃 $CH_2═CHCH_2X$ 与苄式卤代烃 —CH_2X 中均能在室温下与硝酸银的乙醇溶液迅速反应,生成卤化银沉淀:

$$RX + AgONO_2 \longrightarrow RONO_2 + AgX\downarrow$$

叔卤代烷与硝酸银的反应也很快,伯卤代烷及仲卤代烷须在加热时才能生成沉淀,但烯式卤代烃 $CH_2═CHX$ 及苯式卤代烃 —X 即使在加热时也不发生反应。这两类卤代烃也很难发生其他的亲核取代反应。

试剂

1-氯丁烷,2-氯丁烷,叔丁基氯,氯苯,苄氯,1% 硝酸银乙醇溶液,1 mL 15% 碘化钠丙酮溶液。

实验方法

1. 卤代烃与硝酸银乙醇溶液的反应

取 5 支干燥洁净的试管,分别加 3 滴 1-氯丁烷、2-氯丁烷、叔丁基氯、氯苯和苄氯。然后,在每支试管里各加 1 mL 1% 硝酸银乙醇溶液。边加边摇动试管,注意每支试管里是否有沉淀出现,记下出现沉淀的时间。大约过 5 min 后,再把没有出现沉淀的试管放在水浴里加热至微沸,要注意观察这些试管里有没有沉淀出现并记下出现沉淀的时间。如何解释本实验所发生的现象？

2. 卤代烃与碘化钠丙酮溶液反应

取5支干燥洁净的试管，分别加3滴1-氯丁烷、2-氯丁烷、叔丁基氯、氯苯和苄氯。然后，在每支试管中各加1 mL 15%碘化钠丙酮溶液，边加边摇动试管，同时注意观察每支试管里的变化，记下产生沉淀的时间，大约过5 min后，再把没有出现沉淀的试管放在50 ℃水浴里加热（注意：水浴温度不要超过50 ℃，以免影响实验结果）。加热6 min后，将试管取出并冷却到室温。从加热到冷却都要注意观察试管里的变化并记下产生沉淀的时间。有没有沉淀的产生能说明什么问题？请从结构和反应历程上简单地予以解释。

实验5-3　醇和酚的性质实验

实验目的

(1)掌握醇、酚的主要化学性质。

(2)学习利用化学反应鉴定醇、酚的方法和原理。

预习提示

预习醇和酚的化学性质。

实验原理

1. 醇与金属钠反应生成醇钠和氢气

醇羟基有活泼氢，能与钠作用放出氢气：

$$2ROH + 2Na \longrightarrow 2RONa + H_2\uparrow$$

2. 伯醇或仲醇可使高锰酸钾溶液褪色

伯醇或仲醇能被重铬酸钾、高锰酸钾或铬酸（CrO_3 · 冰醋酸）等氧化剂氧化。叔醇在同样条件下不被氧化。

3. 分别与卢卡斯(Lucas)试剂反应鉴别伯、仲、叔醇

当醇与Lucas试剂（$ZnCl_2$的浓盐酸溶液）反应时，由于反应在浓酸和极性介质中主要按S_N1历程进行，叔醇立即反应，仲醇反应缓慢，而伯醇不起反应。对于6个碳以下的水溶性一元醇来说，由于生成的氯代烷不溶于Lucas试剂，成油状物析出，因此常用于6个碳以下伯、仲、叔醇的鉴别。

4. 碳数在10个以下的醇的鉴定

碳数在10个以下的醇与硝酸铈铵试剂作用生成琥珀色或红色配合物，可借此来鉴定10个碳以下的醇。

$$ROH + (NH_4)_2Ce(NO_3)_6 \longrightarrow \underset{\text{琥珀色或红色}}{(NH_4)_2Ce(OR)(NO_3)_5} + HNO_3$$

5. 大多数的酚能与三氯化铁的稀水溶液发生显色反应

不同的酚与氯化铁反应呈现不同的颜色。例如，苯酚、间苯二酚、1,3,5-苯三酚与氯化铁溶液作用，均显紫色；甲苯酚呈蓝色；邻苯二酚、对苯二酚呈绿色；1,2,3-苯三酚呈红色，α-萘酚为紫色沉淀，β-萘酚则为绿色沉淀等。此显色反应常用以鉴别酚类的存在。

试剂

无水乙醇，苯甲醇，正庚醇，正丁醇，仲丁醇，叔丁醇，1%苯酚，1%对苯二酚，三氯化铁

(1%),0.5% $KMnO_4$溶液,5% Na_2CO_3溶液,金属钠,Lucas 试剂,硝酸铈铵试剂。

实验方法

1. 醇钠的生成与水解

在一干燥试管中加入 1 mL 无水乙醇,投入一米粒大小的用滤纸擦干的金属钠,观察有何现象产生?待金属钠全部作用以后(若金属钠未作用完,加适量乙醇使其分解),于试管中加入 4 mL 水混合,用 pH 试纸试验溶液的酸碱性。

2. 醇的氧化反应

取 3 支试管,各加入 5 滴 0.5% $KMnO_4$溶液和 5 滴 5% Na_2CO_3溶液,然后分别加入 5 滴正丁醇、仲丁醇、叔丁醇。摇动试管。观察溶液颜色有何变化?

3. Lucas 试验

取 3 支干燥试管,分别加入 0.5 mL 正丁醇、仲丁醇、叔丁醇,然后各加入 1 mL Lucas 试剂,用棉花团塞住试管口,摇动后静置。溶液立即出现浑浊,静置后分层者为叔丁醇。如不见浑浊则在水浴中温热数分钟,振荡后静置,溶液慢慢出现浑浊,最后分层者为仲丁醇,不起作用者为正丁醇。

4. 硝酸铈铵试验

取 4 支试管,分别加入 5 滴无水乙醇、苯甲醇和正庚醇,然后各加 2 滴硝酸铈铵试剂,摇动试管,观察溶液颜色及状态变化。

5. 酚三氯化铁试验

取 2 支试管,分别加入 0.5 mL 1% 苯酚水溶液和 0.5 mL 1% 对苯二酚水溶液,再分别加入 1% 三氯化铁水溶液 1 ~ 2 滴,观察颜色变化情况。

实验 5-4　醛和酮的性质实验

实验目的

(1)掌握醛、酮的主要化学性质。

(2)学习利用化学反应鉴定醛、酮的方法和原理。

预习提示

预习醛、酮的化学性质。

实验原理

1. 醛、酮与羰基试剂反应

醛、酮同属羰基化合物,都能与羰基试剂 2,4-二硝基苯肼等发生亲核反应,例如:

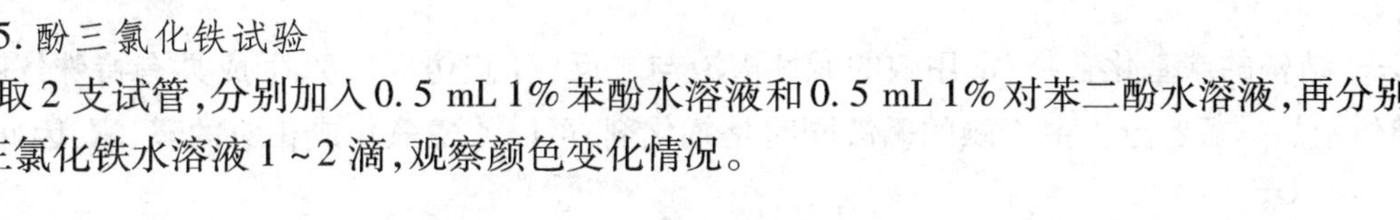

黄色

2. 醛能被一些弱氧化剂如托伦试剂、斐林溶液和西佛试剂等氧化

醛易氧化成酸,都能与托伦(Tollen)试剂——硝酸银氨溶液反应生成银镜。

$$RCHO + 2[Ag(NH_3)_2]OH \longrightarrow RCOONH_4 + 2Ag\downarrow + 3NH_3 + H_2O$$

与西佛(Schiff)试剂结合成紫红色的化合物，在醛与Schiff试剂结合成紫红色的化合物中加入无机酸时,这种紫红色的化合物发生分解，从而褪色。只有甲醛与Schiff试剂结合成紫红色的化合物加入无机酸时不褪色。酮类不发生此类反应。

醛类的进一步鉴别可通过斐林(Fehling)反应。Fehling试剂呈深蓝色,当与脂肪醛共热时,溶液颜色依次发生蓝→绿→黄→砖红色沉淀的变化。甲醛还可能进一步将氧化亚铜还原为暗红色的金属铜。芳香醛与Fehling试剂无此反应,借此可与脂肪醛区别。

$$RCHO + 2Cu(OH)_2 \longrightarrow RCOOH + Cu_2O\downarrow + 2H_2O$$

3. 与亚硫酸氢钠的加成

大多数醛、脂肪族甲基酮及8个碳以下的脂环酮能与亚硫酸氢钠($NaHSO_3$)饱和溶液(40%)发生加成反应,生成不溶于40% $NaHSO_3$的α-羟基磺酸钠白色结晶。此晶体溶于水,难溶于有机溶剂,并且此反应为可逆反应,生成的α-羟基磺酸钠与稀酸或稀Na_2CO_3溶液共热时,则分解为原来的醛或酮。因此,这一反应可用来区别纯化醛、脂肪族甲基酮及8个碳以下的脂环酮。

4. 碘仿反应

羰基化合物的另一重要反应是α-碳原子上活泼氢的反应。α-碳氢的σ键与碳氧间π键发生σ-π共轭,因此,醛、酮α-氢具有一定的活性。能进行α-卤代或卤仿反应,对具有 $CH_3\overset{\overset{\large O}{\|}}{C}—$ 结构的羰基化合物,常用碘的碱性溶液与之反应(碘仿反应),生成具有特殊气味的黄色碘仿结晶进行鉴定。由于碘的碱液同时是氧化剂,可以使醇氧化成相应的醛、酮,因此,具有结构 $CH_3\overset{\overset{\large OH}{|}}{C}H—$ 的醇也能进行碘仿反应。

$$CH_3\overset{\overset{\large O}{\|}}{C}CH_2CH_3 \xrightarrow{I_2 \cdot NaOH} CH_3CH_2COONa + \underset{\text{碘仿}}{CHI_3\downarrow}$$

试剂

甲醛,乙醛,乙醇,苯甲醛,正丁醛,丙酮,苯乙酮,2,4-二硝基苯肼,$AgNO_3$溶液,Fehling Ⅰ,Fehling Ⅱ,Schiff试剂,I_2-KI溶液。

实验方法

1. 2,4-二硝基苯肼试验

取3支试管,各加入1 mL 2,4-二硝基苯肼试剂,然后分别加入2滴乙醛水溶液、丙酮及苯乙酮。振荡后静置片刻。若无沉淀生成,可微热半分钟再振荡,冷却后有橙黄色或橙红色沉淀生成。

2. Tollen试验

取一支洁净的试管,加入2 mL 0.2 $mol \cdot L^{-1}$ $AgNO_3$溶液和0.5 mL 2.5 $mol \cdot L^{-1}$ NaOH溶液,试管里立即有棕黑色的沉淀出现,振荡使反应完全。然后边振荡边滴加2 $mol \cdot L^{-1}$氨水,直至生成的沉淀恰好溶解(不宜加多,否则影响试验的灵敏度),即得Tollen试剂。

将此溶液均分于3支洁净试管中,编号后分别加入2滴乙醛、丙酮、苯甲醛(勿摇动!)。

置于温水浴中加热 2 ~ 3 min，观察现象，有银镜出现者为醛类化合物。

3. Schiff 试验

取 3 支试管，各加入 1 mL Schiff 试剂，再分别加 2 滴丙酮、甲醛、乙醛。放置数分钟，观察其颜色变化。然后各加 4 滴浓硫酸，观察溶液颜色有何变化？

4. Fehling 试验

取 4 支试管，编号。各加入 0.5 mL Fehlin I 和 0.5 mL Fehlin II 溶液，混合均匀后，分别加 3 滴甲醛、乙醛、丙酮、苯甲醛。在沸水中加热数分钟，若有砖红色沉淀（Cu_2O）生成，表明试样为脂肪醛类化合物。

5. 碘仿试验

取 3 支试管，分别加入 3 滴正丁醛、丙酮、乙醇，再各加 0.5 mL 2.5 $mol \cdot L^{-1}$ NaOH。然后边振荡边滴加碘溶液，直到溶液中刚有碘存在（溶液呈红棕色）为止。观察有无黄色碘仿晶体析出。若没有黄色碘仿晶体析出，则将试管放入 60 ℃ 的温水浴中，再滴加碘液至有晶体析出，或刚产生的碘的棕色不再褪色（约 2 min）为止。有黄色晶体产生的为丙酮、乙醇。随后，嗅碘仿的特殊气味。

实验 5-5　胺的性质实验

实验目的

（1）学习胺的主要化学性质。

（2）学习利用兴斯堡（Hinsberg）反应区分伯、仲、叔胺的原理和方法。

预习提示

预习胺的化学性质。

实验原理

1. 胺的碱性

胺可看成是氨分子中的一个或几个氢原子被烃基取代而得到的衍生物，胺象氨一样，其水溶液呈碱性，与酸作用生成盐。

2. 兴斯堡（Hinsberg）反应

胺有伯、仲、叔之分。伯胺、仲胺、叔胺在酰化反应中，表现出不同的特点。（Hinsberg）反应就是利用这一特性来鉴别或分离伯胺、仲胺和叔胺的。

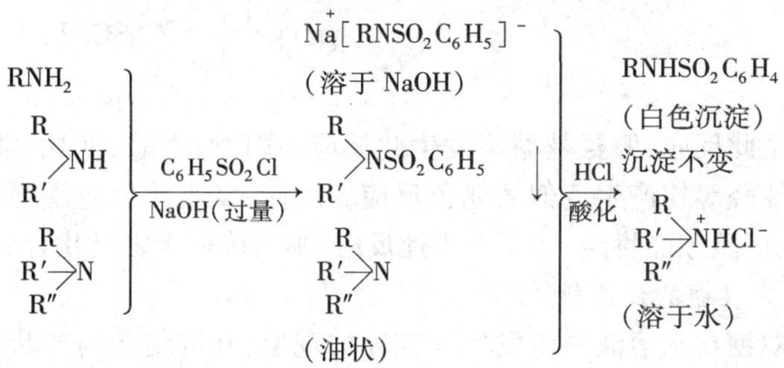

试剂

苯胺，N-甲基苯胺，N，N-二甲基苯胺，浓盐酸，苯磺酰氯，氢氧化钠，5% HCl 溶液。

实验方法

1. 胺的碱性试验

取一支试管,加1滴苯胺和0.5 mL水,摇动试管。观察苯胺是否溶解?然后滴加1~2滴浓盐酸,摇动试管,又有何现象?这说明什么?

2. Hinsberg 试验

取3支试管,编号。分别加入3~4滴苯胺、N-甲基苯胺、N,N-二甲基苯胺,再加入3 mL 2.5 mol·L^{-1} NaOH 及4~5滴苯磺酰氯。塞住试管口剧烈振荡,并在水浴中加热1~2 min,观察有何现象?待溶液冷却后,根据下列现象可判别芳香伯、仲、叔胺。

(1)若溶液中无沉淀析出,且用5% HCl 酸化至酸性后出现沉淀者为苯胺(伯胺)。

(2)若溶液中析出油状物和沉淀,且用5% HCl 酸化后亦不溶解者为N-甲基苯胺(仲胺)。

(3)若溶液中仍有油状物,加浓盐酸酸化后即溶解者为N,N-二甲基苯胺(叔胺)。

实验5-6　糖的性质实验

实验目的

(1)了解和掌握糖的性质。

(2)学习利用化学反应鉴定糖的方法和原理。

预习提示

预习糖的化学性质。

实验原理

糖类化合物按其结构是指多羟基醛、酮以及它们的缩聚物和某些衍生物。通常分为单糖、双糖和多糖。

1. Molisch 反应——α-萘酚试验

糖类化合物在浓硫酸作用下与酚类化合物能产生颜色反应。例如,糖与α-萘酚在浓硫酸作用下可生成紫色环(Molisch 反应)。这是因为糖类化合物与浓硫酸作用生成糠醛及其衍生物等,进一步与α-萘酚缩合生成紫色缩合物(紫色环)。

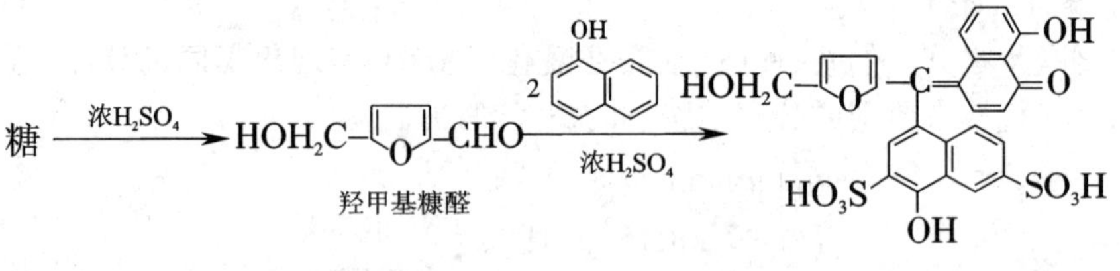

单糖、双糖、多糖一般都发生此反应,但氨基糖不发生此反应。丙酮、甲酸、乳酸、草酸、葡萄糖醛酸、各种醛糖衍生物、甘油醛等均产生近似的颜色反应。因此,发生此反应说明可能有糖存在,但仍需进一步进行其他试验才能肯定,而不发生此反应,则可确证无糖类化合物。

2. 单糖及含有半缩醛羟基的双糖的还原性

单糖及含有半缩醛羟基的双糖在水溶液中能发生互变异构现象,开链结构与环状结构具有一定的平衡。因此,具有还原性,也称为还原糖,能还原 Fehling 试剂、Benedict 试剂和 Tollen 试剂等弱氧化剂。

3. 成脎反应

糖能与过量的苯肼生成脎，生成的脎具有一定的熔点和晶形，根据糖脎的晶形和熔点可鉴别某些糖。

成脎反应只在 C_1 和 C_2 原子上发生，只要 C_1、C_2 以外的碳原子构型相同的糖都可以形成相同的糖脎。不同的糖脎化学结构不同，晶形、熔点和溶解度也各不相同。

不同的糖尽管可以形成相同的糖脎，但它的反应速度却不同，析出糖脎的时间也不相同。因此，用糖脎反应可以区别不同的糖。

麦芽糖在溶液冷却后析出沉淀，蔗糖不能生成脎，但长时间加热，蔗糖会被试剂中的酸水解，生成葡萄糖和果糖而生成脎。

在本实验条件下，各种糖脎的颜色、熔点、分解温度、糖脎析出时间和比旋光度如表 5-1 所示。

表 5-1　部分糖的糖脎性质一览表

糖	析出糖脎所需时间/min	糖脎结晶颜色	糖脎熔点或分解温度/℃	糖脎溶液的比旋光度
果糖	5	深黄色	204	-92
葡萄糖	10	深黄色	204	+52.5
麦芽糖	冷后析出	黄色		+129.0
蔗糖	30(转化生成)	黄色		+66.5

4. 多糖的水解

蔗糖、淀粉、纤维素等多糖都是非还原糖，它们不能使 Fehling、Tollen 等试剂还原。但它们在酸或酶的作用下可水解为单糖，故其水解液有还原性。纤维素的水解较淀粉困难，它溶于铜氨试剂，与混酸作用生成硝酸纤维素酯。淀粉遇碘生成蓝色，可作为淀粉的一种鉴别方法。

淀粉在酸性溶液中受热水解生成分子量比淀粉小的各种糊精，进而水解为麦芽糖、葡萄糖。其水解过程可用其与碘液作用所产生的颜色来判断。

淀粉 → 紫糊精 → 红糊精 → 无色糊精 → 麦芽糖 → 葡萄糖
(蓝色)　(紫色)　(红棕色)　(黄色)　(黄色)　(黄色)
　　　　　　　　　　　(碘液色)

最终水解产物为葡萄糖，显还原性。

试剂

葡萄糖(5%)，蔗糖(5%)，果糖(5%)，麦芽糖(5%)，淀粉(1%)，10% α-萘酚乙醇溶液，Fehling I，Feling II，$AgNO_3$ 溶液，苯肼试剂，I_2-KI 溶液。

实验方法

1. Molisch 反应——α-萘酚试验

取 4 支试管，编号，分别加 1 mL 5% 葡萄糖、5% 蔗糖、1% 淀粉、少许滤纸屑（加 1 mL H_2O），各滴入 2 滴 10% α-萘酚乙醇溶液，混合均匀后将试管倾斜 45 ℃，沿管壁再慢慢加入 1 mL浓 H_2SO_4（切勿摇动！），小心竖直试管，硫酸与糖溶液之间分为两层（下层为浓硫酸），静置 10 ~ 15 min，观察两液面之间是否有色环出现。如无色环出现，可将试管在热水浴中温热 3 ~ 5 min，切勿摇动！观察、记录各试管所出现色环的颜色。

2. Fehling 试验

取 4 支试管，编号。分别加 Fehling Ⅰ 和 Feling Ⅱ 试剂各 0.5 mL，混合均匀后于水浴中微热，分别加入 2 滴 5% 的葡萄糖、果糖、蔗糖、麦芽糖溶液，振荡后于热水浴中加热。观察颜色的变化及沉淀的生成，说明了什么？

3. Tollen 试验

取一支洁净的试管，加入 2 mL 0.2 mol · L^{-1} $AgNO_3$溶液和 0.5 mL 2.5 mol · L^{-1} NaOH 溶液。试管里立即有棕黑色的沉淀出现，振荡使反应完全。然后边振荡边滴加 2mol · L^{-1}氨水至生成的沉淀刚好全部溶解，即得 Tollen 试剂。

将此溶液均匀分置于 4 支洁净的试管中，分别加入 1 ~ 2 滴 5% 的葡萄糖、果糖、麦芽糖、蔗糖溶液，将各试管摇动均匀后，在室温下静置 5 ~ 10 min。如没有银镜形成，可将试管放入 60 ℃左右水浴 2 ~ 3 min（加热时间不可太久！），观察有无银镜出现。

4. 成脎反应

取 4 支试管，分别加入 1 mL 5% 的葡萄糖、蔗糖、果糖、麦芽糖和 1 mL 新配制的苯肼试剂，摇匀后取少量棉花塞住试管口（苯肼有毒，避免逸入空气中），同时放入沸水浴中加热。记录各试管中黄色晶体析出的时间。30 min 后将全部试管取出，自然冷却。用长滴管取少量晶体于载玻片上，再置于显微镜下观察其结晶形状。

5. 淀粉水解

在一试管中加入 1% 淀粉溶液 5 mL 和浓盐酸 6 滴，摇匀。于沸水浴中加热，每隔2 ~ 5 min 取出 1 滴淀粉水解液于点滴板上，加 1 滴 0.1% 碘溶液，注意观察其颜色变化，至不变色后继续煮沸 5 min，冷却后用 10% NaOH 溶液中和至弱碱性，取 1 mL 淀粉水解液于试管中，另取一支试管，加入 1 mL 未水解的 1% 淀粉溶液，在这两支试管中分别加入 4 滴 Fehling 试剂（Ⅰ、Ⅱ等体积混合液），摇匀后，同时放入沸水浴中加热 2 ~ 3 min，观察并记录现象。

第六部分　综合设计实验

实验 6-1　二苄叉丙酮的制备

实验目的

(1)掌握羟醛缩合反应制备 α,β-不饱和醛酮的原理。

(2)学习交叉羟醛缩合反应的设计方法。

(2)学习通过反应物的投料比控制生成产物的种类。

预习提示

(1)复习交叉羟醛缩合反应机理。

(2)复习重结晶提纯固体化合物的操作方法。

实验原理

两个具有活泼 α-氢的醛或酮分子在稀酸或稀碱的催化下发生缩合反应,生成 β-羟基醛或酮,若提高反应温度,则进一步失水生成 α,β-不饱和醛或酮,这种反应叫羟醛缩合反应。这是合成 α,β-不饱和羰基化合物的重要方法,也是有机合成中增长碳链的重要反应。

羟醛缩合分为自身羟醛缩合和交叉羟醛缩合两种。对于交叉羟醛缩合,如果一个是没有 α-活泼氢的芳醛与另一个有 α-活泼氢的醛或酮发生缩合,得到 α,β-不饱和醛或酮,这种交叉的羟醛缩合称为 Claisen-Schmidt 反应。这是合成侧链上含有双官能团芳香族化合物的重要方法,同时也可以用来制备含有多个苯环的脂肪族化合物。

本次实验通过苯甲醛和丙酮交叉羟醛缩合来制备二苄叉丙酮。因反应同时可能生成苄叉丙酮,通过控制反应物的投料比来增加二苄叉丙酮的含量。反应在碱性环境中进行,常用催化剂有碱金属氢氧化物、醇钠或仲胺。本次实验使用氢氧化钠水溶液。

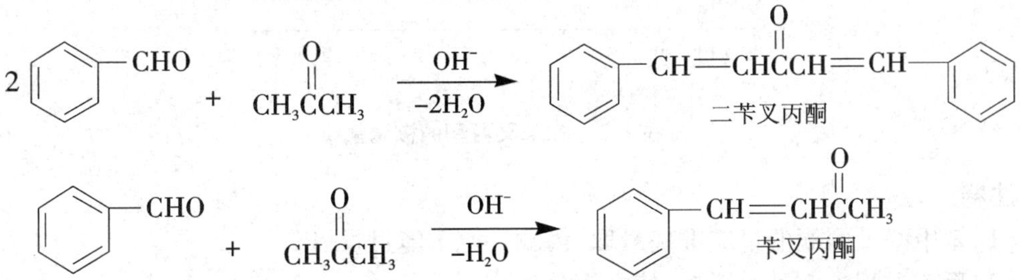

实验试剂

苯甲醛 2.6 mL(0.025 mol),丙酮 0.9 mL(0.0125 mol),32 mL 95% 乙醇,25 mL 10% 氢氧化钠水溶液,0.5 mL 冰醋酸,无水乙醇。

实验步骤

在 100 mL 单口瓶中依次加入 2.6 mL 新蒸馏的苯甲醛、0.9 mL 丙酮、20 mL 95% 乙醇和 25 mL 10% 氢氧化钠溶液[1],摇匀,安装磁力搅拌[2],室温下搅拌 20 min[3],得二苄叉丙酮粗品。抽滤,用水洗涤固体2次。取一锥形瓶,加入0.5 mL冰醋酸和12 mL 95%乙醇,混合均匀,倒入固体中浸泡洗涤,再抽滤,最后再用水洗涤一次,抽干[4]。

将固体转移到100 mL圆底烧瓶中用无水乙醇进行重结晶,并用活性碳脱色[5],将滤液用冰水冷却,析出淡黄色固体,抽滤,干燥[6],称重,产量约为2 g,测定熔点。

纯二苄叉丙酮为淡黄色松散的片状晶体。熔点110~111 ℃(113 ℃分解)。其红外谱图和核磁氢谱见图6-1和图6-2。

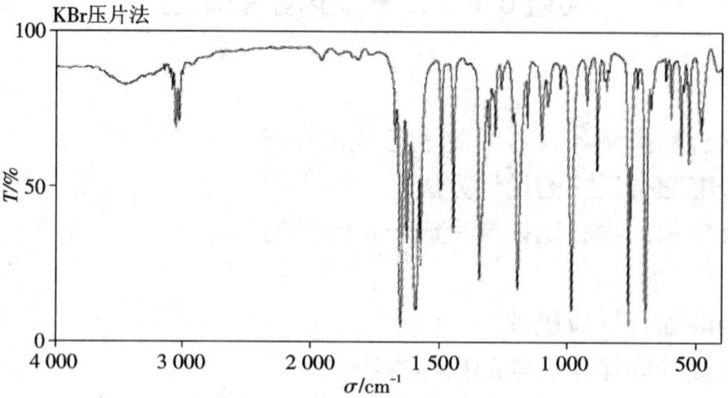

图6-1 二苄叉丙酮的红外光谱

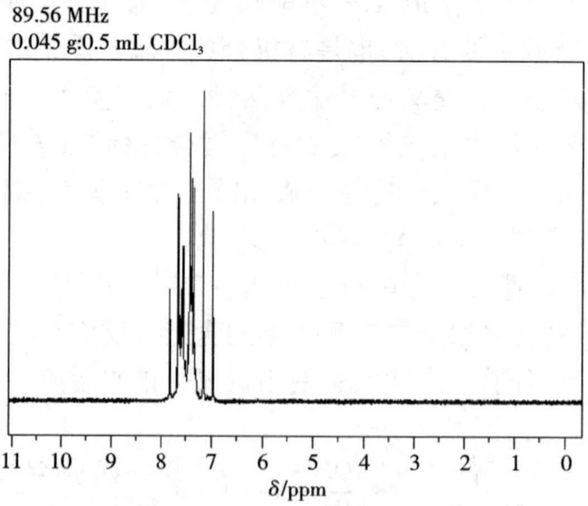

图6-2 二苄叉丙酮的核磁氢谱

注释

[1]苯甲醛及丙酮的量应准确量取,丙酮一定不能过量。

[2]反应过程中应不时搅拌,使之充分反应。

[3]反应温度不要太高,温度升高,副产物增多,产率下降。

[4]抽滤后,洗涤、浸泡都可在布氏漏斗上进行(拨去抽气管)。

[5]重结晶时,如果溶液呈棕红色,可加入少量活性炭脱色。

[6]烘干温度应控制在50~60 ℃,以免产品熔化或分解。

思考题

(1)本实验中可能发生的副反应有哪些?

(2)如果碱的浓度偏高,对反应有什么影响?

(3)如何控制原料配比,使之主要生成苄叉丙酮?

(4)叙述二苄叉丙酮用乙醇重结晶的方法。

(5)如果产物为红棕色,该如何处理?

实验 6-2　安息香的辅酶催化合成

实验目的

(1)学习安息香缩合反应的原理和应用。

(2)了解维生素 B_1的催化原理。

预习提示

(1)复习安息香缩合的机理。

(2)复习回流操作。

(3)复习红外光谱和核磁共振的相关知识。

实验原理

安息香缩合反应一般采用氰化钠(钾)作催化剂,两分子的苯甲醛发生分子间缩合反应生成二苯羟乙酮(Benxoin 安息香),称为安息香缩合。取代芳醛(如甲基苯甲醛、对甲氧基苯甲醛和呋喃甲醛等)也可发生类似的缩合。由于催化剂氰化物是剧毒品,对人体危害较大,使用极为不便。操作困难。20 世纪 70 年代,开始采用具有生物活性的辅酶维生素 B_1(简记为 VB_1)代替氰化物催化安息香缩合反应。反应条件温和、无毒且产率高。

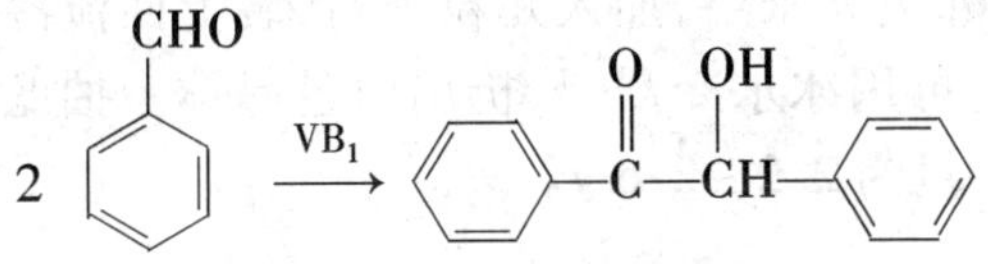

安息香

VB_1又叫硫胺素,是一种生物辅酶,它在生化过程中主要是对 α-酮酸的脱羧和生成偶姻(α-羟基酮)等酶促反应发挥辅酶的作用。VB_1的结构如下:

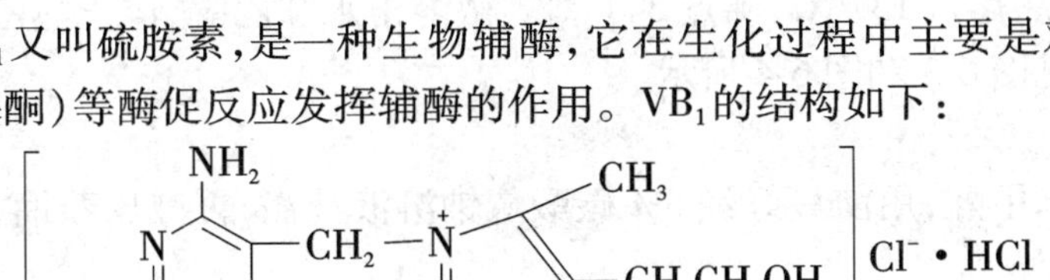

VB_1分子中噻唑环上的氢有较大的酸性,在碱的作用下易失去氢形成碳负离子,从而催化安息香缩合反应。机理如下:

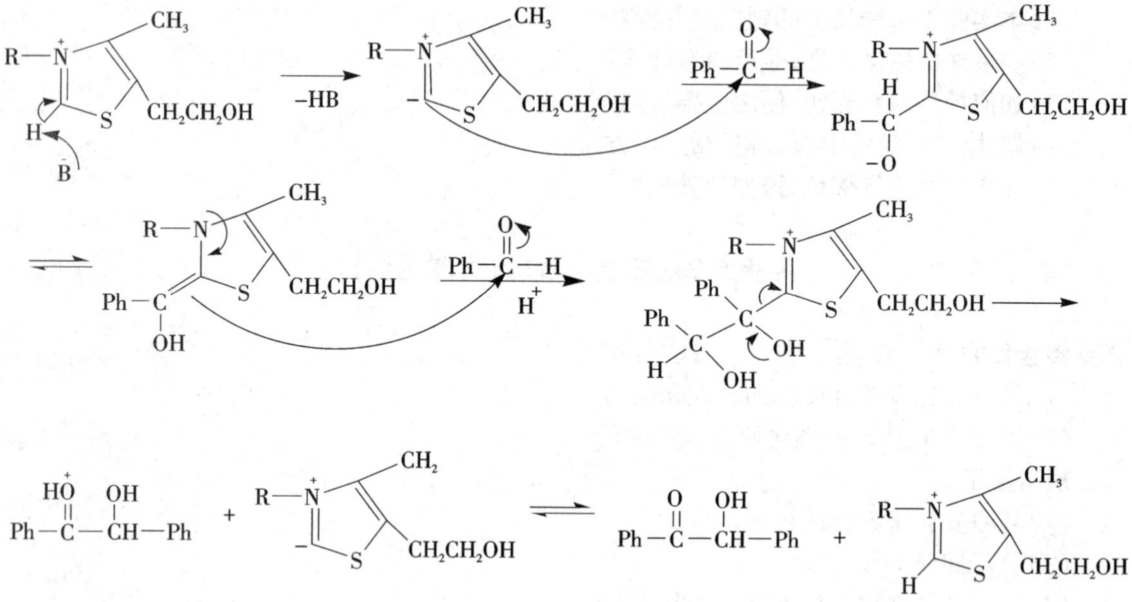

实验试剂

维生素 B_1 1.2 g，苯甲醛（新蒸）5.8 g（5.6 mL，0.055 mol）[1]，95% 乙醇，10% 氢氧化钠溶液，精密试纸（pH = 8.9 ~ 10）。

实验步骤

在 50 mL 圆底烧瓶中，加入 1.2 g VB_1、3 mL 水和 8 mL 95% 乙醇，混匀。在冰浴冷却下，逐滴加入 2 mL 10% 氢氧化钠溶液，再加入 5.8 g 苯甲醛，摇匀，用 10% 氢氧化钠溶液调节 pH 在 9.4 ~ 9.6[2]，溶液的颜色逐渐呈淡黄色。除去冰水浴，加入几粒沸石，装上回流冷凝管，小火加热微沸 1.5 h。反应混合物冷至室温后，再用冰水冷却[3]，析出白色晶体。抽滤，用少量冷水洗涤。粗产品用 95% 乙醇重结晶[4]。产量为 2.2 ~ 2.6 g。

本实验约需 5 h。

纯安息香为白色针状结晶，熔点 137 ℃，沸点 344 ℃。微溶于水和乙醚，溶于热乙醇。它的红外谱图和核磁共振氢谱见图 6-3 和图 6-4 所示。

注释

[1] 苯甲醛中不能含有苯甲酸，用前最好经 5% 碳酸氢钠溶液洗涤，再减压蒸馏，避光保存。

[2] VB_1 在酸性条件下稳定，但易吸水，在水溶液中易被空气氧化失效，另外光及 Cu、Fe、Mn 等金属离子均可加速氧化；在氢氧化钠溶液中噻唑环易开环失效。因此，反应前 VB_1 溶液和氢氧化钠溶液必须用冰水冷透。

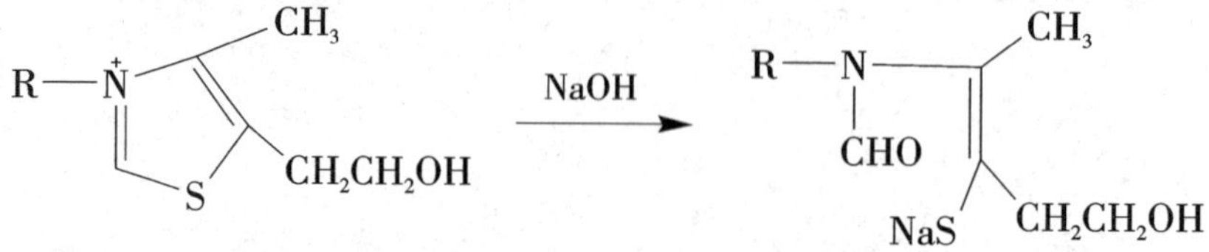

[3] 如果冷却太快，产物易呈油状析出，此时可重新加热溶解，再慢慢冷却，重新结晶。

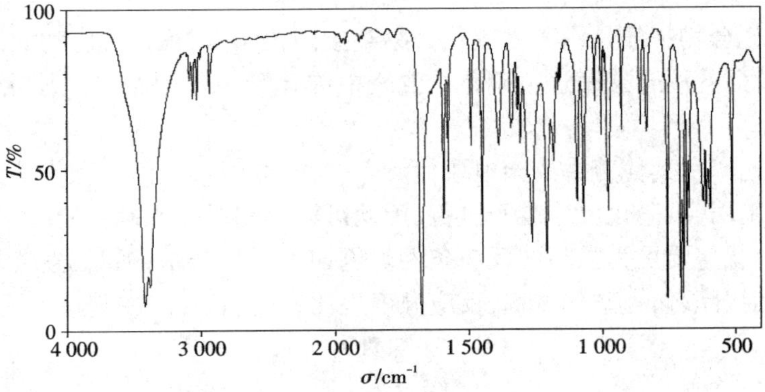

图 6-3　安息香的红外光谱

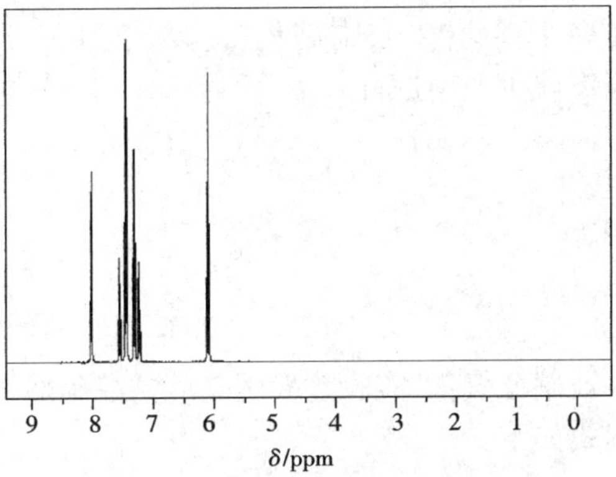

图 6-4　安息香的核磁氢谱

[4]安息香在沸腾的 95% 乙醇中的溶解度为每 100 mL 溶解 12 ~ 14 g。

思考题

(1)为什么加入苯甲醛后,反应混合物的 pH 要保持在 9.4 ~ 9.6？溶液 pH 过低有什么不好？

(2)苯甲醛为何要新蒸？如用没有新蒸的苯甲醛对实验有何影响？

实验 6-3　邻硝基苯酚和对硝基苯酚的合成与分离

实验目的

(1)学习芳香族化合物硝化反应的理论和方法。

(2)了解水蒸气蒸馏的原理和意义。

(3)掌握水蒸气蒸馏的操作步骤。

预习提示

(1)复习芳香族化合物亲电取代反应的机理。

(2)复习芳香族化合物硝化反应的方法。

(3)复习水蒸气蒸馏法分离混合物的原理和操作。

实验原理

芳香族硝基化合物一般是由芳香族化合物直接硝化制得，根据反应物的活性，可以用稀硝酸、浓硝酸和浓硫酸的混合酸来进行硝化。混酸中浓硫酸的作用主要是催化硝基正离子的生成，提高反应速率。

硝化反应的速率和其他芳香族亲电取代反应一样，受芳环上已有取代基团的影响，芳环上如已有一个钝化基团，再硝化反应难于进行，因此可以控制在一元硝化阶段。如果要在苯环上引入第二个硝基，就需要更为强烈的反应条件。例如用硝基苯制备间二硝基苯，通常使用发烟硝酸和浓硫酸的混合酸作为硝化试剂，反应温度也比较高。

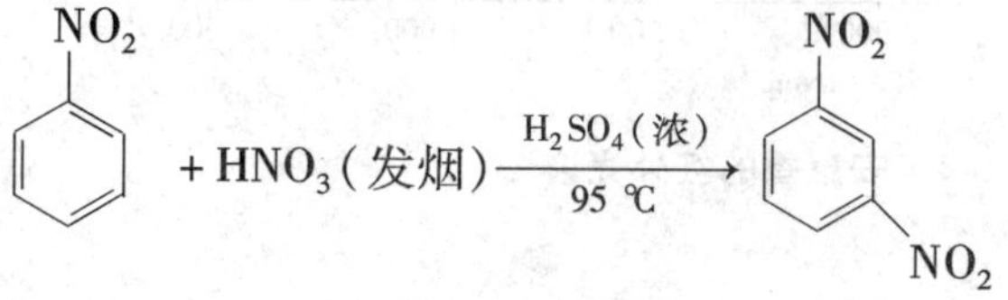

相反，如果芳环上已有一个活化基团，则硝化反应易于进行。如苯酚的硝化比苯容易得多，只需要用稀硝酸在室温下就可顺利进行。

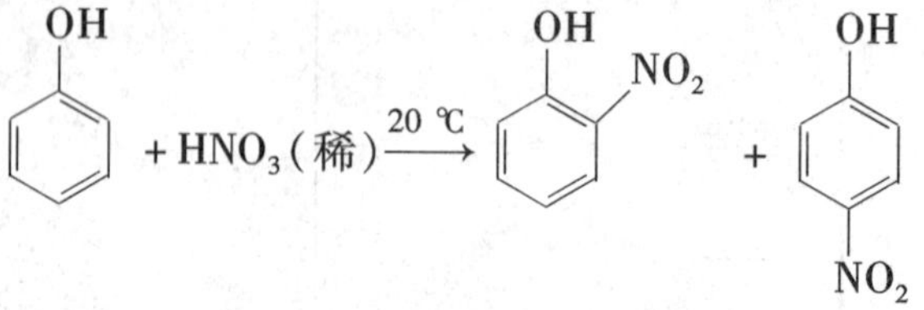

由于苯酚活性较高，易被硝酸氧化，实验室多用硝酸钠或硝酸钾和稀硫酸的混合物代替稀硝酸以提高收率，反应方程式如下：

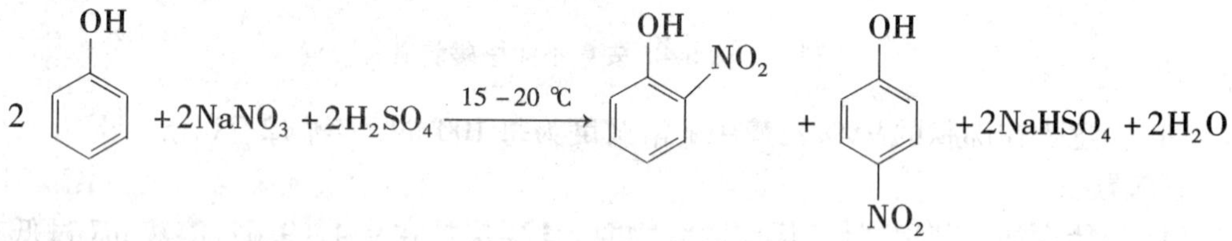

反应生成邻硝基苯酚和对硝基苯酚混合物。由于邻硝基苯酚能通过分子内氢键形成六元螯合环，而对硝基苯酚只能通过分子间氢键形成缔合体。因此，邻硝基苯酚沸点较对硝基苯酚低，并且在水中的溶解度前者比后者低很多，从而能够采用水蒸气蒸馏将二者分离。

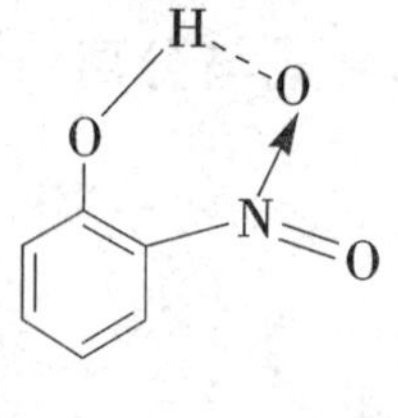

邻硝基苯酚（分子内氢键）

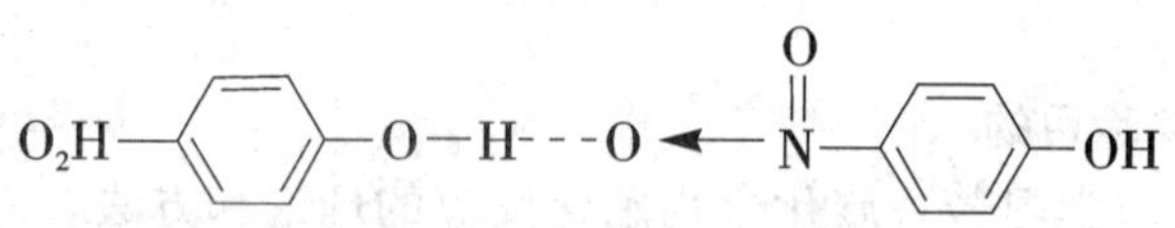

对硝基苯酚（分子间氢键）

实验试剂

苯酚 4.7 g(0.05 mol)，硝酸钠 7 g(0.08 mol)，浓硫酸($d=1.84$)11 g(6 mL，0.11 mol)，浓盐酸 3 mL，活性炭。

实验步骤

1. 粗产物制备

(1)在 100 mL 三口烧瓶中加入 20 mL 水,冷水浴冷却下,慢慢加入 6 mL 浓硫酸,同时不断振荡,混匀后,再加入 7 g 硝酸钠,摇匀,将烧瓶置于冷水浴中冷却。

(2)在小烧杯中加入 4.7 g 苯酚和 1 mL 水,温热搅拌使其溶解[1],冷却后倒入滴液漏斗中,并将滴液漏斗安装到三口瓶上,在振荡下滴加苯酚水溶液,用冰水浴将反应温度维持在 15~20 ℃[2]。

(3)苯酚滴加结束后,放置 0.5 h,并间歇振荡烧瓶,使反应完全。此时得到黑色焦油状物质,用冰水冷却,使油状物凝成固体。小心倾去酸液,固体用水以倾析方法洗涤数次,以除净残存的酸[3]。

2. 分离

(1)安装水蒸气蒸馏装置,对油状混合物进行水蒸气蒸馏,直到冷凝管中无黄色油滴馏出为止[4]。

(2)将馏出液冷却过滤,收集浅黄色晶体,即得邻硝基苯酚产物。凉干后称量,测熔点并计算产率[5]。

(3)向水蒸气蒸馏后的残余物中加水至总体积为 50 mL,并加入 3 mL 浓盐酸和 0.5 g 活性炭,煮沸 15 min,热抽滤,滤液冷却,析出对硝基苯酚。干燥后称重,测熔点并计算产率[6]。

(4)如果实测熔点偏低,可以用乙醇-水混合溶剂对产物进行重结晶。将硝基苯酚转移至圆底烧瓶中,加少量乙醇,安装回流冷凝管,加热回流,逐渐补加乙醇直到产物全部溶解于沸腾的乙醇中,然后逐滴加入热水(60 ℃左右),直到乙醇溶液中正好出现混浊为止。再加几滴乙醇,使混浊液刚好澄清,静置冷却至室温,过滤即得产物,晾干后测熔点。

注释

[1]苯酚的熔点为 41 ℃,室温下呈固态。苯酚中加入少许水可降低熔点,使其在室温下即呈液态,有利于滴加和反应。

苯酚对皮肤有较大的腐蚀性,若不慎触及皮肤,应立刻用肥皂和水冲洗,再用酒精棉擦洗至无苯酚味道为止。

[2]反应温度对苯酚的硝化影响很大。当温度超过 20 ℃,硝基酚可能发生进一步硝化或氧化,使产量降低。当温度偏低,又将减缓反应速度。酚与酸不互溶,故反应过程应不断振荡,使其充分接触,达到反应完全。

[3]反应瓶在冰水中冷却,促使油状物凝成固体,便于洗涤。若有残余酸存在,则在水蒸气蒸馏过程中,硝基苯酚会因长时间高温受热而发生进一步硝化或氧化。因此一定要洗净粗产物中的残酸。

[4]在水蒸气蒸馏过程中,黄色的邻硝基苯酚晶体会附着在冷凝管内壁上,可以通过间歇关闭冷却水的方法,使热蒸汽将其熔化而流出。

[5]邻硝基苯酚熔点为 45 ℃,有特殊的芳香气味,容易挥发,应保存在密闭的棕色瓶中。其红外光谱与核磁氢谱见图 6-5 和图 6-6。

[6]对硝基苯酚为淡黄或无色针状晶体,无气味,熔点为 112~113 ℃。其红外光谱与核磁氢谱见图 6-7 和图 6-8。

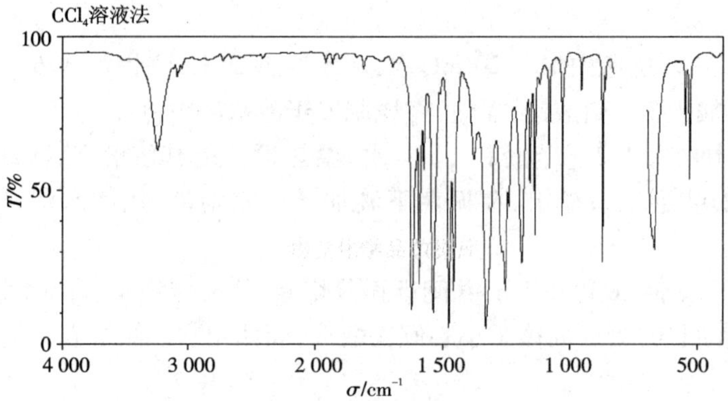

图 6-5　邻硝基苯酚的红外光谱

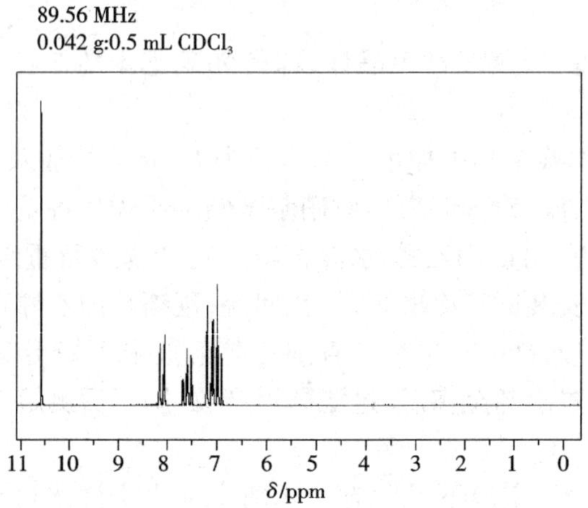

图 6-6　邻硝基苯酚的核磁氢谱

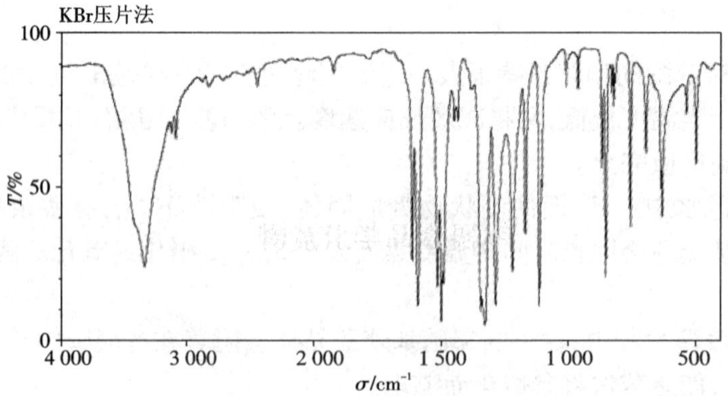

图 6-7　对硝基苯酚的红外光谱

思考题

(1)实验有哪些可能的副反应？如何减少这些副反应的发生？

(2)试比较苯、硝基苯、苯酚硝化的难易程度,并解释原因。

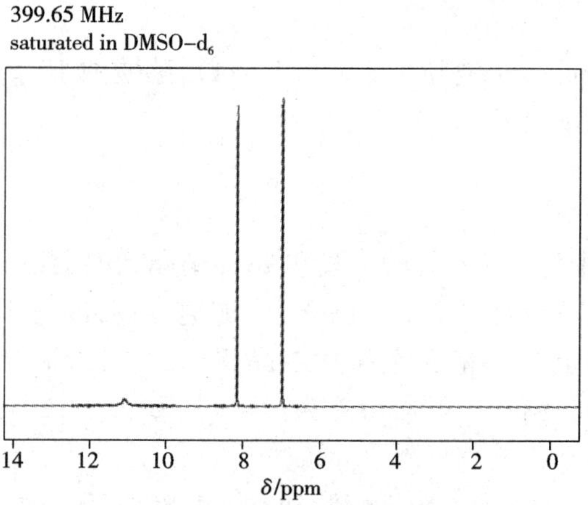

图 6-8　对硝基苯酚的核磁氢谱

(3)水蒸气蒸馏的原理是什么？被提纯物质应具备哪些条件才能用此法加以提纯？

实验 6-4　己内酰胺的制备

实验目的

(1)学习 Beckmann 重排反应制备酰胺的方法和原理。

(2)了解 Beckmann 重排反应的历程。

(3)掌握和巩固低温操作、干燥、减压蒸馏和沸点测定等基本操作。

预习提示

(1)复习 Beckmann 重排反应历程。

(2)复习干燥方法。

(3)复习减压蒸馏操作。

实验原理

酮与羟胺作用生成肟,肟在酸性催化剂(如五氧化二磷、硫酸等)作用下,发生重排生成酰胺,这个反应称为 Beckmann 重排。

Beckmann 重排是合成酰胺的一种方法,在有机合成上有一定的应用价值。如环己酮肟发生 Beckmann 重排生成己内酰胺,己内酰胺开环聚合可得到聚己内酰胺树脂,即尼龙-6,它是一种性能优良的高分子材料。

反应式:

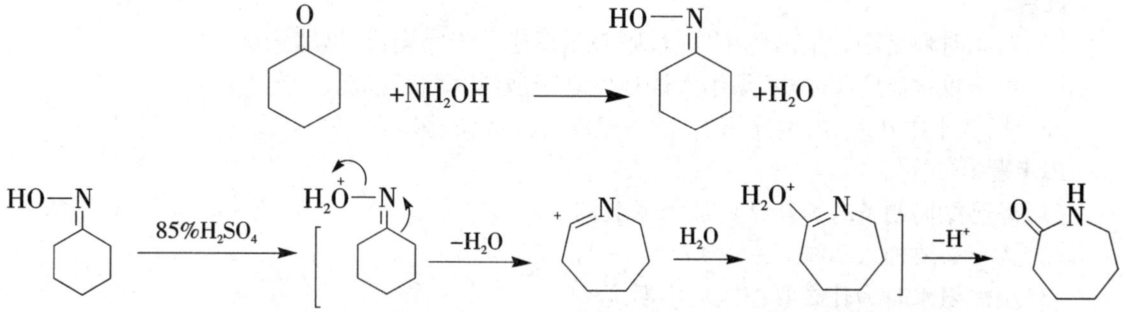

实验试剂

环己酮 7.5 g(0.07 mol),盐酸羟胺 7 g(0.1 mol),醋酸钠 10 g,水 30 mL,浓硫酸 10 mL,20%氨水 30 mL,硫酸镁 1 g。

实验步骤

1. 环己酮肟的制备

在 250 mL 的锥形瓶中加入 7 g 盐酸羟胺和 10 g 结晶状醋酸钠,再加入 30 mL 水使之完全溶解。加热到 35 ~ 40 ℃,分批加 7.5 g 环己酮,边加边振荡,即有固体析出。加完后,塞住瓶口,剧烈振荡 2 ~ 3 min,环己酮肟呈白色粉状结晶析出[1]。冷却,抽滤,用少量水洗涤。干燥后称重,计算产率,测熔点。纯环己酮肟熔点为 86 ~ 89 ℃。

2. 环己酮肟重排制备己内酰胺

在 800 mL 的烧杯中[2]加入 5 g 环己酮肟和 10 mL 85%的硫酸,混合均匀。在烧杯中放一支 200 ℃温度计,用电热套小火加热烧杯,当有气泡产生时,此时温度约 120 ℃,立即移去电热套,此时反应剧烈放热,温度迅速升高到 160 ℃,反应在几秒内完成。

稍冷后,将此溶液倒入 250 mL 三口瓶中,安装机械搅拌、温度计和滴液漏斗。用冰水冷却至 0 ~ 5 ℃,在搅拌下小心滴入 30 mL 氨水[3],控制反应温度在 12 ~ 20 ℃,以免己内酰胺在温度较高下水解,直至溶液使石蕊试纸呈碱性。

粗产物倒入分液漏斗中,分出水层,油层转移至锥形瓶中,用 1 g 无水硫酸镁干燥。再转移至 20 mL 克氏烧瓶中,用油泵进行减压蒸馏,收集 140 ~ 144 ℃/14 mmHg 的馏分。馏出物在接收瓶中固化为无色结晶。测熔点(纯己内酰胺熔点为 68 ~ 71 ℃),计算产率。

己内酰胺易吸潮,储存于密闭容器中。其红外光谱和核磁氢谱见图 6-9 和图 6-10。

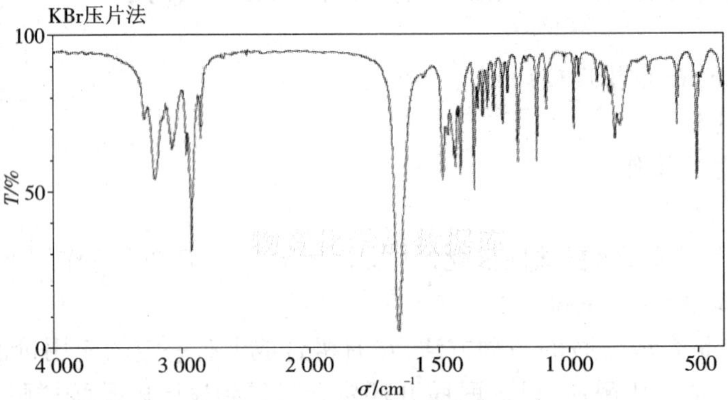

图 6-9 己内酰胺的红外光谱

注释

[1]若此时环己酮肟呈白色小球状,则表示反应还未完全,须继续振荡。

[2]由于重排反应很剧烈,须用大烧杯以利于散热,缓和反应。

[3]用氨水中和时,需缓慢滴加,防止温度升高太快,影响产率。

思考题

(1)环己酮肟制备时为什么要加入醋酸钠?

(2)为什么要加入 20% 氨水中和?

(3)滴加氨水时为什么要控制反应温度?

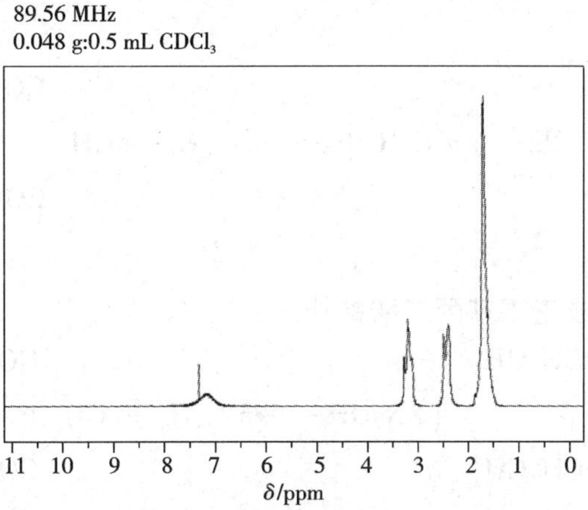

图 6-10　己内酰胺的核磁氢谱

实验 6-5　正己酸的制备

实验目的

(1)了解制备正己酸的原理和方法。

(2)掌握无水操作。

(3)掌握多步骤的有机合成操作。

预习提示

(1)复习醇钠的制备方法。

(2)复习丙二酸二乙酯的烃基化反应的机理。

(3)复习烃基丙二酸酯的水解和脱羧反应。

实验原理

乙酰乙酸乙酯("三乙")和丙二酸二乙酯分子中均有一个"活泼"的亚甲基,亚甲基上的氢原子可以被烷基化和酰基化,生成烷基和酰基取代的衍生物。这些衍生物在不同条件下发生水解,可得到羧酸、酮和二酮等化合物。因此"三乙"和丙二酸二乙酯在有机合成中应用很广。

本实验合成正己酸,用丙二酸二乙酯经过以下反应来完成。

(1)醇钠的制备。

$$CH_3CH_2OH + Na \longrightarrow CH_3CH_2ONa + H_2\uparrow$$

(2)酸碱反应,制备亲核试剂丙二酸二乙酯钠盐。

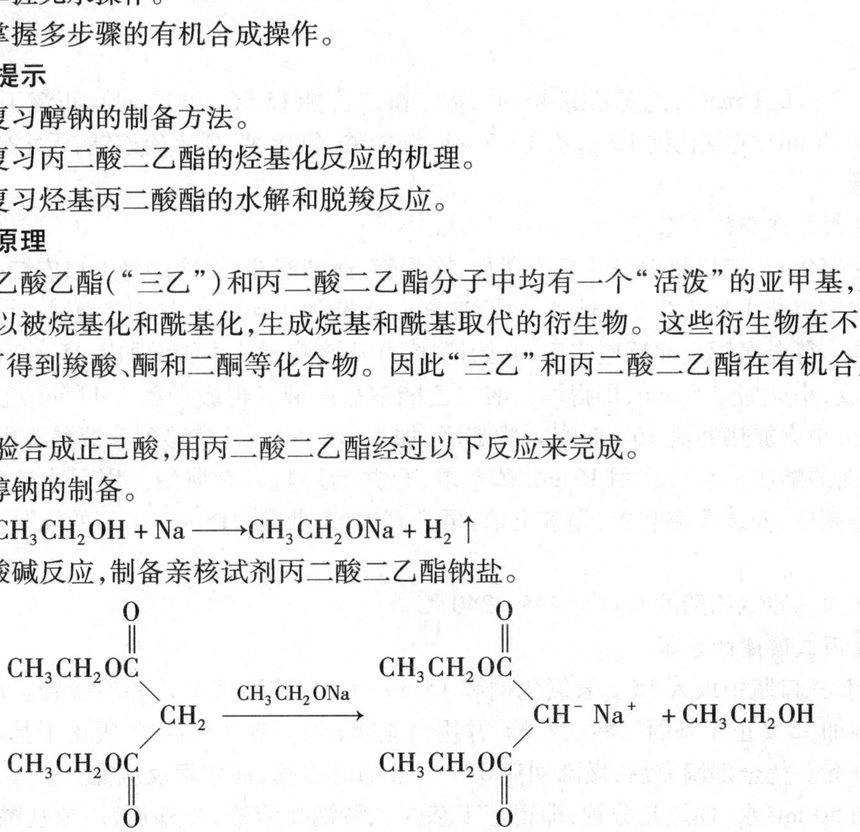

(3)烃基化反应,制备正丁基丙二酸酯。

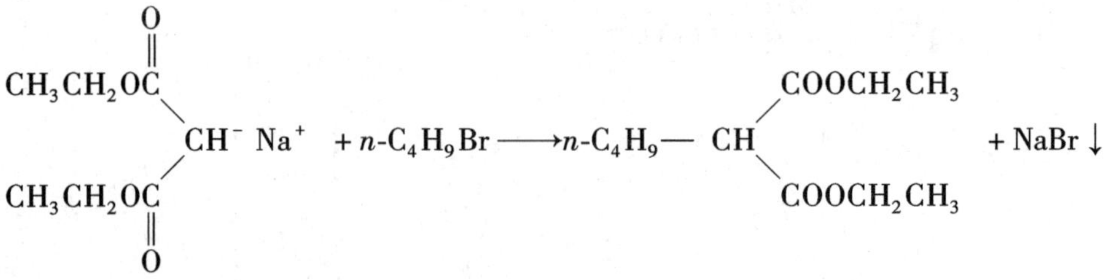

(4)皂化水解反应，生成正丁基丙二酸钠盐。

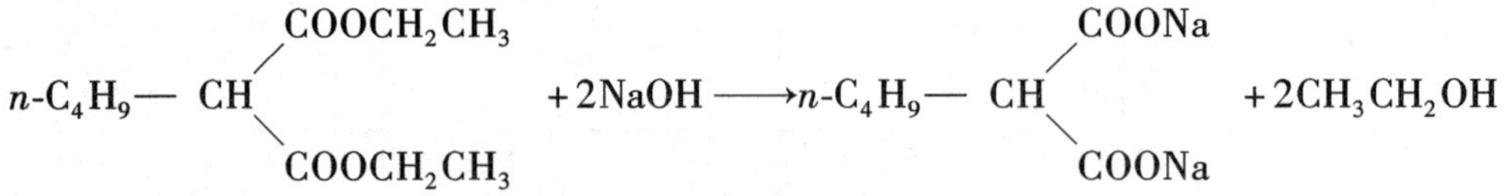

(5)酸化水解反应，生成正丁基丙二酸。

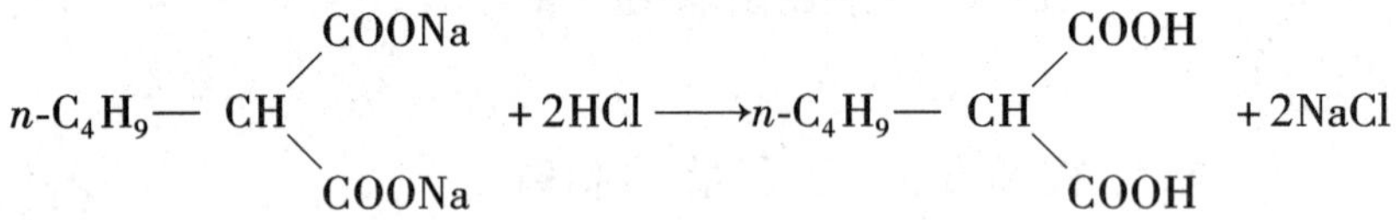

(6)脱羧反应，生成正己酸。

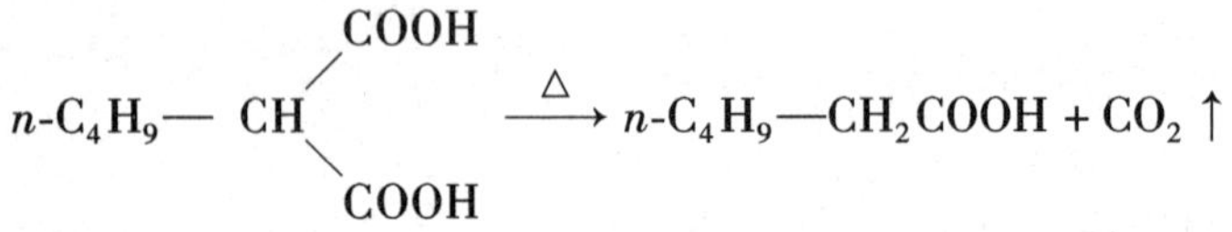

实验试剂

金属钠2.3 g(0.1 mol)，绝对乙醇40 mL，丙二酸二乙酯15 mL(0.1 mol)，正溴丁烷11 mL(0.1 mol)，苯15 mL，氢氧化钠15 g，乙醚75 mL，浓盐酸，氯化钙，无水硫酸钠，无水硫酸镁。

实验步骤

1. 正丁基丙二酸酯的制备

在干燥的250 mL三口瓶中安装机械搅拌、冷凝管、滴液漏斗，在冷凝管上口安装一氯化钙干燥管[1]。在三口瓶中加入2.3 g钠条，由滴液漏斗逐渐加入40 mL绝对乙醇[2]，小火加热，保持体系沸腾。待金属钠全部反应完后，开始搅拌，并从滴液漏斗中缓缓加入15 mL丙二酸二乙酯，滴加完成，小火加热5 min，即得丙二酸二乙酯钠盐溶液。再缓慢滴入11 mL正溴丁烷，加入几粒沸石，小火加热回流15 min[3]。冷却后，加入100 mL水，转移到分液漏斗中，充分振荡后，分出上面的酯层。水溶液用15 mL苯萃取，合并酯层与苯萃取液。用无水硫酸钠干燥后[4]转移到烧瓶中，安装蒸馏装置，先蒸出苯，再升高温度，收集215～240 ℃的馏分。产量约为15 g。

纯正丁基丙二酸二乙酯的沸点为235～240 ℃。

2. 正丁基丙二酸酯的水解

在250 mL三口瓶中放入15 g氢氧化钠和15 mL水，安装滴液漏斗和冷凝管。加热溶解氢氧化钠。滴加15 g正丁基丙二酸二乙酯，并用力振荡，反应迅速发生，生成正丁基丙二酸钠的白色固体沉淀。待全部滴完后，微沸回流0.5 h，并随时振荡，使水解反应完全。

向瓶内加50 mL水，加热几分钟，即得正丁基丙二酸钠盐溶液，冷却后，用浓盐酸酸化，直到使石蕊试纸变红为止。转移至分流漏斗中，每次用25 mL乙醚萃取，共萃取三次，合并乙醚萃取液,用无水硫酸镁干燥。

转移到烧瓶中,安装蒸馏装置,小火加热蒸馏除去乙醚,浓缩液转移到 80 mL 蒸馏瓶中,进行脱羧反应。

3. 正丁基丙二酸脱羧制正己酸

安装空气冷凝管,斜置于石棉网上加热,使冷凝管向上。很快有二氧化碳气体逸出。在 180 ℃下保持 10 min,使脱羧反应完全。改蒸馏装置进行蒸馏,收集 196 ~ 206 ℃馏分。产量为 5 ~ 6 g。

纯正己酸沸点为 205 ℃,其红外光谱和核磁氢谱见图 6-11 和图 6-12。

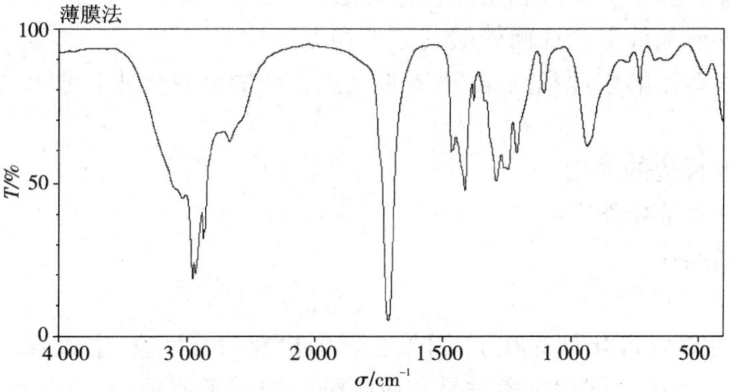

图 6-11　正己酸的红外光谱

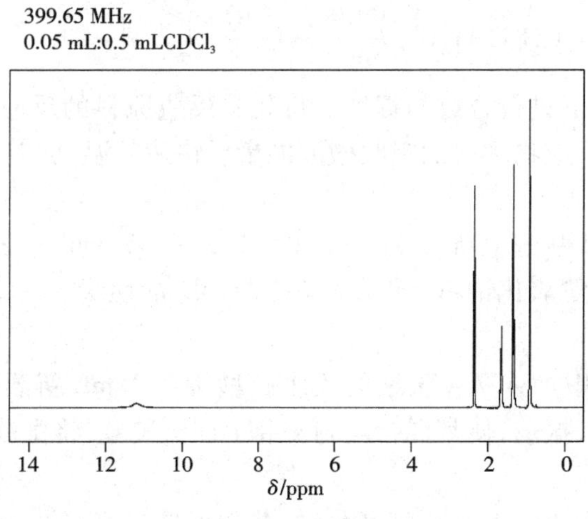

图 6-12　正己酸的核磁氢谱

注释

[1] 所有仪器均需预先干燥,否则残余水分将与金属钠反应。

[2] 本实验须用绝对乙醇,因为若有极少量的水,将与前面生成的乙醇钠反应,得到氢氧化钠。而氢氧化钠碱性比醇钠弱,不能夺取丙二酸二乙酯的 α-H,将不能与正溴丁烷反应。

[3] 在回流过程中,生成溴化钠沉淀,会出现剧烈的崩沸现象。

[4] 由于产物沸点很高,在它前面就能将水蒸出,故可以不用无水硫酸钠干燥。将分出的

酯和苯的萃取液直接转入烧瓶进行蒸馏。

思考题

(1)苯基丙二酸二乙酯能通过丙二酸酯的钠盐和溴苯制备吗？为什么？

(2)分析在制备正己酸过程中，各步反应的主要副反应是什么？

实验6-6　微波辐射合成肉桂酸

实验目的

(1)掌握微波加热技术的原理和实验操作方法。

(2)了解微波辐射条件下合成肉桂酸的原理和方法。

(3)掌握水蒸气蒸馏的原理和操作，巩固重结晶提纯固体有机化合物的方法。

预习提示

(1)复习 Perkin 反应的原理。

(2)复习水蒸气蒸馏操作。

(3)复习重结晶操作。

实验原理

芳香醛和酸酐在碱性催化剂存在下，可发生类似羟醛缩合反应，生成 α,β-不饱和芳香酸，这个反应称为 Perkin 反应。催化剂通常是相应酸酐的羧酸钾或钠盐，有时也可用碳酸钾或叔胺代替。典型的例子是肉桂酸的制备。

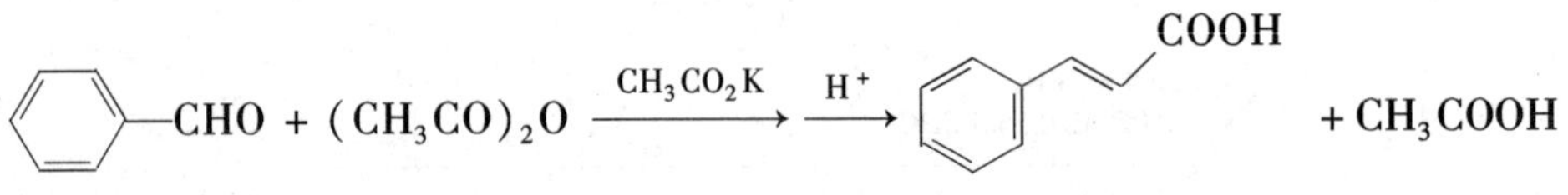

本实验在微波炉辅助下进行合成与提纯。将装有反应原料的反应瓶置于微波炉中，安装反应装置。反应开始后，反应物和溶剂吸收微波能量后快速升温，反应迅速进行。

实验试剂

无水碳酸钾 7 g，苯甲醛（新蒸）5 mL（5.3 g，0.05 mol），乙酸酐（新蒸）14 mL（15 g，0.0145 mol），10% 氢氧化钠 40 mL，浓盐酸 20 mL，活性炭。

实验步骤

在 100 mL 圆底烧瓶中加入 7 g 研细的无水碳酸钾和 5 mL 新蒸馏的苯甲醛[1]，再加入 14 mL 新蒸馏的乙酸酐[2]，振荡，使其混合均匀。装上回流装置，将微波火力调至低档，在微波炉中回流 15 min。

冷却反应混合物，加入 40 mL 水浸泡几分钟，并用玻璃棒捣碎瓶中固体，在微波炉中进行简单的水蒸气蒸馏，至无油珠馏出为止。

烧瓶冷却后，将残液倒入 250 mL 烧杯中，加入 40 mL 10% 氢氧化钠溶液，使生成的肉桂酸形成钠盐而溶解。再加入 90 mL 水，加热煮沸后加入少量的活性炭脱色，趁热过滤。待滤液冷却到室温时，搅拌下加入 20 mL 浓盐酸和 20 mL 水的混合液进行酸化，使之呈酸性。冷却结晶，抽滤，晶体用少量冷水洗涤。干燥后称重，粗产物约 4 g。可用 3∶1的乙醇和水混合液重结晶，熔点为 131.5～132 ℃。

纯肉桂酸（反式）为白色片状结晶，熔点为 133 ℃。肉桂酸的红外光谱见图 3-11，核磁氢谱见图 6-13。

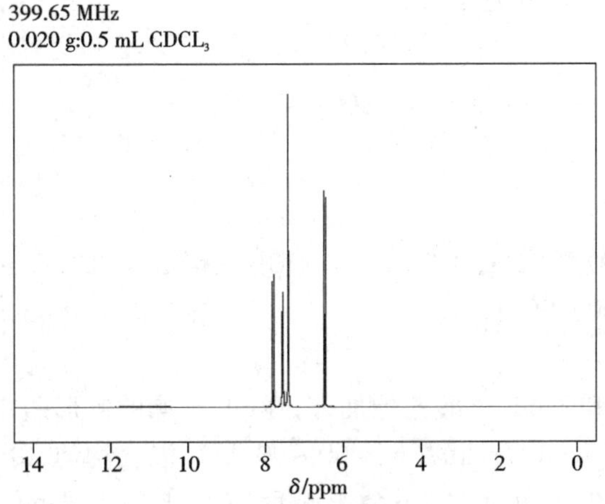

图 6-13　肉桂酸的核磁氢谱

本实验需 6 h。

注释

[1]提纯苯甲醛,需先用碳酸钠溶液洗去苯甲酸,再用无水硫酸镁干燥后蒸馏。

[2]提纯醋酸酐,在醋酸酐中加入五氧化二磷,回流 20 min,再进行蒸馏。

思考题

(1)在肉桂酸制备实验中,为什么要用新蒸馏过的苯甲醛?

(2)在肉桂酸的制备实验中,水蒸气蒸馏除去什么? 可否不用通水蒸气直接加热蒸馏?

(3)如果与苯甲醛缩合的酸酐在 α-碳原子上只有一个氢原子,那么将得到什么样的产物?

实验 6-7　双环[2. 2. 1]-2-庚烯-5,6-二酸酐的合成

实验目的

(1)掌握 Diels-Alder 反应合成六元环状化合物的原理和方法。

(2)进一步掌握重结晶、抽滤、熔点测定等基本操作。

预习提示

(1)预习 Diels-Alder 反应机理及特点。

(2)查阅所用试剂的物性常数及安全使用方法。

(3)复习分馏的原理及操作。

(4)复习重结晶、抽滤、熔点测定等基本操作。

实验原理

Diels-Alder 反应又名双烯合成,是 1928 年由德国化学家奥托・狄尔斯(Otto Paul Hermann Diels)和他的学生库尔特・阿尔德(Kurt Alder)发现的,他们因此获得 1950 年的诺贝尔化学奖。Diels-Alder 反应是合成六元环状化合物的重要方法,它是共轭双烯(称为双烯体)对含活化双键或三键(称为亲双烯体)分子的 1,4-加成反应,即包含一个 4π 电子体系对 2π 电子体系的加成,因此,该反应也称[4 +2]环加成反应。

改变共轭双烯与亲双烯体的结构，可以得到多种类型的化合物。本实验是1,3-环戊二烯与顺丁烯二酸酐的 Diels-Alder 反应。

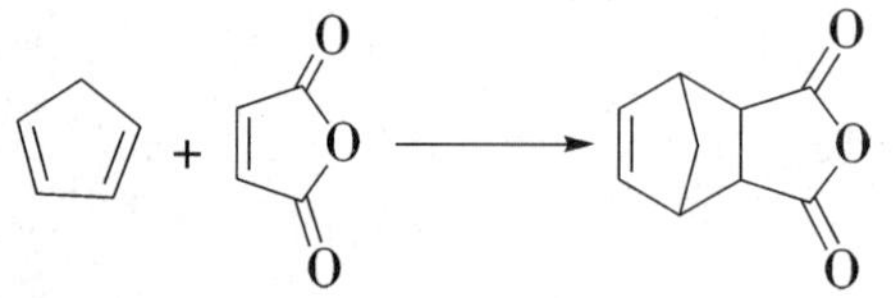

实验试剂

顺丁烯二酸酐（马来酸酐）2 g（0.02 mol），环戊二烯 2 mL（1.6 g，0.024 mol），乙酸乙酯 7 mL，石油醚 7 mL（b.p. 60～90 ℃）。

实验步骤

将 2 g 顺丁烯二酸酐和 7 mL 乙酸乙酯加入 50 mL 干燥的锥形瓶中[1]，用水浴温热使固体物质全部溶解。然后加入 7 mL 石油醚（b.p 60～90 ℃），混合均匀，冷却至室温后再放入冰水中冷却（这时可能会析出少量沉淀，但不会影响反应），再加入 2 mL（1.6 g）新蒸的环戊二烯[2]。将反应液在冰浴中不断摇动，直到有白色固体析出。用水浴加热使析出的固体全部溶解，然后再让其缓缓地冷却，得到双环[2.2.1]-2-庚烯-5,6-二酸酐的白色针状结晶[3]，抽滤，干燥，称重，测其熔点[4]。

本实验约需 4 h。

双环[2.2.1]-2-庚烯-5,6-二酸酐的熔点为 160 ℃（文献值）。

图 6-14 和图 6-15 分别是双环[2.2.1]-2-庚烯-5,6-二酸酐的红外光谱和核磁共振氢谱。

注释

[1]顺丁烯二酸酐及其加成产物都易水解成相应二元羧酸，故所用全部仪器、试剂及溶剂均需干燥，并注意防止水或水汽进入反应系统。

[2]环戊二烯在室温下容易二聚生成双环戊二烯。商品出售的环戊二烯均为二聚体，将二聚体加热到 170 ℃以上，即可得到环戊二烯。具体方法如下。

在装有 30 cm 长的刺形分馏柱的圆底烧瓶中加入环戊二烯，慢慢进行分馏。热裂反应开始要慢，二聚体转变为单体馏出，沸程 40～42 ℃。控制分馏柱顶端温度计的温度不超过 45 ℃，接收容器要用冰水浴冷却。如蒸出的环戊二烯由于接收容器中的湿气而呈浑浊，可以加入无水氯化钙干燥。蒸出的环戊二烯应尽快使用，如需短期存放，可密封放置在冰箱中。

[3]马来酸酐、环戊二烯和产物双环[2.2.1]-2-庚烯-5,6-二酸酐都有刺激性，实验中应注意防护。

[4]经抽滤分出的固体产物要在真空干燥器内进一步干燥，因为产物在空气中吸收水分发生部分水解，同时对熔点的测定也造成了困难。

思考题

(1) Diels-Alder 反应属于哪一种反应机理？有哪些特点？

(2)为什么需要新蒸的环戊二烯进行反应？

(3)环戊二烯为什么容易二聚合发生 Diels-Alder 反应？

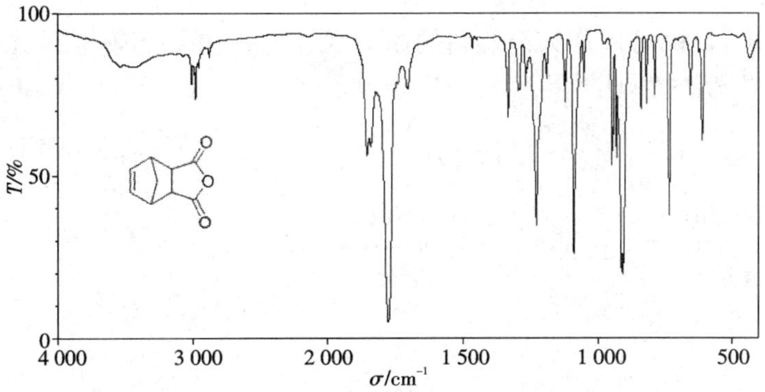

图 6-14　双环[2.2.1]-2-庚烯-5,6-二酸酐的红外光谱

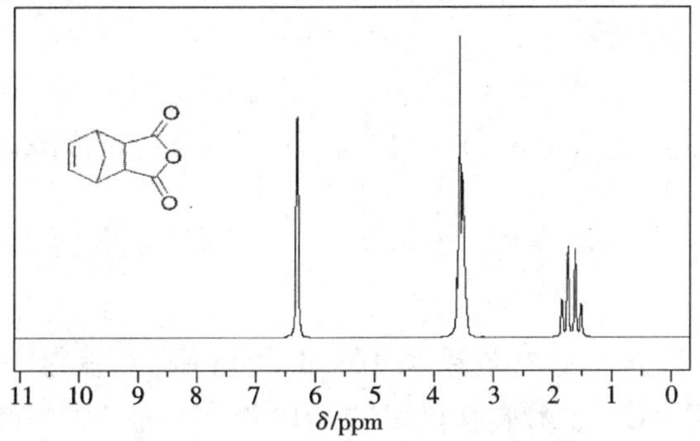

图 6-15　双环[2.2.1]-2-庚烯-5,6-二酸酐的核磁共振氢谱

实验 6-8　乙酰二茂铁的合成、纯化与表征

实验目的

(1)通过乙酰二茂铁的合成,学习设计合成方案。

(2)巩固柱色谱分离技术。

(3)巩固减压蒸馏操作。

(4)学习用薄层色谱检测产品纯度的方法。

(5)学会用红外光谱、熔点测定等方法对产物进行表征。

通过实验,让学生熟悉产物合成、柱色谱分离、红外光谱、熔点测定等方法,对产物的合成、纯化及表征进行研究。要求学生通过查阅文献,在归纳、对比、总结的基础上设计实验方案。

预习提示

(1)预习 Fridel-Crafts 反应的原理。

(2)复习柱色谱分离和减压蒸馏操作。

(3)复习薄层色谱的操作及用途。

(4)复习熔点测定的方法。

实验原理

二茂铁是橙色的固体，可用作火箭燃料的添加剂、汽油的抗爆剂和紫外光吸收剂等。二茂铁具有类似苯的一些芳香性，比苯更容易发生亲电取代反应，例如 Fridel-Crafts 反应如下：

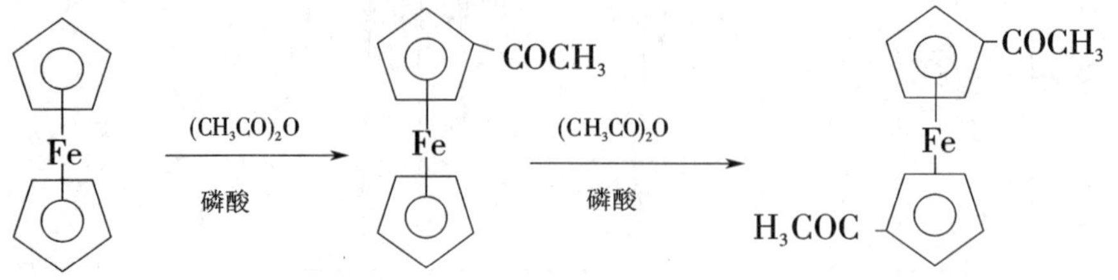

二茂铁　　乙酰二茂铁　　1,1′-二乙酰基二茂铁

由于二茂铁分子中存在亚铁离子，对氧化的敏感性限制了它在合成中的应用，如不能用混酸对其硝化。

实验试剂

二茂铁 1 g(0.005 mol)，乙酸酐 10.8 g(10 mL,0.1 mol)，石油醚(60～90 ℃)，碳酸氢钠，磷酸。

实验步骤

1. 乙酰二茂铁的合成

在 50 mL 圆底烧瓶中加入 1 g 二茂铁和 10 mL 乙酸酐，在振荡下用滴管慢慢加入 2 mL 85% 的磷酸[1]。滴加完毕，用装有无水氯化钙的干燥管塞住瓶口[2]，沸水浴上加热 10 min 并振荡。将反应化合物倾入盛有 40 g 碎冰的 400 mL 烧杯中，用 10 mL 冷水刷洗烧瓶，将刷洗液并入烧杯。在搅拌下，分批加入固体碳酸氢钠[3]，到溶液呈中性为止(要避免溶液溢出和碳酸氢钠过量)。将中和后的反应化合物置于冰浴中冷却 15 min，抽滤收集析出的橙黄色固体，每次用 40 mL 冰水洗 2 次，抽干后在空气中干燥得粗品(此方案仅供参考)。要求学生自己写出实验方案，但规定二茂铁的用量为 1 g。

2. 用柱色谱分离纯化乙酰二茂铁

吸附剂：色谱柱用中性氧化铝或硅胶。

溶剂：乙醚。

洗脱剂：3∶1石油醚/乙醚混合溶剂(学生自己配制)。

用 2 mL 乙醚将乙酰二茂铁粗品配成悬浊液上柱分离[4]。二茂铁呈黄色，乙酰二茂铁呈橙色。根据二茂铁、乙酰二茂铁颜色的不同分别收集之。要求学生自己写出具体实验步骤。

3. 回收溶剂

将柱色谱收集到的乙酰二茂铁溶液进行常压蒸馏回收乙醚(水浴控制在 50 ℃以下)。减压蒸馏回收石油醚(至溶液体积约 10 mL 止)，让其自然挥发得到产品。

4. 用薄层色谱检测粗产品纯度

吸附剂：薄层色谱用硅胶。

溶剂：乙醚。

展开剂：3∶1石油醚/乙醚混合溶剂(学生自己配制)。

将粗产品与二茂铁标准样对照展开，然后将产品与二茂铁标准样对照展开比较。

5. 产品表征

测定乙酰二茂铁的熔点，与文献值比较。用 KBr 压片法测定乙酰二茂铁的红外光谱，与文献的标准图谱（图 6-16）进行比较，并指出特征吸收峰的归属。其核磁共振氢谱见图 6-17。

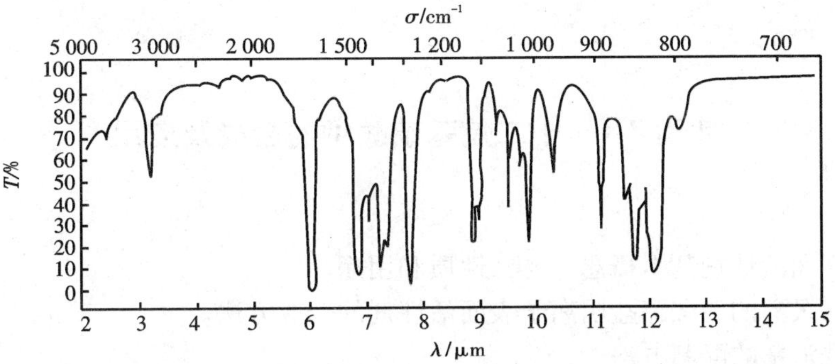

图 6-16　乙酰二茂铁的红外光谱

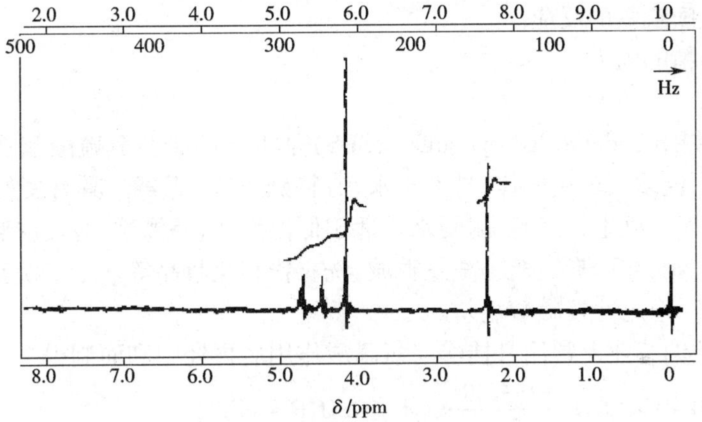

图 6-17　乙酰二茂铁的核磁共振氢谱

本实验需 9 h。

注释

[1]滴加磷酸时一定要在振摇下用滴管慢慢加入。

[2]烧瓶要干燥，反应时应用干燥管，避免空气中的水进入烧瓶内。

[3]用碳酸氢钠中和粗产物时，应小心操作，防止因加入过快使产物逸出。

[4]在装柱、洗脱过程中，始终保持有溶剂覆盖吸附剂。一个色带与另一色带的洗脱液的收集不要交叉。

思考题

(1)为什么回收石油醚要用减压蒸馏？

(2)为什么乙酰二茂铁的纯化要用柱色谱法？可以用重结晶法吗？它们各有何优缺点？

第七部分　应用型实验

实验 7-1　十二烷基硫酸钠的合成及应用

实验目的

(1)了解表面活性剂基本概念、分类、性质和用途。

(2)了解高级醇的硫酸酯盐阴离子表面活性剂的合成方法。

(3)掌握洗洁精的配制方法。

(4)了解洗洁精中各组分的性质及配方原理。

预习提示

(1)复习醇与磺酰氯的反应。

(2)查阅洗洁精的配方。

实验原理

十二烷基硫酸钠(Sodium dodecyl sulfate,SDS)是重要的脂肪醇硫酸酯盐型阴离子表面活性剂。它是一种白色或淡黄色固体,易溶于水,有特殊气味,无毒。具有良好的乳化、发泡、渗透、去污和分散性能。可生物降解,耐硬水。适于低温洗涤,易漂洗,对皮肤刺激性小。广泛用于洗涤剂和纺织工业,如牙膏、香波、洗发香波、洗衣粉和化妆品等。十二烷基硫酸钠在强酸性溶液中易发生水解,稳定性较磺酸盐差。

十二烷基硫酸钠工业上常用月桂醇与氯磺酸作用后再经中和而制得。

$$C_{12}H_{25}OH + ClSO_3H \xrightarrow[2\ h]{40 \sim 45\ ℃} C_{12}H_{25}OSO_3H + HCl\uparrow$$

$$C_{12}H_{25}OSO_3H \xrightarrow[30\%\ NaOH]{25\ ℃} C_{12}H_{25}OSO_3Na + H_2O$$

十二烷基硫酸钠可用于洗洁精的配制。在设计配方时,应根据洗涤方式、污垢特点、被洗物特点以及其他功能要求进行设计,一般要考虑以下因素:

(1)对人体无害;

(2)能有效地洗净并除去动植物的油垢;

(3)清洁剂和清洗方式不损伤餐具、炊具及其他器物;

(4)用于洗涤蔬菜和瓜果时,应无残留物,也不影响外观和原有风味;

(5)发泡性能良好,泡沫洁白细腻;

(6)应能有效地杀灭有害细菌而不危害人体健康;

(7)产品长期储存,稳定性好,不分层,不发霉。

根据上面的设计要求,本实验洗洁精配方见表。

配料	十二烷基硫酸钠	6501（尼纳尔）	AES	十二烷基磺酸钠	苯甲酸	香精	食盐	水
含量	3%	5%	6%	4%	适量	适量	1.5%	适量

洗洁精中各试剂的性质和用途如下。

(1)十二烷基硫酸钠属阴离子表面活性剂，呈白色或微黄色粉末，在弱酸性水溶液中或高温水中有水解倾向，低温洗涤性能好，作用是发泡、洗涤、乳化。

(2)6501(尼纳尔)即脂肪酰二乙醇，属非离子表面活性剂，呈淡黄色至棕色黏稠液体，结构为：$RCON(CH_2CH_2OH)_2$，其中 $R = C_{12} \sim C_{14}$，用途是阴离子表面活性剂的稳泡剂。

(3)AES，又名脂肪醇聚氧乙烯醚硫酸钠，属阴离子表面活性剂，呈半固态的白色或黄色黏稠状，其在低温下水溶液仍可保持透明，用途是增溶、发泡和去污。

(4)十二烷基磺酸钠，属阴离子表面活性剂，呈黄色油状液体。对氧化剂十分稳定，故适用于加氧化漂白剂的洗涤配方，其渗透力、乳化力、脱脂力强。

(5)苯甲酸，防腐。

(6)香精，改善气味。

(7)食盐，增稠作用。

仪器和试剂

仪器：见图1-8(c)所示装置。

试剂：月桂醇23.3 g(0.125 mol)，氯磺酸16 g(0.125 mol)，30%氢氧化钠，30%双氧水12 mL。

实验步骤

1. 十二烷基硫酸钠的制备

在装有电动搅拌器、温度计、滴液漏斗和气体吸收装置的250 mL四口烧瓶中加入23.3 g月桂醇，室温下慢慢滴加16 g氯磺酸[1]。约15 min滴完(滴加时温度不要超过30 ℃)，此时瓶内有固体状物析出(注意起泡沫，勿使物料溢出)。升温到40～45 ℃，变为浅棕色溶液，在此温度下继续搅拌2 h，冷却至室温。反应中产生的氯化氢气体用质量分数5% NaOH溶液吸收。

慢慢滴加30% NaOH溶液进行中和，温度上升，产物越来越黏稠，当pH为7时，耗去氢氧化钠约30 g，此时为半固态黄色产物。然后缓慢滴加12 mL 30%的双氧水[2]，搅拌0.5 h，得浅白色的黏稠状十二烷基硫酸钠产品，固体含量约为46%。

十二烷基硫酸钠的红外光谱和核磁共振氢谱见图7-1和图7-2。

2. 洗洁精的配制

在烧杯中按配方加入各原料，香精和食用盐除外。加热到80～90 ℃，不断搅拌，待变为微黄色透明液体后，冷却至40～45 ℃，加入适量香精，室温加入食用盐增稠，调节pH值为7～8。此洗涤剂泡沫适中，具有良好的去污性能。

注释

[1]由于氯磺酸的强烈挥发性和腐蚀性，取料时应在通风柜中进行，并且戴橡胶手套。加料通过恒压滴液漏斗进行。氯磺酸的滴加速度要慢，否则由于产生大量气泡容易引起冲料。

[2]双氧水起漂白作用。由于滴加双氧水会产生气体，容易引起冲料，要小心进行。

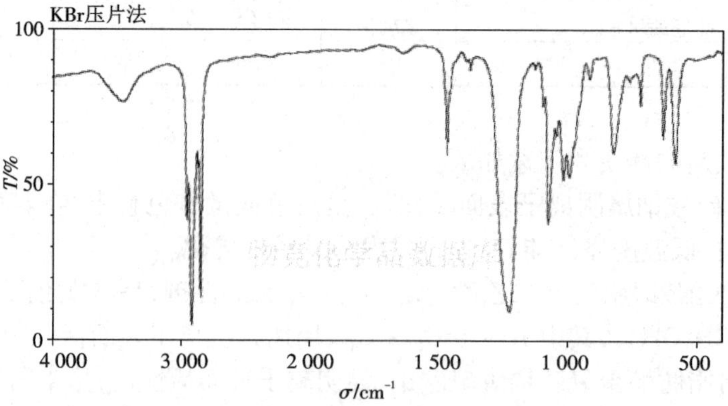

图 7-1　十二烷基硫酸钠的红外光谱

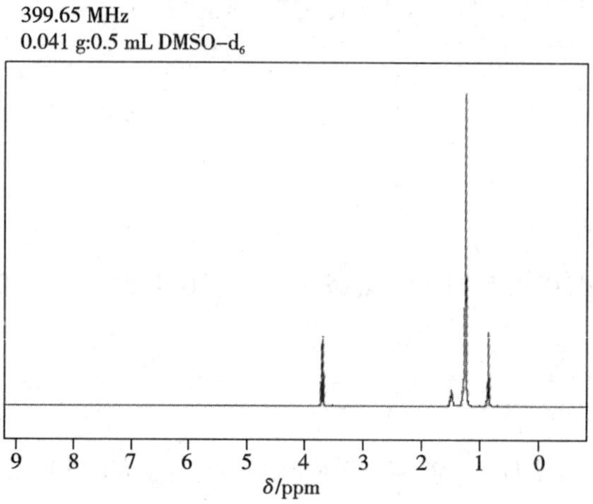

图 7-2　十二烷基硫酸钠的核磁共振氢谱

思考题

(1)十二烷基硫酸钠属于哪种类型的表面活性剂?

(2)加入氢氧化钠中和后,为何还要加入双氧水?

实验 7-2　香豆素的合成

实验目的

(1)了解香豆素的性质和用途。

(2)掌握 Perkin 反应原理及其实验方法。

(3)巩固水蒸气蒸馏和重结晶等操作技术。

预习提示

(1)查阅香豆素结构、性质和用途的相关资料。

(2)复习 Perkin 反应的原理。

(3)复习水蒸气蒸馏和重结晶操作。

实验原理

香豆素(coumarin),学名邻羟基桂酸内酯,又称香豆内酯,分子式为 $C_9H_6O_2$,相对分子质量为 146.15,其结构式为 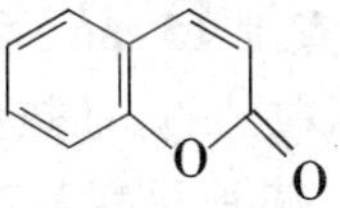 。香豆素是一种具有黑香豆浓重香味及巧克力气味的白色晶体或结晶粉末,味苦,能升华。熔点为 68 ~ 70 ℃,沸点为 297 ~ 299 ℃。不溶于冷水,溶于热水、乙醇、乙醚和氯仿。

香豆素是一种重要的香料,常用作定香剂,用于配制紫罗兰、薰衣草、兰花等香精,也用作饮料、食品、香烟、橡胶制品、塑料制品等的增香剂。在电镀工业中用作光亮剂。

香豆素存在于许多植物中,天然黑香豆中含有 1.5% 以上。工业上利用珀金反应原理来制备。芳香醛与脂肪酸酐在碱性催化剂作用下进行缩合,生成 α,β 不饱和芳香酸的反应,称为珀金反应(Perkin Reaction)。香豆素是以水杨醛和醋酸酐为原料,在弱碱(如醋酸钠、叔胺等)催化下经珀金反应、酸化及环化脱水而制得。

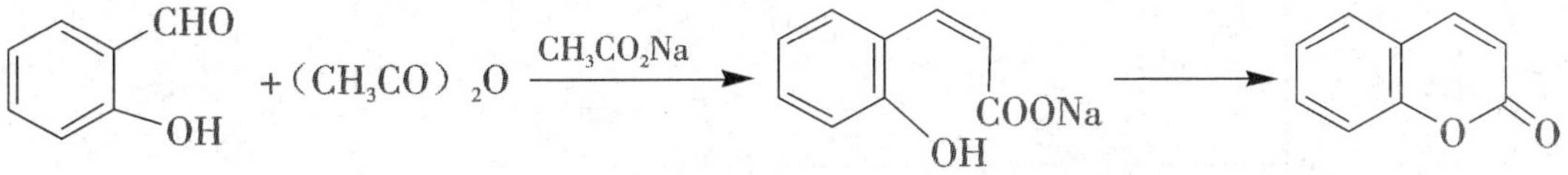

香豆素

反应中生成少量反式邻羟基肉桂酸,不能进行内酯环化,生成邻乙酰氧基肉桂酸副产物,结构式:

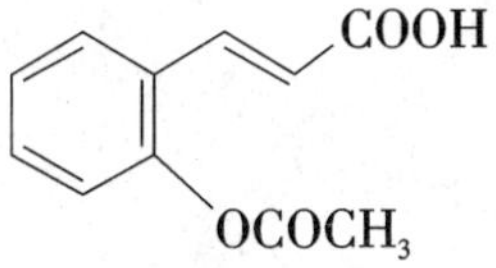

仪器和试剂

仪器:图 1-6(b)回流冷凝装置,图 2-4 水蒸气蒸馏装置,图 2-9(c)减压过滤装置。

试剂:水杨醛 2.1 g(1.9 mL,0.017 mol),醋酸酐 5.4 g(5 mL,0.052 mol),三乙胺 1.5 g(2 mL,0.015 mol),或无水醋酸钠 1.5 g(0.018 mol),无水氯化钙,沸石,碳酸氢钠,稀 $FeCl_3$ 溶液,活性炭。

实验步骤

1. 香豆素粗品制备

在 50 mL 单口烧瓶中依次加入 1.9 mL 水杨醛、2 mL 三乙胺和 5 mL 醋酸酐[1],投入 2 粒沸石。安装回流冷凝管,冷凝管上连接氯化钙干燥管,将混合物加热回流 2 h[2]。

回流结束后,将反应混合物趁热转入盛有 20 mL 水的 250 mL 三口烧瓶中,用少量热水冲洗反应瓶,以使反应物全部转入三口烧瓶中。安装水蒸气蒸馏装置,进行水蒸气蒸馏,蒸除未反应完全的水杨醛。蒸馏至馏出液为清亮时再蒸馏一段时间,间或取出馏液试样,滴几滴稀 $FeCl_3$ 溶液检验[3],直到无显色反应,蒸馏即到终点。

水蒸气蒸馏结束后,待蒸馏烧瓶中的剩余物稍稍冷却,倒入烧杯中,在充分搅拌下,慢慢加入碳酸氢钠粉末,直到溶液呈弱碱性(pH = 8)。将烧杯置入冰浴中使晶体析出。如果无结晶析出,可投入一粒香豆素晶种或用玻璃棒在烧瓶壁上摩擦,以诱使结晶析出。经过滤[4],用少许冷水洗涤，即得香豆素粗产品。

2. 香豆素粗品纯化

香豆素粗品可用水重结晶：1 g 粗品加 200 mL 水，煮沸 15 min；稍冷，加入半匙活性炭[5]，再煮沸 3 min，趁热过滤；将滤液转至烧杯中，投入 1 ~2 粒沸石，加热沸煮直到溶液体积剩下约 80 mL 为止；待溶液冷至近室温后，将烧杯置入冰浴中，使香豆素晶体充分析出，然后过滤，收集固体产品，干燥，称量，测熔点并计算产率。香豆素粗品也可用 1∶1的乙醇-水溶液进行重结晶。

香豆素的红外光谱和核磁共振氢谱见图 7-3 和图 7-4。

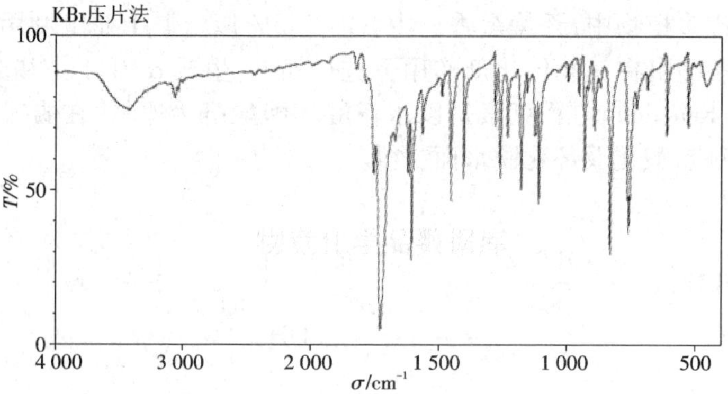

图 7-3　香豆素的红外光谱

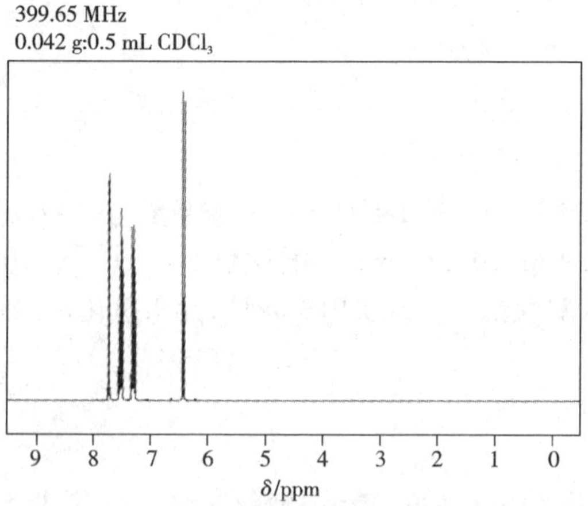

图 7-4　香豆素的核磁共振氢谱

注释

[1]三乙胺有毒，小心量取，或改用无水醋酸钠。量取醋酸酐时也应细心，若溅及皮肤，用大量水冲洗。

[2]回流时所用的玻璃仪器需干燥，热源可以是 170 ℃左右的油浴，也可使用电热套，加热的程度使冷凝管内上升蒸汽的高度不超过冷凝管的 1/3 为宜。

[3] 酚类化合物可以与 $FeCl_3$溶液形成显色配合物，水杨醛与 $FeCl_3$溶液形成紫色络合物。

[4] 滤液中含有副产物邻乙酰氧基肉桂酸,可用20%盐酸酸化,经过滤收集沉淀物,沉淀物可用水-乙醇混合溶剂重结晶,即得邻乙酰氧基肉桂酸,熔点为153~154 ℃。

[5] 活性炭的加入量视溶液中有色杂质的多少而定,一般为0.1 g~0.5 g,若无有色杂质,可不加。

思考题

(1)实验中三乙胺起什么作用?可否用其他化合物替代?试举例说明。

(2)本实验有何副反应,如何分离副产物?

(3)在水蒸气蒸馏过程中据什么原理来确定蒸馏终点?

实验7-3　2,4-二氯苯氧乙酸的制备

实验目的

(1)了解2,4-二氯苯氧乙酸的制备方法。

(2)掌握芳环卤化反应及Williamson合成法。

预习提示

(1)查阅关于植物生长调节剂的相关知识。

(2)复习Williamson合成法。

(3)复习机械搅拌、重结晶及分液操作。

实验原理

植物生长调节剂是指在任何条件下都能影响植物生长和发育的一类化合物,包括机体内产生的天然化合物和来自外界的一些天然产物。人类已经合成了一些与生长调节剂功能相似的化合物,如2,4-二氯苯氧乙酸(简称2,4-D)就是一种有效的除草剂,吲哚乙酸为植物激素,能促使植物生长,2-二乙氨基乙基-4-甲基苯基醚能改变植物的生理过程,促使植物果实中胡萝卜素增加。本次实验将合成除草剂2,4-二氯苯氧乙酸。

苯氧乙酸可作为防腐剂,一般由苯酚钠和氯乙酸通过Williamson合成法制备。通过对它氯化,可得到对氯苯氧乙酸和2,4-二氯苯氧乙酸。前者又称防落素,能减少农作物落花落果。后者又名除莠剂,可选择性地除掉杂草,二者都是植物生长调节剂。

芳环的卤代反应是芳环重要的亲电取代反应,一般是在氯化铁催化下与氯气反应。本实验通过浓盐酸加过氧化氢和用次氯酸钠在酸性介质中两种方法氯化,避免了直接使用氯气带来的危险和不便,反应过程如下。

第一步是制备酚醚,即Williamson合成法。这是一个亲核取代反应,在碱性条件下易于进行。

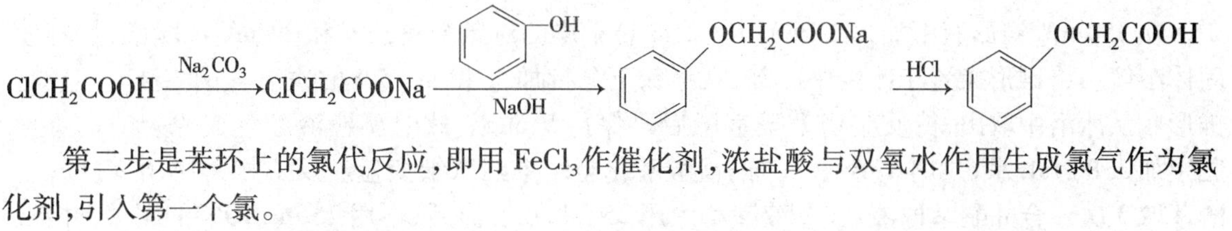

第二步是苯环上的氯代反应,即用$FeCl_3$作催化剂,浓盐酸与双氧水作用生成氯气作为氯化剂,引入第一个氯。

$$2HCl + H_2O_2 \longrightarrow Cl_2 + H_2O$$

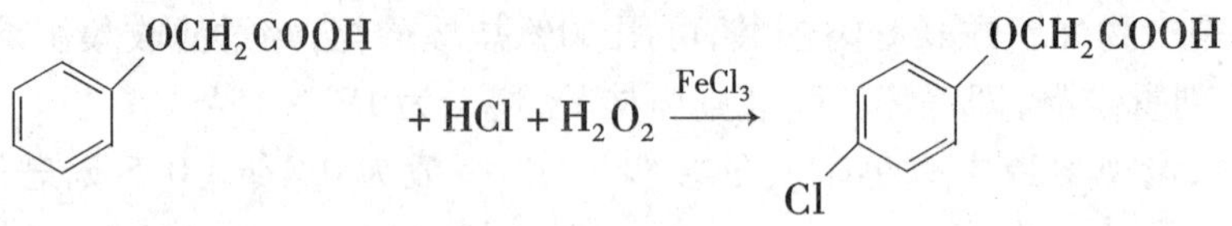

第三步也是苯环的氯代反应，即次氯酸钠在酸性介质中产生 Cl^+ 和 Cl_2O 作为氯化剂，引入第二个氯。

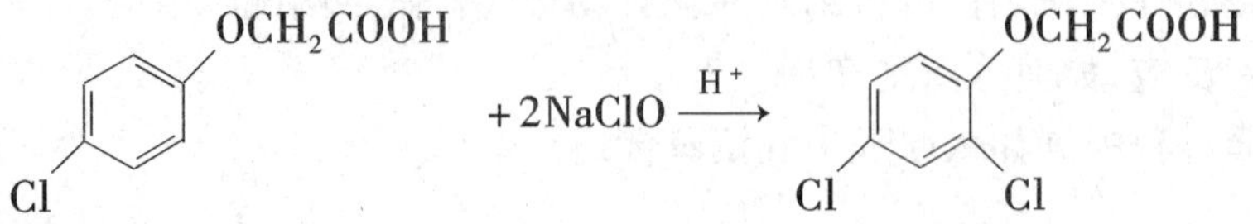

仪器和试剂

仪器：图 1-8(b) 搅拌回流装置，图 2-9(c) 减压过滤装置。

试剂：氯乙酸 3.8 g(0.04 mol)，苯酚 2.5 g(0.027 mol)，饱和碳酸钠溶液，35% 氢氧化钠溶液，冰醋酸，浓盐酸，30% 过氧化氢，次氯酸钠，乙醇，乙醚，四氯化碳。

实验步骤

1. 苯氧乙酸的制备

将 100 mL 三口瓶安装到机械搅拌器上，再安装回流冷凝管和滴液漏斗，加入 3.8 g 氯乙酸[1]和 5 mL 水。开动搅拌器，慢慢滴加饱和碳酸氢钠溶液[2]（约需 7 mL），至溶液 pH 为 7 ~ 8。然后加入 2.5 g 苯酚，再慢慢滴加 35% 的氢氧化钠溶液，至反应混合物 pH 为 12。将反应物在沸水浴中加热约 0.5 h。反应过程中 pH 值会下降，应补加氢氧化钠溶液，保持 pH 值为 12。在沸水浴上再继续加热 15 min。反应完毕后，将三口瓶移出水浴，趁热转入锥形瓶中，在搅拌下用浓盐酸酸化至 pH 为 3 ~ 4。在冰浴中冷却，析出固体。待结晶完全后，抽滤，粗产物用冷水洗涤 2 或 3 次。在 60 ~ 65 ℃下干燥，产量有 3.5 ~ 4 g，测熔点。粗产物可直接用于对氯苯氧乙酸的制备。

纯苯氧乙酸的熔点为 98 ~ 99 ℃。

2. 对氯苯氧乙酸的制备

在装有搅拌器、回流冷凝管和滴液漏斗的 100 mL 的三口瓶中加入 3 g(0.02 mol) 上述制备的苯氧乙酸和 10 mL 冰醋酸。将三口瓶置于水浴加热，同时开动搅拌。待水浴温度上升至 55 ℃时，加入少许（约 20 mg）三氯化铁和 10 mL 浓盐酸[3]。当水浴温度升至 60 ~ 70 ℃时，在 10 min 内慢慢滴加 3 mL 过氧化氢（33%），滴加完毕后保持此温度再反应 20 min。升高温度使瓶内固体全溶，慢慢冷却，析出结晶。抽滤，粗产物用水洗涤 3 次。粗品用 1∶3 乙醇-水重结晶，干燥后产量约 3 g。

纯对氯苯氧乙酸的熔点为 158 ~ 159 ℃。

3. 2,4-二氯苯氧乙酸的制备

在 250 mL 锥形瓶中加入 2 g(0.013 2 mol) 干燥的对氯苯氧乙酸和 24 mL 冰醋酸，搅拌使固体溶解。将锥形瓶置于冰浴中冷却，在摇荡下分批加入 40 mL 5% 的次氯酸钠溶液。然后将锥形瓶从冰浴中取出，待反应物升至室温后再保持 5 min。此时反应液颜色变深[4]。向锥形瓶中加入 80 mL 水，并用 6 mol · L^{-1} 的盐酸酸化至刚果红试纸变蓝。反应物每次用 25 mL 乙醚萃取 3 次。合并醚萃取液，在分液漏斗中用 25 mL 水洗涤后，再用 25 mL 10% 的碳酸钠溶液萃取产物（小心！有二氧化碳气体逸出）。将碱性萃取液移至烧杯中，加入 40 mL 水，用浓盐酸酸化至刚果红试纸变蓝，抽滤析出的晶体并用冷水洗涤2或3次，干燥后产量约1.5 g，粗品用四氯化碳重结晶，熔点为134～136 ℃。

纯2,4-二氯苯氧乙酸的熔点为138 ℃。

4. 2,4-二氯苯氧乙酸的产品纯度测定

1）0.1 mol·L^{-1} NaOH标准溶液的标定

用减量法准确称取0.4～0.6 g邻苯二甲酸氢钾基准物质两份分别放入两个250 mL锥形瓶中，加入40～50 mL水使之溶解（必要时可加热），加入2或3滴酚酞指示剂，用0.1 mol·L^{-1} NaOH标准溶液滴定至呈微红色，保持0.5 min内不褪色，即为终点。计算每次标定的NaOH溶液的浓度、平均浓度及相对误差。

2）产品纯度的测定

准确称取产品0.45～0.50 g两份，用20～30 mL 1∶1乙醇-水溶液溶解，加入2或3滴酚酞指示剂，用标准NaOH溶液滴定至呈微红色，保持0.5 min内不褪色，即为终点。平行测定两次，计算每次所测样品中2,4-二氯苯氧乙酸的百分含量、平均百分含量及相对误差。

也可以用高效液相色谱来分析纯度。2,4-二氯苯氧乙酸的红外光谱和核磁共振氢谱见图7-5和图7-6。

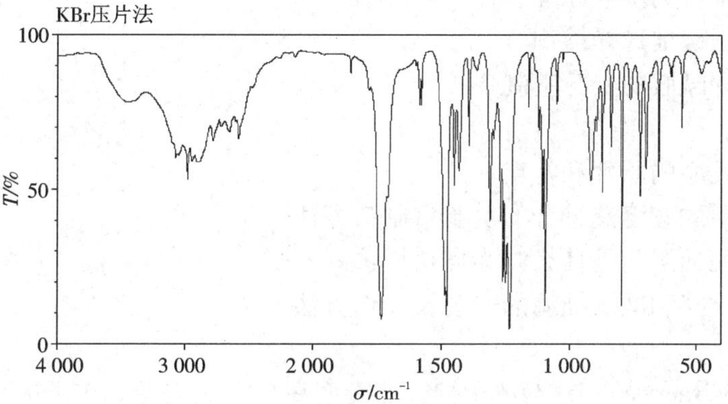

图7-5　2,4-氯苯氧乙酸的红外光谱

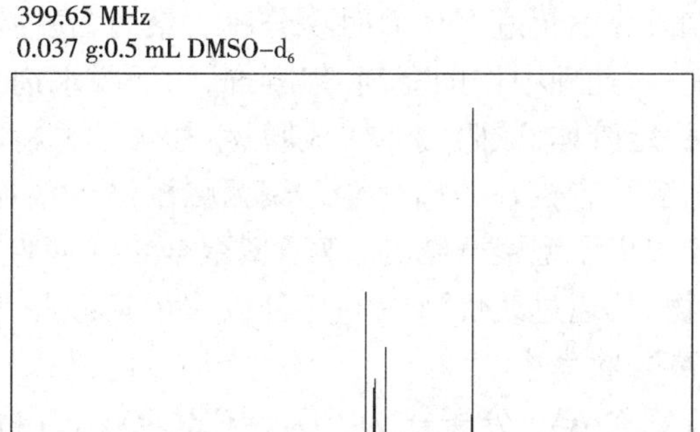

图7-6　2,4-氯苯氧乙酸的核磁共振氢谱

本次实验约10 h。

注释

[1]氯乙酸具有强腐蚀性和刺激性,防止吸入或皮肤接触。

[2]为防止氯乙酸水解,先用饱和碳酸钠溶液使之成盐,并且加碱的速度要慢。

[3]开始滴加时,可能有沉淀产生,不断搅拌后又会溶解,盐酸不能过量太多,否则会生成盐而溶于水。若未见沉淀生成,可再补加 2 ~3 mL 浓盐酸。

[4]若次氯酸钠过量,会使产量降低。也可直接用市售洗涤漂白剂。由于漂白剂含次氯酸钠而不稳定,所以常会影响反应。

思考题

(1)芳环上的卤代反应有哪些方法?本实验所用方法有什么优缺点?

(2)什么是 Williamson 合成法?对原料有什么要求?

(3)本实验各步反应调节 pH 的目的何在?

实验 7-4　聚丙烯酰胺的制备

实验目的

(1)掌握溶液聚合的基本原理、特点和方法。

(2)学习如何正确地选择溶剂。

(3)掌握聚丙烯酰胺的实验室制备技术。

预习提示

(1)预习聚合反应的原理和特点。

(2)预习聚丙烯酰胺溶液聚合的实验室制备方法。

(3)本实验使用的溶剂是什么?为何这样选择?

(4)复习机械搅拌和减压抽滤的安装及操作方法。

实验原理

聚丙烯酰胺(polyacrylamide)简称 PAM,是线型高分子聚合物,相对分子质量在 300 万 ~3 000 万,产品外观为白色粉末或颗粒,液态为无色黏稠胶体状,易溶于水,几乎不溶于有机溶剂。应用时宜在常温下溶解,温度超过 150 ℃时易分解。聚丙烯酰胺属非危险品,可应用于造纸过程中作助留剂、补强剂;水处理中作助凝剂、絮凝剂、污泥脱水剂;石油钻采中作降水剂、驱油剂;还广泛应用于增稠、稳定胶体、减阻、黏结、成膜、生物医学材料等方面。聚丙烯酰胺是非离子型聚合物,其溶液与电解质有较好的相溶性。聚丙烯酰胺的酰胺基团也有较高的反应活性,可以通过化学反应形成阴离子型聚合物、阳离子型聚合物或两性离子型聚合物,是油气田化学处理剂中重要的聚合物,其通过改性形成的各种以聚丙烯酰胺为主链的聚合物处理剂广泛用于石油勘探开发和提高采收率中。

丙烯酰胺(acrylamide)简称 AM,分子式为 $CH_2{=}CHCONH_2$,白色晶体,相对分子质量为 71.08,20 ℃时的密度为 1.22 $g \cdot cm^{-3}$,熔点为 84.5 ℃,溶于水、三氯甲烷、甲醇、乙醇、丙酮等极性溶剂。丙烯酰胺的双键具有较高的反应活性,在自由基存在下很容易聚合成高分子量的聚丙烯酰胺。

溶液聚合是将单体溶解于溶剂中进行的聚合反应。生成的聚合物能溶解于溶剂中的溶液聚合称为均相聚合;反之,聚合物从溶剂中沉淀析出的溶液聚合称为沉淀聚合。自由基聚合、离子聚合和缩聚反应均可采用溶液聚合的方法。进行溶液聚合时,由于溶剂并非完全是惰性的,对反应可能产生各种影响,选择溶剂时要注意其对引发剂分解的影响、链转移作用、对聚合物的溶解性能的影响。因此,溶剂的选择一般要注意以下几点:

(1)溶剂对引发剂的诱导分解作用小,以提高引发剂的引发效率;

(2)溶剂的链转移常数应较低,以便获得较高相对分子质量的聚合物;

(3)尽量使用聚合物的良溶剂,以便控制聚合反应;

(4)溶剂最好无毒性,以尽可能减少对环境的污染。

丙烯酰胺为水溶性单体,聚丙烯酰胺也溶于水,以水作溶剂,具有价廉、无毒、链转移常数小等优点,因此丙烯酰胺水溶液聚合是合成聚丙烯酰胺的一种最常用方法。

本实验采用丙烯酰胺在过硫酸铵的引发下合成聚丙烯酰胺,反应简式如下:

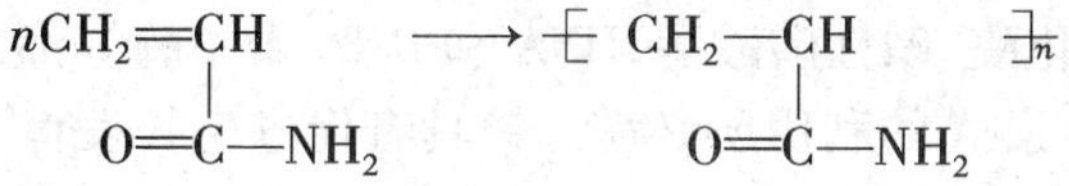

仪器和试剂

仪器:图 1-8(c)搅拌回流装置,图 2-9(c)减压过滤装置。

试剂:丙烯酰胺 10 g(0.14 mol),过硫酸铵 0.05 g,无水乙醇。

实验步骤

在 250 mL 四口烧瓶中间装机械搅拌器,一侧装恒压滴液漏斗,一侧装球形冷凝管,最后装导气管。将 10 g 丙烯酰胺(0.14 mol)和 90 mL 蒸馏水加入到反应瓶中[1],开动搅拌器,打开氮气通气阀[2],通氮气 3 ~ 5 min,尽可能排除烧瓶中的氧气[3]。反应瓶置于 30 ℃水浴中加热,使单体充分溶解。将 0.05 g 过硫酸铵溶解于 10 mL 蒸馏水中[4],然后将其滴加入反应烧瓶中,逐步升温到 90 ℃,反应 2 ~ 3 h 后冷却至室温。

在 500 mL 烧杯中加入 150 mL 乙醇,在搅拌下缓缓加入上述反应液,聚合物沉淀析出。静置片刻,加入少量乙醇,观察是否有沉淀出现。如果有,再加入乙醇,使聚合物完全沉淀,过滤,用少量乙醇洗涤聚合物,将聚合物置于 30 ℃真空干燥箱中干燥至恒重,称重并计算产率。

本实验约需 6 h。

注释

[1]丙烯酰胺有毒,使用时应避免直接接触,勿使其沾上皮肤,如有直接接触,应立即用大量清水冲洗干净。

[2]反应过程中不宜将氮气开得太大,液封处有气泡冒出即可。

[3]氧气是本实验的阻聚剂,会降低引发剂的效率,所以应尽量减少氧气混入。

[4]引发剂一定要以水溶液形式加入,避免发生爆聚现象。

思考题

(1)溶液聚合反应的溶剂应如何选择?

(2)在反应过程中溶液的黏度是否会发生变化?为什么?

(3)影响产物分子量的因素有哪些?

(4)提高聚合物的分子量应采取什么措施?

实验 7-5　葡萄糖酸锌的制备

实验目的

(1)学习并掌握葡萄糖酸锌的制备原理与方法。

(2)巩固蒸发、浓缩、过滤、重结晶等基本操作。

预习提示

复习重结晶提纯固体化合物的操作方法。

实验原理

锌是人体必需的微量元素之一,对全身代谢起广泛作用。锌存在于众多的酶系中,如碳酸酐酶、呼吸酶、乳酸脱氢酸、超氧化物歧化酶、碱性磷酸酶、DNA 和 RNA 聚中酶等都含有锌,为核酸、蛋白质、碳水化合物的合成和维生素 A 的利用所必需。锌具有促进生长发育、改善味觉的作用。人体缺锌会造成生长停滞、智力发育低下、味觉减退、嗅觉差和创伤愈合不良等现象,从而引发各种疾病。葡萄糖酸锌作为补锌药,具有见效快、吸收率高、副作用小等优点,主要用于治疗儿童及妊娠妇女由于缺锌引起的各种病症,也可以作为儿童食品、糖果的添加剂。

葡萄糖酸锌为白色或接近白色的晶体,无臭,溶于水,易溶于沸水,不溶于无水乙醇、氯仿和乙醚。本实验采用葡萄糖酸钙与硫酸锌直接反应制备,反应方程式如下:

$$Ca(C_6H_{11}O_7)_2 + ZnSO_4 \xlongequal{} Zn(C_6H_{11}O_7)_2 + CaSO_4 \downarrow$$

过滤除去 $CaSO_4$沉淀,溶液经浓缩、结晶可得葡萄糖酸锌晶体。

仪器与试剂

仪器:图 2-9(c)减压过滤装置。

试剂:$ZnSO_4 \cdot 7H_2O$ 6.7 g(0.023 3 mol),葡萄糖酸钙 10 g(0.023 3 mol),蒸馏水 50 mL,95%乙醇 50 mL。

实验步骤

在 200 mL 烧杯中加入蒸馏水 40 mL,加热至 80 ~ 90 ℃,加入 6.7 g $ZnSO_4 \cdot 7H_2O$,用玻璃棒搅拌至完全溶解。将烧杯置于 90 ℃的恒温水浴中,逐渐加入 10 g 葡萄糖酸钙,搅拌至完全溶解,静置保温 20 min[1]。趁热减压抽滤,滤渣为 $CaSO_4$,弃去;滤液转入烧杯中,加热近沸腾,加入少量活性炭脱色,趁热减压过滤[2]。滤液转入蒸发皿中,用小火加热浓缩至黏稠状。将滤液冷却到室温,加入 95%乙醇 20 mL(降低葡萄糖酸锌的溶解度),并不断搅拌,此时有大量的胶状葡萄糖酸锌析出,充分搅拌后,用倾泻法去除乙醇液。于胶状沉淀上再加 20 mL 95%乙醇,充分搅拌后,慢慢析出晶体,抽滤至干,得到葡萄糖酸锌粗品。母液回收。

将葡萄糖酸锌粗品加入至盛有 10 mL 蒸馏水的烧杯中,加热、搅拌至溶解,趁热减压过滤。滤液冷却至室温,加入 10 mL 95%乙醇,搅拌待结晶析出后,减压过滤,将溶剂尽量抽干。将结晶在 50 ℃下用恒温干燥箱烘干,称重,计算产率。

注释

[1]葡萄糖酸钙与硫酸锌反应时间不可过短,保证充分生成硫酸钙沉淀。

[2]如果抽滤除去硫酸钙后的滤液无色,可以不用活性炭脱色处理。如果进行脱色处理,一定要趁热过滤,防止产物过早冷却而析出。

思考题

(1)可否用 $ZnCl_2$ 为原料与葡萄糖酸钙反应制备葡萄糖酸锌？说明理由。

(2)制备葡萄糖酸锌时，加入 95% 乙醇为何能降低其在水中的溶解度而使之析出？

实验 7-6　食品抗氧化剂 TBHQ 的合成

实验目的

(1)掌握食品抗氧化剂 TBHQ 的合成原理和方法。

(2)掌握水蒸气蒸馏的原理和方法。

预习提示

(1)预习酚亲电取代反应中 Friedel-Crafts 烷基化反应。

(2)了解常用的食品抗氧化剂。

(3)复习电动搅拌、重结晶等实验操作。

实验原理

TBHQ 化学学名是 2-叔丁基-1,4-二羟基苯、邻叔丁基对苯二酚、2-叔丁基对苯二酚(CAS：1948-33-0)，是无色片状晶体，有一种极淡的特殊香味。分子式 $C_{10}H_{14}O_2$，相对分子质量 166.22，熔点 125 ~ 127 ℃，不溶于冷水，溶于热水和有机溶剂。

它是国家规定允许少量添加的食品抗氧化剂之一，具有高效、低毒、热稳定性好的优点，其安全性 FAO/WHO 评价属 A 类，也是美国 FDA 认可的添加剂，已被我国定为重点开发利用的油脂抗氧化剂品种。

目前合成 TBHQ 可行的原料有三类：

(1)以叔丁醇与对苯二酚为原料；

(2)以异丁烯与对苯二酚为原料；

(3)以甲基叔丁基醚与对苯二酚为原料。

后两类的合成原料对设备要求高，工艺复杂。以叔丁醇与对苯二酚为原料的合成方法具有对设备要求低，操作灵活的特点。催化剂若采用固体酸，TBHQ 的选择性低，为提高产品 TBHQ 的选择性，用液体酸(磷酸)为催化剂。

反应式如下：

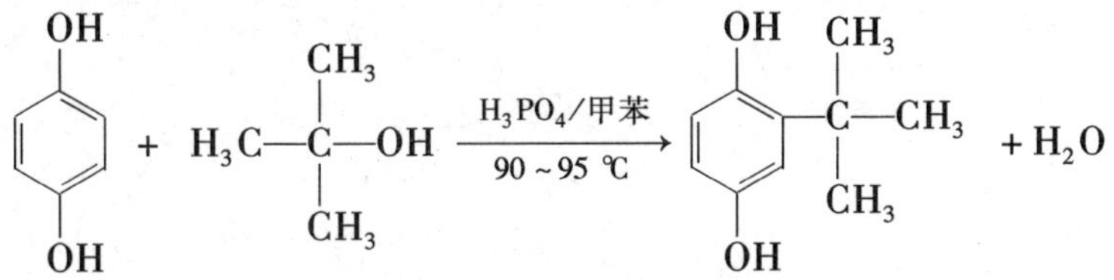

仪器与试剂

仪器：见图 1-8(c)和图 2-4 所示装置。

试剂：对苯二酚 4.0 g(0.036 mol)，叔丁醇 3.5 mL(0.036 mol)，浓磷酸 15 mL，甲苯 15 mL。

实验步骤

如图 1-8(c)所示，在装有机械搅拌器、球形回流冷凝管、恒压滴液漏斗和温度计的 100 mL

四口烧瓶中，加入 4.0 g(0.036 mol)对苯二酚、15 mL 浓磷酸和 15 mL 甲苯。恒压滴液漏斗中加入 3.5 mL(2.67 g,0.036 mol)叔丁醇。冷凝管中通入冷水，开动搅拌器，用电热套加热，待反应液温度上升到 90 ℃时，缓慢滴入叔丁醇，控制反应温度在 90～95 ℃[1]，于 30～40 min 内滴完叔丁醇，继续保温并搅拌至固体完全溶解，约 15 min[2]。停止加热和搅拌，趁热将反应液转移至分液漏斗中，分去磷酸层。有机相转移在四口烧瓶中，加入 45 mL 水，进行水蒸气蒸馏，除去甲苯和没有完全反应的对苯二酚，直至没有油状物蒸出为止。蒸馏完，将残留物趁热抽滤，滤去少量不溶或难溶于热水的副产物，弃去不溶物。滤液转移至烧杯，迅速析出白色沉淀，冷却使其结晶完全，抽滤，并用少量冷水洗涤，得白色闪亮结晶。产物可在水中进行重结晶。

注释

[1]反应温度不能过高或过低。温度过高，会导致二取代和多取代产物的生成；温度过低，则反应速度过慢。

[2]对苯二酚在磷酸中的溶解度要大于在甲苯中的溶解度，滴入叔丁醇后，在磷酸的催化下，会生成产物 TBHQ，而 TBHQ 在甲苯中溶解度要大于在磷酸中的溶解度，因而会迅速进入有机相，从而阻止其进一步被二取代。

思考题

(1)水蒸气蒸馏蒸去什么？水蒸气蒸馏蒸后趁热抽滤除去什么？

(2)该反应中可否采用叔丁醇过氧化物？

第八部分　附录

附录一　常用有机溶剂的纯化

有机化学实验离不开溶剂，溶剂不仅作为反应介质，在产物的纯化和后处理中也经常使用。市售的有机溶剂有工业纯、化学纯和分析纯等各种规格。纯度愈高，价格愈贵。在有机合成中，常常根据反应的特点和要求选用适当规格的溶剂，以便使反应能够顺利进行而又符合勤俭节约的原则。某些有机反应（如 Grignard 反应等）对溶剂要求较高，即使微量杂质或水分的存在，也会对反应速率、产率和纯度带来影响。由于有机合成中使用溶剂的量比较大，若仅依靠购买市售纯品，不仅价值较贵，有时也不一定能满足反应的要求。因此了解有机溶剂的性质及纯化方法十分重要。有机溶剂的纯化是有机合成工作的一项基本操作。这里介绍了市售的普通溶剂，在实验室条件下的常用的纯化方法。

1. 无水乙醚

bp　34.51 ℃，$n_D^{20}=1.3526$，$d_4^{20}=0.71378$

普通乙醚中常含有一定量的水、乙醇及少量过氧化物等杂质，这对于要求以无水乙醚作溶剂的反应（如 Grignard 反应），不仅影响反应的进行，且易发生危险。试剂级的无水乙醚，往往也不合要求，且价格较贵，因此在实验中常需自行制备。制备无水乙醚时首先要检验有无过氧化物。为此取少量乙醚与等体积 2% 碘化钾溶液，加入几滴稀盐酸一起振摇，若能使淀粉溶液呈紫色或蓝色，即证明有过氧化物存在。除去过氧化物可在分液漏斗中加入普通乙醚和相当于乙醚体积 1/5 的新配制硫酸亚铁溶液[1]，剧烈摇动后分去水溶液。除去过氧化物后，按照下述操作进行精制。

实验步骤

在 250 mL 圆底烧瓶中放置 100 mL 除去过氧化物的普通乙醚和几粒沸石，装上冷凝管。冷凝管上端通过一带有侧槽的橡皮塞，插入盛有 10 mL 浓硫酸[2]的滴液漏斗。通入冷凝水，将浓硫酸慢慢滴入乙醚中，乙醚吸收脱水作用所产生的热而自行沸腾。加完后摇动反应物。

待乙醚停止沸腾后，拆下冷凝管，改成蒸馏装置。在收集乙醚的接收瓶支管上连一氯化钙干燥管，并用与干燥管连接的橡皮管把乙醚蒸气导入水槽。加入沸石后，用事先准备好的水浴加热蒸馏。蒸馏速度不宜太快，以免乙醚蒸气冷凝不下来而溢散于室内[3]。当收集到约 70 mL乙醚且蒸馏速度显著变慢时，即可停止蒸馏。瓶内所剩残液倒入指定的回收瓶中，切不可将水加入残液中。

将蒸馏收集的乙醚倒入干燥的锥形瓶中，加入 1 g 钠屑或 1 g 钠丝，然后用带有氯化钙干燥管的软木塞塞住，或在木塞中插入一末端拉成毛细管的玻璃管，以防止潮气侵入并可使产生的气体逸出。放置 24 h 以上，使乙醚中残留的少量水和乙醇转化为氢氧化钠和乙醇钠。如不再有气泡逸出，同时钠的表面较好，则可储放备用。如放置后，金属钠表面已全部发生作用，需重新压入少量钠丝，放置至无气泡发生。这种无水乙醚可符合一般无水要求[4]。

注释

[1]硫酸亚铁溶液的配制是在110 mL水中加入6 mL浓硫酸，然后加入60 g硫酸亚铁。硫酸亚铁溶液久置后容易氧化变质，因此需在使用前临时配制。使用较纯的乙醚制取无水乙醚时，可免去硫酸亚铁溶液洗涤。

[2]也可在100 mL乙醚中加入4～5 g无水氯化钙代替浓硫酸作干燥剂，并在下一步操作中用五氧化二磷代替金属钠而制得合格的无水乙醚。

[3]乙醚沸点低(34.51 ℃)，极易挥发(20 ℃时蒸气压为58.9 kPa)，且蒸气比空气重(约为空气的2.5倍)，容易聚集在桌面附近或低凹处。当空气中含有1.85%～36.5%的乙醚蒸气时，遇火即会发生燃烧爆炸。故在使用和蒸馏过程中，一定要谨慎小心，远离火源。尽量不让乙醚蒸气散发到空气中，以免造成意外。

[4]如需要更纯的乙醚时，则在除去过氧化物后，应再用0.5%高锰酸钾溶液与乙醚共振摇，使其中含有的醛类氧化成酸，然后依次用5%氢氧化钠溶液、水洗涤，经干燥、蒸馏，再压入钠丝。

2. 绝对乙醇

bp 78.5 ℃，$n_D^{20}=1.3611$，$d_4^{20}=0.7893$

市售的无水乙醇一般只能达到99.5%的纯度，在许多反应中需用纯度更高的绝对乙醇，故需自己制备。通常工业用的95.5%的乙醇不能直接用蒸馏法制取无水乙醇，因95.5%的乙醇和4.5%的水形成恒沸点混合物。要把水除去，首先是加入氧化钙(生石灰)煮沸回流，使乙醇中的水与生石灰作用生成氢氧化钙，然后再将无水乙醇蒸出。这样得到无水乙醇的纯度最高约99.5%。纯度更高的无水乙醇可用金属镁或金属钠进行处理。

$$2C_2H_5OH + Mg \longrightarrow (C_2H_5O)_2Mg + H_2\uparrow$$

$$(C_2H_5O)_2Mg + 2H_2O \longrightarrow 2C_2H_5OH + Mg(OH)_2$$

$$C_2H_5OH + Na \longrightarrow C_2H_5ONa + \frac{1}{2}H_2\uparrow$$

$$C_2H_5ONa + H_2O \rightleftharpoons C_2H_5OH + NaOH$$

实验步骤

1)无水乙醇(含量99.5%)的制备

在500 mL圆底烧瓶[1]中放置200 mL 95%乙醇和50 g生石灰[2]，用木塞塞紧瓶口，放置至下次实验[3]用。

下次实验时，拔去木塞，装上回流冷凝管，其上端接一氯化钙干燥管，在水浴上加热回流2～3 h，稍冷后取下冷凝管，改成蒸馏装置。蒸去前馏分后，用干燥的吸滤瓶或蒸馏瓶作接收器，其支管接一氯化钙干燥管，使之与大气相通。用水浴加热，蒸馏至几乎无液滴流出为止。称量无水乙醇的质量或量其体积，计算回收率。

2)绝对乙醇(含量99.95%)的制备

(1)用金属镁制取。在250 mL的圆底烧瓶中放置0.6 g干燥纯净的镁条和10 mL 99.5%乙醇，装上回流冷凝管，并在冷凝管上端附加一只无水氯化钙干燥管。在沸水浴上或用火直接加热，使其达微沸，移去热源，立刻加入几粒碘片(此时注意不要振荡)，顷刻即在碘粒附近发生作用，最后达到相当剧烈的程度。有时作用太慢，则需加热，如果在加碘之后，作用仍不开始，则可再加入数粒碘(一般乙醇与镁的作用是缓慢的，如所用乙醇含水量超过0.5%，则作用尤其困难)。待全部镁已经作用完毕后,加入 100 mL 99.5% 乙醇和几粒沸石。回流 1 h,蒸馏,产物收存于玻璃瓶中,用一橡皮塞或磨口塞塞住。

(2)用金属钠制取。装置和操作同(1)。在 250 mL 圆底烧瓶中放置 2 g 金属钠和 100 mL 纯度至少为 99% 的乙醇,加入几粒沸石。加热回流 30 min 后,加入 4 g 邻苯二甲酸二乙酯[4],再回流 10 min。取下冷凝管,改成蒸馏装置,按收集无水乙醇的要求进行蒸馏。产品储于带有磨口塞或橡皮塞的容器中。

注释

[1]本实验中所用仪器均需彻底干燥。由于无水乙醇具有很强的吸水性,故操作过程中和存放时必须防止水分浸入。

[2]一般用干燥剂干燥有机溶剂时,在蒸馏前应先过滤除去干燥剂,但氧化钙与乙醇中的水反应生成的氢氧化钙,因加热时不分解,故可留在瓶中一起蒸馏。

[3]若不放置,可适当延长回流时间。

[4]加入邻苯二甲酸二乙酯的目的,是利用它和氢氧化钠进行反应:

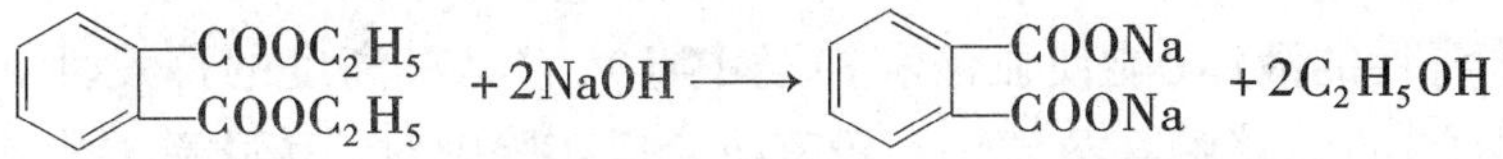

因此消除了乙醇和氢氧化钠生成乙醇钠与水的作用,这样制得的乙醇可达到极高的纯度。

3. 无水甲醇

bp 64.96 ℃, $n_D^{20}=1.328\ 8$, $d_4^{20}=0.791\ 4$

市售的甲醇由合成而来,含水量不超过 0.5% ~1%。由于甲醇和水不能形成共沸点的混合物,为此可借助高效的精馏柱将少量水除去。精制甲醇含有 0.02% 的丙酮和 0.1% 的水,一般已可应用。如要制得无水甲醇,可用金属镁制取的方法(见"绝对乙醇的制备")。若含水量低于 0.1%,亦可用 3A 或 4A 型分子筛干燥。甲醇有毒,处理时应避免吸入其蒸气。

4. 无水无噻吩苯

bp 80.1 ℃, $n_D^{20}=1.501\ 1$, $d_4^{20}=0.878\ 65$

普通苯含有少量的水(可达 0.02%),由煤焦油加工得来的苯还含有少量噻吩(沸点 84 ℃),不能用分馏或分步结晶法分离除去。为制得无水无噻吩的苯,可采用下列方法:在分液漏斗内将普通苯及相当苯体积 15% 的浓硫酸一起摇荡,摇荡后将混合物静置,弃去底层的酸液,再加入新的浓硫酸,重复操作,直至酸层呈现无色或淡黄色,且检验无噻吩为止。分去酸层,苯层依次用水、10% 碳酸钠溶液洗涤,用氯化钙干燥,蒸馏,收集 80 ℃ 的馏分。若要高度干燥,可加入钠丝(见"无水乙醚")进一步去水。由石油加工得来的苯一般可省去除噻吩的步骤。

噻吩的检验:取 5 滴苯于小试管中,加入 5 滴浓硫酸及 1 ~2 滴 1% 的 α,β-吲哚醌-浓硫酸溶液,振荡片刻,如呈墨绿色或蓝色,表示有噻吩存在。

5. 丙酮

bp 56.2 ℃, $n_D^{20}=1.358\ 8$, $d_4^{20}=0.789\ 9$

普通丙酮中往往含有少量水及甲醇、乙醛等还原性杂质,可用下列方法精制。

(1)在 100 mL 丙酮中加入 0.5 g 高锰酸钾回流,以除去还原性杂质。若高锰酸钾紫色很快消失,需要加入少量高锰酸钾继续回流,直至紫色不再消失为止。蒸出丙酮,用无水碳酸钾或无水硫酸钙干燥，过滤，蒸馏收集 55 ~ 56.5 ℃的馏分。

(2)于 100 mL 丙酮中加入 4 mL 10% 硝酸银溶液及 35 mL 0.1 mol · L^{-1}，氢氧化钠溶液，振荡10 min，除去还原性杂质。过滤，滤液用无水硫酸钙干燥后蒸馏收集 55 ~ 56.5 ℃的馏分。

6. 乙酸乙酯

bp 77.06 ℃，n_D^{20} = 1.372 3，d_4^{20} = 0.900 3

市售的乙酸乙酯中含有少量水、乙醇和醋酸，可用下述方法精制。

(1)于 100 mL 乙酸乙酯中加入 10 mL 醋酸酐，加 1 滴浓硫酸，加热回流 4 h，除去乙醇及水等杂质，然后进行分馏。馏出液用 2 ~ 3 g 无水碳酸钾振荡干燥后蒸馏，最后产物的沸点为 77 ℃，纯度达 99.7%。

(2)将乙酸乙酯先用等体积 5% 碳酸钠溶液洗涤，再用饱和氯化钙溶液洗涤，然后用无水碳酸钾干燥后蒸馏。

7. 二硫化碳

bp 46.25 ℃，n_D^{20} = 1.631 89，d_4^{20} = 1.266 1

二硫化碳为有较高毒性的液体(能使血液和神经中毒)，它具有高度的挥发性和易燃性，所以使用时必须十分小心，避免接触其蒸气。一般有机合成实验中对二硫化碳要求不高，可在普通二硫化碳中加入少量研碎的无水氯化钙，干燥后滤去干燥剂，然后在水浴中蒸馏收集即可。

若要制得较纯的二硫化碳，则需将试剂级的二硫化碳用 0.5% 高锰酸钾水溶液洗涤，除去硫化氢，再用汞不断振荡除去硫，最后用 2.5% 硫酸汞溶液洗涤，除去所有恶臭(剩余的硫化氢)，再经氯化钙干燥，蒸馏收集。其纯化过程的反应式如下：

$$3H_2S + 2KMnO_4 \longrightarrow 2MnO_2\downarrow + 3S\downarrow + 2H_2O + 2KOH$$

$$Hg + S \longrightarrow HgS\downarrow$$

$$HgSO_4 + H_2S \longrightarrow HgS\downarrow + H_2SO_4$$

8. 氯仿

bp 61.7 ℃，n_D^{20} = 1.445 9，d_4^{20} = 1.483 2

普通用的氯仿含有 1% 的乙醇，这是为了防止氯仿分解为有毒的光气而作为稳定剂加进去的。为了除去乙醇，可以将氯仿用一半体积的水振荡数次，然后分出下层氯仿，用无水氯化钙干燥数小时后蒸馏。

另一种精制方法是将氯仿与小量浓硫酸一起振荡两三次。每 1 000 mL 氯仿用浓硫酸 50 mL。分去酸层以后的氯仿用水洗涤，干燥，然后蒸馏。除去乙醇的无水氯仿应保存于棕色瓶中，并且避光，以免分解。

9. 石油醚

石油醚为轻质石油产品，是相对分子质量较低的烃类(主要是戊烷和己烷)的混合物。其沸程为 30 ~ 150 ℃，收集的温度区间一般为 30 ℃左右，如有 30 ~ 60 ℃、60 ~ 90 ℃、90 ~ 120 ℃等沸程规格的石油醚。石油醚中含有少量不饱和烃，沸点与烷烃相近，用蒸馏法无法分离，必要时可用浓硫酸和高锰酸钾去除。通常将石油醚用其体积 1/5 的浓硫酸洗涤两三次，再用 10% 的硫酸加入高锰酸钾配成的饱和溶液洗涤，直至水层中的紫色不再消失为止。然后用水洗，经无水氯化钙干燥后蒸馏。如需要绝对干燥的石油醚，则加入钠丝(见“无水乙醚”)。

10. **吡啶**

bp　115.5 ℃，$n_D^{20}=1.5095$，$d_4^{20}=0.9819$

分析纯的吡啶含有少量水分，但已可供一般应用。如要制得无水吡啶，可与粒状氢氧化钾或氢氧化钠一同回流，然后隔绝潮气蒸出备用。干燥的吡啶吸水性很强，保存时应将容器口用石蜡封好。

11. **N,N-二甲基甲酰胺**

bp　149～156 ℃，$n_D^{20}=1.4305$，$d_4^{20}=0.9487$

N,N-二甲基甲酰胺含有少量水分。在常压蒸馏时有些分解，产生二甲胺与一氧化碳。若有酸或碱存在时，分解加快，所以把加入固体氢氧化钾或氢氧化钠的 N,N-二甲基甲酰胺在室温放置数小时后，即有部分分解。因此，最好用硫酸钙、硫酸镁、氧化钡、硅胶或分子筛干燥，然后减压蒸馏、收集76 ℃4.79 kPa 时的馏分。如其中含水较多，可加入 1/10 体积的苯，在常压及 80 ℃以下蒸去水和苯，然后用硫酸镁或氧化钡干燥，再进行减压蒸馏。

如 N,N-二甲基甲酰胺中有游离胺存在，可用 2,4-二硝基氟苯产生的颜色来检查。

12. **四氢呋喃**

bp　67 ℃（mp　64.5 ℃），$n_D^{20}=1.4050$，$d_4^{20}=0.8892$

四氢呋喃系具乙醚气味的无色透明液体，市售的四氢呋喃常含有少量水分及过氧化物。如要制得无水四氢呋喃可与氢化锂铝在隔绝潮气下回流（通常 1 000 mL 约需 2～4 g 氢化锂铝）除去其中的水和过氧化物，然后在常压下蒸馏，收集 66 ℃的馏分。精制后的液体应在氮气气氛中保存，如需较久放置，应加 0.025% 的 2,6-二叔丁基-4-甲基苯酚作抗氧剂。处理四氢呋喃时，应先用小量进行试验，以确定只有少量水和过氧化物作用不致过于猛烈时方可进行。

四氢呋喃中的过氧化物可用酸化的碘化钾溶液来试验。如果过氧化物很多，应以另行处理为宜。

13. **二甲亚砜**

bp　189 ℃（mp　18.5 ℃），$n_D^{20}=1.4783$，$d_4^{20}=1.0954$

二甲亚砜为无色、无嗅、微带苦味的吸湿性液体。常压下加热至沸腾可部分分解。市售二甲亚砜含水量约为1%。通常先减压蒸馏，然后用4A 型分子筛干燥；或用氢化钙粉末搅拌 4～8 h，再减压蒸馏收集 64～65 ℃533 Pa 时的馏分。蒸馏时，温度不宜高于 90 ℃，否则会发生歧化反应，生成二甲砜和二甲硫醚。二甲亚砜与某些物质（如氢化钠、高碘酸或高氯酸镁等）混合时会发生爆炸，应高度注意。

14. **二氧六环**

bp　101.5 ℃（mp　12 ℃），$n_D^{20}=1.4224$，$d_4^{20}=1.0336$

二氧六环的作用与醚相似，可与水任意混合。普通二氧六环中含有少量二乙醇缩醛与水，久贮的二氧六环还可能含有过氧化物。

二氧六环的纯化：一般加入 10% 质量的浓盐酸与之回流 3 h，同时慢慢通入氮气，以除去生成的乙醛，冷至室温，加入粒状氢氧化钾直至不再溶解；然后分去水层，用粒状氢氧化钾干燥，过夜后，过滤，再加金属钠加热回流数小时，蒸馏后压入钠丝保存。

15. **1,2-二氯乙烷**

bp　83.4℃，$n_D^{20}=1.4448$，$d_4^{20}=1.2531$

1,2-二氯乙烷为无色油状液体,有芳香味。溶于120份水中,可与水形成恒沸混合物,沸点为72 ℃,其中含81.5%的1,2-二氯乙烷。可与乙醇、乙醚、氯仿等相混溶。在结晶和提取时是极有用的溶剂,比常用的含氯有机溶剂更为活泼。

一般纯化可依次用浓硫酸、水、稀碱溶液和水洗涤,用无水氯化钙干燥或加入五氧化二磷分馏即可。

附录二　有机化学常用数据表

附表8-1　常用元素相对原子质量

元素名称	相对原子质量	元素名称	相对原子质量
银　Ag	107.868	碘　I	126.904 5
铝　Al	26.981 54	钾　K	39.098
溴　Br	79.904	镁　Mg	24.305
碳　C	12.011	锰　Mn	54.938 0
钙　Ca	40.08	氮　N	14.006 7
氯　Cl	35.453	钠　Na	22.989 8
铬　Cr	51.996	氧　O	15.999 4
铜　Cu	65.546	磷　P	30.973 76
氟　F	18.998 40	铅　Pb	207.2
铁　Fe	55.847	硫　S	32.06
氢　H	1.007 9	锡　Sn	118.69
汞　Hg	200.59	锌　Zn	65.38

附表8-2　常用酸碱溶液密度及百分组成

硫酸

H_2SO_4 质量分数/%	相对密度 d_4^{20}	100 mL 水溶液中含 H_2SO_4/g	H_2SO_4 质量分数/%	相对密度 d_4^{20}	100 mL 水溶液中含 H_2SO_4/g
1	1.005 1	1.005	65	1.533 3	101.0
2	1.011 8	2.024	70	1.610 5	112.7
3	1.018 4	3.055	75	1.669 2	125.2
4	1.025 0	4.100	80	1.727 2	138.2
5	1.031 7	5.159	85	1.778 6	151.2
10	1.066 1	10.66	90	1.814 4	163.3
15	1.102 0	16.53	91	1.819 5	165.6
20	1.139 4	22.79	92	1.824 0	167.8
25	1.178 3	29.46	93	1.827 9	170.2
30	1.218 5	36.56	94	1.831 2	172.1
35	1.259 9	44.10	95	1.833 7	174.2
40	1.302 8	52.11	96	1.835 5	176.2
45	1.347 6	60.64	97	1.836 4	178.1
50	1.395 1	69.76	98	1.836 1	179.9
55	1.445 3	79.49	99	1.834 2	181.6
60	1.498 3	89.90	100	1.830 5	183.1

盐酸

HCl 质量分数/%	相对密度 d_4^{20}	100 mL 水溶液中含 HCl/g	HCl 质量分数/%	相对密度 d_4^{20}	100 mL 水溶液中含 HCl/g
1	1.003 2	1.003	22	1.108 3	24.38
2	1.008 2	2.006	24	1.118 7	26.85
4	1.018 1	4.007	26	1.129 0	29.35
6	1.027 9	6.167	28	1.139 2	31.90
8	1.037 6	8.301	30	1.149 2	34.48
10	1.047 4	10.47	32	1.159 3	37.10
12	1.057 4	12.69	34	1.169 1	39.75
14	1.067 5	14.95	36	1.178 9	42.44
16	1.077 6	17.24	38	1.188 5	45.16
18	1.087 8	19.58	40	1.198 0	47.92
20	1.098 0	21.96			

硝酸

HNO_3 质量分数/%	相对密度 d_4^{20}	100 mL 水溶液中含 HNO_3/g	HNO_3 质量分数/%	相对密度 d_4^{20}	100 mL 水溶液中含 HNO_3/g
1	1.003 6	1.004	65	1.391 3	90.43
2	1.009 1	2.018	70	1.413 4	98.94
3	1.014 6	3.044	75	1.433 7	107.5
4	1.020 1	4.080	80	1.452 1	116.2
5	1.025 6	5.128	85	1.468 6	124.8
10	1.054 3	10.54	90	1.482 6	133.4
15	1.084 2	16.26	91	1.485 0	135.1
20	1.115 0	22.30	92	1.487 3	136.8
25	1.146 9	28.67	93	1.489 2	138.5
30	1.180 0	35.40	94	1.491 2	140.2
35	1.214 0	42.49	95	1.493 2	141.9
40	1.246 3	49.85	96	1.495 2	143.5
45	1.278 3	57.52	97	1.497 4	145.2
50	1.310 0	65.50	98	1.500 8	147.1
55	1.339 3	73.66	99	1.505 6	149.1
60	1.366 7	82.00	100	1.512 9	151.3

醋酸

CH_3COOH 质量百分数/%	相对密度 d_4^{20}	100 mL 水溶液中含 CH_3COOH/g	CH_3COOH 质量百分数/%	相对密度 d_4^{20}	100 mL 水溶液中含 CH_3COOH/g
1	0.999 6	0.999 6	65	1.066 6	69.33
2	1.001 2	2.002	70	1.068 5	74.80
3	1.002 5	3.008	75	1.069 6	80.22
4	1.004 0	4.016	80	1.070 0	85.60
5	1.005 5	5.028	85	1.068 9	90.86
10	1.012 5	10.13	90	1.066 1	95.95
15	1.019 5	15.29	91	1.065 2	96.93
20	1.026 3	20.53	92	1.064 3	97.92
25	1.032 6	25.82	93	1.063 2	98.88
30	1.038 4	31.15	94	1.061 9	99.82
35	1.043 8	36.53	95	1.060 5	100.7

续表

CH_3COOH 质量百分数/%	相对密度 d_4^{20}	100 mL 水溶液中含 CH_3COOH/g	CH_3COOH 质量百分数/%	相对密度 d_4^{20}	100 mL 水溶液中含 CH_3COOH/g
40	1.048 8	41.95	96	1.058 8	101.6
45	1.053 4	47.40	97	1.057 0	102.5
50	1.057 5	52.88	98	1.054 9	103.4
55	1.061 1	58.36	99	1.052 4	104.2
60	1.064 2	63.85	100	1.049 8	105.0

氢溴酸

HBr 质量百分数/%	密度 d_4^{20}	100 mL 水溶液中含 HBr/g	HBr 质量分数/%	密度 d_4^{20}	100 mL 水溶液中含 HBr/g
10	1.072 3	10.7	45	1.444 6	65.0
20	1.157 9	23.2	50	1.517 3	75.8
30	1.258 0	37.7	55	1.595 3	87.7
35	1.315 0	46.0	60	1.678 7	100.7
40	1.377 2	56.1	65	1.767 5	114.9

氢碘酸

HI 质量百分数/%	密度 d_4^{20}	100 mL 水溶液中含 HI/g	HI 质量百分数/%	密度 d_4^{20}	100 mL 水溶液中含 HI/g
20.77	1.157 8	24.4	56.78	1.699 8	96.6
31.77	1.296 2	41.2	61.97	1.821 8	112.8
42.7	1.448 9	61.9			

发烟硫酸

游离 SO_3 质量百分数/%	密度 d_4^{20}	100 mL 水溶液中含 SO_3/g	游离 SO_3 质量百分数/%	密度 d_4^{20}	100 mL 水溶液中含 SO_3/g
1.54	1.860	2.8	10.07	1.900	19.1
2.66	1.865	5.0	10.56	1.905	20.1
4.28	1.870	8.0	11.43	1.910	21.8
5.44	1.875	10.2	13.33	1.915	25.5
6.42	1.880	12.1	15.95	1.920	30.6
7.29	1.885	13.7	18.67	1.925	35.9
8.16	1.890	15.4	21.34	1.930	41.2
9.43	1.895	17.7	25.65	1.935	49.6

氢氧化钠

NaOH 质量百分数/%	密度 d_4^{20}	100 mL 水溶液中含 NaOH/g	NaOH 质量百分数/%	密度 d_4^{20}	100 mL 水溶液中含 NaOH/g
1	1.009 5	1.010	26	1.284 8	33.40
2	1.020 7	2.041	28	1.306 4	36.58
4	1.042 8	4.171	30	1.327 9	39.84
6	1.064 8	6.389	32	1.349 0	43.17
8	1.086 9	8.695	34	1.369 6	46.57
10	1.108 9	11.09	36	1.390 0	50.04
12	1.130 9	13.57	38	1.410 1	53.58

续表

NaOH 质量百分数/%	密度 d_4^{20}	100 mL 水溶液中含 NaOH/g	NaOH 质量百分数/%	密度 d_4^{20}	100 mL 水溶液中含 NaOH/g
14	1.153 0	16.14	40	1.430 0	57.20
16	1.175 1	18.80	42	1.449 4	60.87
18	1.197 2	21.55	44	1.468 5	64.61
20	1.219 1	24.38	46	1.487 3	68.42
22	1.241 1	27.30	48	1.506 5	72.31
24	1.262 9	30.31	50	1.525 3	76.27

氢氧化钾

KOH 质量百分数/%	密度 d_4^{20}	100 mL 水溶液中含 KOH/g	KOH 质量百分数/%	密度 d_4^{20}	100 mL 水溶液中含 KOH/g
1	1.008 3	1.008	28	1.269 5	35.55
2	1.017 5	2.035	30	1.290 5	38.72
4	1.035 9	4.144	32	1.311 7	41.97
6	1.054 4	6.326	34	1.333 1	45.33
8	1.073 0	8.584	36	1.354 9	48.78
10	1.091 8	10.92	38	1.376 5	52.32
12	1.110 8	13.33	40	1.399 1	55.96
14	1.129 9	15.82	42	1.421 5	59.70
16	1.149 3	19.70	44	1.444 3	63.55
18	1.168 8	21.04	46	1.467 3	67.50
20	1.188 4	23.77	48	1.490 7	71.55
22	1.208 3	26.58	50	1.514 3	75.72
24	1.228 5	29.48	52	1.538 2	79.99
26	1.248 9	32.47			

氢氧化铵

NH_3 质量百分数/%	密度 d_4^{20}	100 mL 水溶液中含 NH_3/g	NH_3 质量百分数/%	密度 d_4^{20}	100 mL 水溶液中含 NH_3/g
1	0.993 9	9.94	16	0.936 2	149.8
2	0.989 5	19.79	18	0.929 5	167.3
4	0.981 1	39.24	20	0.922 9	184.6
6	0.973 0	58.38	22	0.916 4	201.6
8	0.965 1	77.21	24	0.910 1	218.4
10	0.957 5	95.75	26	0.904 0	235.0
12	0.950 1	114.0	28	0.898 0	251.4
14	0.943 0	132.0	30	0.892 0	267.6

碳酸钠

Na_2CO_3 质量百分数/%	密度 d_4^{20}	100 mL 水溶液中含 Na_2CO_3/g	Na_2CO_3 质量百分数/%	密度 d_4^{20}	100 mL 水溶液中含 Na_2CO_3/g
1	1.008 6	1.009	12	1.124 4	13.49
2	1.019 0	2.038	14	1.146 3	16.05
4	1.039 8	4.159	16	1.168 2	18.50
6	1.060 6	6.364	18	1.190 5	21.33
8	1.081 6	8.653	20	1.213 2	24.26
10	1.102 9	11.03			

常用的酸和碱

溶液	密度(d_4^{20})	质量分数/%	$mol \cdot L^{-1}$	g/100 mL
浓盐酸	1.19	37	12.0	44.0
恒沸点盐酸(252 mL 浓盐酸+200 mL 水),沸点 110 ℃	1.10	20.2	6.1	22.2
10%盐酸(100 mL 浓盐酸+32 mL 水)	1.05	10	2.9	10.5
5%盐酸(50 mL 浓盐酸+380.5 mL 水)	1.03	5	1.4	5.2
1 $mol \cdot L^{-1}$盐酸(41.5 mL 浓盐酸稀释到 500 mL)	1.02	3.6	1	3.6
恒沸点氢溴酸(沸点 126 ℃)	1.49	47.5	8.8	70.7
恒沸点氢碘酸(沸点 127 ℃)	1.7	57	7.6	97
浓硫酸	1.84	96	18	177
10%硫酸(25 mL 浓硫酸+398 mL 水)	1.07	10	1.1	10.7
0.5 $mol \cdot L^{-1}$硫酸(13.9 mL 浓硫酸稀释到 500 mL)	1.03	4.7	0.5	4.9
浓硝酸	1.42	71	16	101
10%氢氧化钠	1.11	10	2.8	11.1
浓氨水	0.9	28.4	15	25.9

附表 8-3 部分共沸混合物的性质

二元共沸混合物的性质

混合物的组分	760 mmHg②时的沸点/℃		质量分数/%	
	纯组分	共沸物	第一组分	第二组分
水①	100			
甲苯	110.8	84.1	19.6	81.4
苯	80.2	69.3	8.9	91.1
乙酸乙酯	77.1	70.4	8.2	91.8
正丁酸丁酯	125	90.2	26.7	73.3
异丁酸丁酯	117.2	87.5	19.5	80.5
苯甲酸乙酯	212.4	99.4	84.0	16.0
2-戊酮	102.25	82.9	13.5	86.5
乙醇	78.4	78.1	4.5	95.5
正丁醇	117.8	92.4	38	62
异丁醇	108.0	90.0	33.2	66.8
仲丁醇	99.5	88.5	32.1	67.9
叔丁醇	82.8	79.9	11.7	88.3
苄醇	205.2	99.9	91	9
烯丙醇	97.0	88.2	27.1	72.9
甲酸	100.8	107.3(最高)	22.5	77.5
硝酸	86.0	120.5(最高)	32	68
氢碘酸	-34	127(最高)	43	57
氢溴酸	-67	126(最高)	52.5	47.5
氢氯酸	-84	110(最高)	79.76	20.2
乙醚	34.5	34.2	1.3	98.7
丁醛	75.7	68	6	94
三聚乙醛	115	91.4	30	70
乙酸乙酯	77.1			
二硫化碳	46.3	46.1	7.3	92.7
己烷	69			
苯	80.2	68.8	95	5
氯仿	61.2	60.8	28	72

续表

混合物的组分	760 mmHg②时的沸点/℃		质量分数/%	
	纯组分	共沸物	第一组分	第二组分
丙酮	56.5			
二硫化碳	46.3	39.2	34	66
异丙醚	69.0	54.2	61	39
氯仿	61.2	65.5	20	80
四氯化碳	76.8			
乙酸乙酯	77.1	74.8	57	43
环己烷	80.8			
苯	80.2	77.8	45	55

①有“~~~~”符号者为第一组分。

②760 mmHg = 101.325 kPa。

三元共沸混合物的性质

第一组分		第二组分		第三组分		沸点/℃
名称	质量分数/%	名称	质量分数/%	名称	质量分数/%	
水	7.8	乙醇	9.0	乙酸乙酯	83.2	70.0
水	4.3	乙醇	9.7	四氯化碳	86.0	61.8
水	7.4	乙醇	18.5	苯	74.1	64.9
水	7	乙醇	17	环己烷	76	62.1
水	3.5	乙醇	4.0	氯仿	92.5	55.5
水	7.5	异丙醇	18.7	苯	73.8	66.5
水	0.81	二硫化碳	75.21	丙酮	23.98	38.042

附表 8-4 典型有机分子中^{1}H NMR 的化学位移值

一些有机化合物中甲基的^{1}H NMR 的化学位移 δ

化合物	δ	化合物	δ
CH_3NO_2	4.3	CH_3CHO	2.2
CH_3F	4.3	CH_3I	2.2
$(CH_3)_2SO_4$	3.9	$(CH_3)_3N$	2.1
$C_6H_5COOCH_3$	3.9	$CH_3CON(CH_3)_2$	2.1
$C_6H_5—O—CH_3$	3.7	$(CH_3)_2S$	2.1
CH_3COOCH_3	3.6	$CH_2=C(CN)CH_3$	2.0
CH_3OH	3.4	CH_3COOCH_3	2.0
$(CH_3)_2O$	3.2	CH_3CN	2.0
CH_3Cl	3.0	CH_3CH_2I	1.9
$C_6H_5N(CH_3)_2$	2.9	$CH_2=CH—C(CH_3)=CH_2$	1.8
$(CH_3)_2NCHO$	2.8	$(CH_3)_2C=CH_2$	1.7
CH_3Br	2.7	CH_3CH_2Br	1.7
CH_3COCl	2.7	$C_6H_5C(CH_3)_3$	1.3
CH_3SCN	2.6	$C_6H_5CH(CH_3)_2$	1.2
$C_6H_5COCH_3$	2.6	$(CH_3)_3COH$	1.2
$(CH_3)_2SO$	2.5	$C_6H_5CHCH_3$	1.2
$C_6H_5CH=CHCOCH_3$	2.3	CH_3CH_2OH	1.2
$C_6H_5CH_3$	2.3	$(CH_3CH_2)_2O$	1.2
$(CH_3CO)_2O$	2.2	$CH_3(CH_2)_3Cl(Br,I)$	1.0

续表

化合物	δ	化合物	δ
$C_6H_5OCOCH_3$	2.2	$CH_3(CH_2)_4CH_3$	0.9
$C_6H_5CH_2N(CH_3)_2$	2.2	$(CH_3)_3CH$	0.9

附表 8-5　常见有机物的物理常数

化合物	相对分子质量	熔点/℃	沸点/℃	相对密度	折射率	溶解度			
						水	95%乙醇	乙醚	其他
饱和烃									
甲烷	16.04	-182.48	-164	(A)0.554 0	-	0.35^{20}cc	47.1^{20}cc	104^{20}cc	
乙烷	30.07	-183.2	-88.63	(A)1.049	-	4.7^{20}cc	150cc(abs)	-	
丙烷	44.11	-187.7	-42.1	(A)1.562	-	$6.5^{17.8}$cc	$926^{16.6}$cc	$1\ 299^{16.6}$cc	
丁烷	58.12	-138.35	-0.50	$0.578\ 8_{4}^{20}$(lq)	$1.354\ 3^{-13}$	15^{17}cc (772atm)	$1\ 883^{17}$cc (775atm)	$2\ 980^{17}$cc (775atm)	
异丁烷	58.12	-159.42	-11.7	0.549^{20}(lq)	-	13^{17}cc (772atm)	$1\ 320^{17}$cc (772atm)	$2\ 790^{17}$cc (772atm)	
戊烷	72.15	-129.72	36.07	$0.626\ 2^{20}$	$1.357\ 5^{20}$	0.036^{16}	∞	∞	苯∞
环戊烷	70.14	-93.88	49.26	$0.745\ 7_{4}^{20}$	$1.406\ 5^{20}$	i	∞	∞	苯∞
环己烷	84.16	6.55	80.74	$0.778\ 6_{4}^{20}$	$1.426\ 6^{20}$	i	∞	∞	苯∞
正己烷	86.18	-95	68.95	$0.660\ 3_{4}^{20}$	$1.357\ 1^{20}$	i	50^{33}	s	氯仿 s
正庚烷	100.21	-90.61	98.42	$0.683\ 8_{4}^{20}$	$1.387\ 8^{20}$	$0.005\ 2^{18}$	vs	∞	苯∞
顺十氢化萘	138.25	-43.01	195.65	$0.896\ 5_{4}^{20}$	$1.481\ 0^{20}$	i	∞	vs	苯∞
反十氢化萘	138.25	-30.4	187.25	$0.869\ 9_{4}^{20}$	$1.469\ 5^{20}$	i	vs	vs	苯∞
不饱和烃									
乙烯	28.05	-169.15	-103.71	0.566_{4}^{-102}	-	25.60cc	360cc	s	
丙烯	42.08	-185.25	-47.7	$0.519\ 3_{4}^{20}$(lq)	$1.356\ 7^{-70}$	44.6cc	1 200cc	-	乙酸 500cc
1-丁烯	56.12	-185.4	-6.3	$0.595\ 1_{1}^{20}$(lq)	$1.396\ 2^{-20}$	i	vs	vs	
1,3-丁二烯	54.09	-108.9	-4.41	$0.621\ 1_{4}^{20}$	-	i	s	s	
顺-2-丁烯	56.12	-138.91	3.7	$0.621\ 3_{4}^{20}$(lq)	$1.393\ 1^{-25}$	i	v	vs	vs
反-2-丁烯	56.12	-105.55	0.88	$0.604\ 2_{4}^{20}$(lq)	$1.384\ 8^{-25}$	-	-	-	苯 s
异丁烯	56.12	-140.35	6.9	$0.594\ 2_{4}^{20}$(lq)	$1.392\ 6^{-25}$	i	vs	vs	苯 s
环戊烯	68.13	-135.08	44.24	$0.772\ 0_{4}^{20}$	$1.422\ 5^{20}$	i	s	s	苯 s
环戊二烯	66.10	-97.2	40.0	$0.802\ 1_{4}^{20}$	$1.444\ 0^{20}$	i	∞	∞	苯∞
异戊二烯	68.13	-146.0	34.0	$0.681\ 0_{4}^{20}$	$1.421\ 9^{20}$	i	∞	∞	苯∞
环己烯	82.15	-103.5	82.98	$0.810\ 2_{4}^{20}$	$1.446\ 5^{20}$	i	∞	∞	苯∞
乙炔	26.04	-80.8	-84.0	$0.620.8_{4}^{-82}$	-	100^{18}cc	600^{18}cc	-	丙酮 $2\ 500^{15}$cc
乙烯基乙炔	52.08	-	5.1	$0.709\ 5_{0}^{0}$	$1.416\ 1^{1}$	i	-	-	苯 s
丙炔	40.07	-102.7	-23.2	0.660_{4}^{-13}	-	sl	vs	$3\ 000^{16}$cc (12atm)	
1-丁炔	54.09	-125.8	8.7	0.65^{20}	-	i	s	s	
芳香烃									
苯	78.12	5.5	80.1	$0.878\ 6_{4}^{20}$	$1.501\ 1^{20}$	0.07^{22}	∞(abs)	∞	丙酮∞
甲苯	92.15	-95	110.6	$0.866\ 9_{4}^{20}$	$1.496\ 1^{20}$	i	∞(abs)	∞	苯∞
乙苯	106.17	-94.97	136.2	$0.867\ 0_{4}^{20}$	$1.495\ 9^{20}$	0.01^{15}	∞	∞	
o-二甲苯	106.17	-25.18	144.4	$0.880\ 2_{4}^{20}$	$1.505\ 5^{20}$		∞(abs)	∞	苯∞
m-二甲苯	106.17	-47.87	139.1	$0.864\ 2_{4}^{20}$	$1.497\ 2^{20}$	i	∞(abs)	∞	苯∞
p-二甲苯	106.17	13.26	138.35	$0.861\ 1_{4}^{20}$	$1.495\ 8^{20}$	i	s	vs	苯∞

续表

化合物	相对分子质量	熔点/℃	沸点/℃	相对密度	折射率	溶解度			
						水	95%乙醇	乙醚	其他
苯乙烯	104.16	-30.63	145.2	$0.906\ 0_{4}^{20}$	$1.546\ 8^{20}$	i	s	s	苯∞
异丙苯	120.20	-96	152.4	$0.861\ 8_{4}^{20}$	$1.491\ 5^{20}$	i	∞	∞	苯∞
萘	128.19	80.55	218.0	$1.025\ 3_{4}^{20}$	$1.598\ 8^{85}$	0.003^{25}	$9.5^{19.5}$	vs	苯 49^{16}
联苯	154.21	71	255.9	$0.866\ 0_{4}^{20}$	1.588^{77}	i	$9.98^{19.5}$	s	苯 vs
四氢化萘	132.21	-35.79	207.57	$0.970\ 2_{4}^{20}$	$1.541\ 4^{20}$	i	s	s	苯∞
蒽	178.24	216.2~216.4	340	1.283_{4}^{25}	-	i	1.9^{20}(abd)	-	甲苯 12.2^{100}
菲	178.24	101	340	$0.980\ 0^{4}$	1.594 3	i	2^{14}	s	苯 s
卤代烃									
一氯甲烷	50.49	-97.73	-24.2	$0.915\ 9_{4}^{20}$	$1.338\ 9^{20}$	208^{16} cc	$3\ 500^{20}$ cc	-	
氯仿	119.38	-63.5	61.7	$1.483\ 2_{4}^{20}$	$1.445\ 9^{20}$	0.82^{20}	∞	∞	
四氯化碳	153.82	-22.99	76.54	$1.594\ 0_{4}^{20}$	$1.460\ 1^{20}$	0.08^{20}	s	∞	苯∞
氯乙烷	64.52	-136.4	12.27	$0.897\ 8_{4}^{20}$	$1.367\ 6^{20}$	0.45^{0}	vs	∞	
氯乙烯	62.50	-153.8	13.37	$0.910\ 6_{4}^{20}$	$1.370\ 0^{20}$	sl	s	vs	
烯丙基氯	76.53	-134.5	45	$0.937\ 6_{4}^{20}$	$1.415\ 4^{20}$	<0.1	∞	∞	丙酮∞
1-氯丙烷	78.54	-122.8	46.7	0.890_{4}^{20}	-	0.27^{20}	∞	∞	
2-氯丙烷	78.54	-117	34.8	0.895_{4}^{20}	-	0.31^{20}	∞	∞	
1-氯丁烷	92.57	-123.1	78.44	$0.886\ 2_{4}^{20}$	$1.402\ 1^{20}$	$0.07^{12.5}$	∞	∞	
2-氯丁烷	92.57	-131.3	68.3	0.873_{4}^{20}	-	i	∞	∞	
叔丁基氯	92.57	-25.4	52	$0.842\ 0_{4}^{20}$	$1.385\ 7^{20}$	sl	∞	∞	苯 s
氯苯	112.56	-45.6	132.0	$1.105\ 8_{4}^{20}$	$1.524\ 1^{20}$	0.049^{20}	∞	∞	苯∞
六六六	290.83	112.5~112.3	323.4	-	-	i	-	-	丙酮 s
氯化苄	126.59	-39	179.3	$1.100\ 2_{20}^{20}$	$1.539\ 1^{20}$	i	∞	∞	氯仿∞
溴乙烷	108.97	-118.6	38.4	$1.460\ 4_{4}^{20}$	$1.423\ 9^{20}$	0.9^{30}	∞	∞	
1-溴丙烷	123.0	-109.85	71.0	$1.353\ 7_{4}^{20}$	$1.434\ 3^{20}$	0.25^{20}	s	s	
2-溴丙烷	123.0	-89.0	59.38	$1.314\ 0_{4}^{20}$	$1.425\ 1^{20}$	0.32^{20}	∞	∞	苯 s
1,2-二溴乙烷	187.87	9.79	131.36	$2.179\ 2_{4}^{20}$	$1.538\ 7^{20}$	sl	vs	∞	
烯丙基溴	120.98	-119.4	$70\sim71^{753}$	1.398_{4}^{20}	-	i	∞	∞	
1-溴丁烷	137.03	-112.4	101.6	$1.279\ 8_{4}^{20}$	$1.440\ 1^{20}$	0.06^{16}	∞	∞	
2-溴丁烷	137.03	-111.9	91.2	$1.258\ 5_{4}^{20}$	$1.436\ 6^{20}$	i	-	∞	
叔丁基溴	137.03	-16.2	73.25	$1.220\ 9_{4}^{20}$	$1.427\ 8^{20}$	0.06^{18}	∞	∞	
溴苯	157.02	-30.82	156	$1.495\ 0_{4}^{20}$	$1.559\ 7^{20}$	i	vs	vs	苯 vs
碘仿	393.73	123	218	4.008_{4}^{20}	-	0.01^{25}	1.5^{17}	13.6^{25}	
碘乙烷	155.97	-108	72.3	$1.935\ 8_{4}^{20}$	$1.513\ 3^{20}$	0.4^{20}	∞	s	
1-碘丙烷	169.99	-98.7	102.5	1.743_{4}^{20}	-	0.11^{20}	∞	∞	
1-碘丁烷	184.02	-103.0	130.53	$1.615\ 4_{4}^{20}$	$1.500\ 1^{20}$	i	∞	∞	
碘苯	204.01	-31.27	188.3	$1.830\ 8_{4}^{20}$	$1.620\ 0^{20}$	i	s	∞	氯仿∞
邻硝基氯苯	157.56	33.5~35	246	1.305_{4}^{80}	-	i	s	s	苯 s
对硝基氯苯	157.56	83.6	242	$1.297\ 9^{90.5}$	$1.537\ 6^{100}$	i	ws(h)	s	
2,4-二硝基氯苯	202.56	(α)53.4 (β)43 (γ)27	315(Sld)	$1.498\ 2_{4}^{75}$	$1.585\ 7^{60}$		s(h)	s	s
醇类									
甲醇	32.04	-93.9	64.96	$0.791\ 4_{4}^{20}$	$1.328\ 8^{20}$	∞	∞	∞	苯 vs
乙醇	46.07	-117.3	78.5	$0.789\ 3_{4}^{20}$	$1.361\ 1^{20}$	∞	-	∞	苯 s

续表

化合物	相对分子质量	熔点/℃	沸点/℃	相对密度	折射率	溶解度			
						水	95%乙醇	乙醚	其他
正丙醇	60.11	-126.3	97.4	$0.803\ 5_4^{20}$	$1.385\ 0^{20}$	∞	∞	∞	苯 vs
异丙醇	60.11	-89.5	82.4	$0.785\ 5_4^{20}$	$1.377\ 6^{20}$	∞	∞	∞	苯 vs
烯丙醇	58.08	-129	97	$0.854\ 0_4^{20}$	$1.413\ 5^{20}$	∞	∞	∞	
乙二醇	62.07	-11.5	198	$1.108\ 8_4^{20}$	$1.431\ 8^{20}$	∞	∞	1.0	苯 sl
1,2-丙二醇	76.11	-	-189	$1.036\ 1_4^{20}$	$1.432\ 4^{20}$	∞	∞	∞	苯 s
1,3-丙二醇	76.11	-	-213.5	$1.059\ 7_4^{20}$	$1.439\ 8^{20}$	∞	∞	vs	苯 sl
甘油	92.11	20	290(d)	$1.261\ 3_4^{20}$	$1.474\ 6^{20}$	∞	∞	sl	苯 i
正丁醇	74.12	-89.53	117.25	$0.809\ 8_4^{20}$	$1.399\ 3^{20}$	9^{15}	∞	∞	苯 s
仲丁醇(dl)	74.12	-114.7	99.5	$0.806\ 3_4^{20}$	$1.397\ 8^{20}$	12.5^{20}	∞	∞	苯 s
异丁醇	74.12	108	108.1	0.802_4^{20}	$1.398\ 6^{17.5}$	10^{15}	∞	∞	
叔丁醇	74.12	25.5	82.2～82.3	$0.788\ 7_4^{20}$	$1.387\ 8^{20}$	∞	∞	∞	
正戊醇	88.15	-79	137.3^{748}	$0.814\ 4_4^{20}$	$1.410\ 1^{20}$	2.7^{22}	∞	∞	
异戊醇	88.15	-117.2	128.5^{750}	$0.809\ 2_4^{20}$	$1.405\ 3^{20}$	2^{14}	∞	∞	
2-戊醇	88.15	-	118.9	$0.810\ 3_4^{20}$	$1.405\ 3^{20}$	s	s		
3-戊醇	88.15	-	116.1	$0.821\ 2_4^{20}$	$1.410\ 4^{20}$	5.5^{30}	s	s	
季戊四醇	136.15	269	276^{30}(升华)	-	1.548	5.6^{15}	sl	i	苯 i
正己醇	102.18	-46.7	158	$0.813\ 6_4^{20}$	$1.417\ 8^{20}$	0.6^{20}	s	∞	苯∞
正庚醇	116.21	-34.1	176	$0.821\ 9_4^{20}$	$1.424\ 9^{20}$	0.18^{25}	∞	∞	
苄醇	108.15	-15.3	205.35	$1.041\ 9_4^{20}$	$1.539\ 6^{20}$	4^{17}	s	s	苯 s
糠醇	98.10	-	171^{750}	$1.129\ 6_4^{20}$	$1.486\ 8^{20}$	∞(d)	vs	vs	
1-苯基乙醇(dl)	122.17	21.4	203.4	$1.013\ 5_4^{20}$	$1.527\ 2^{20}$	i	∞	∞	
2-苯基乙醇	122.17	-27(fz)	218.2	$1.020\ 2_4^{20}$	$1.532\ 5^{20}$	1.6^{20}	∞	∞	
月桂醇	186.32	26	255～259	$0.830\ 9_4^{20}$	-	i	s	s	
三苯甲醇	260.34	164.2	380	1.188_4^{20}	-	i	vs	vs	苯 s
环己醇	100.16	25.15	161.1	$0.962\ 4_4^{20}$	$1.464\ 1^{20}$	3.6^{20}	s	s	苯∞
甲硫醇	48.10	-123	6.2	$0.866\ 5_4^{20}$	-	sl(h)	vs	vs	
酚类									
苯酚	94.11	43	181.75	$1.057\ 6_4^{20}$	$1.550\ 9^{21}$	$8.2_{65.3}^{15}$ ∞	s	vs	苯∞(h)
o-甲苯酚	108.15	30.94	191.0	$1.027\ 3_4^{20}$	$1.536\ 1^{20}$	2.5	vs	vs	苯∞
m-甲苯酚	108.15	11.5	202.2	$1.033\ 6_4^{20}$	$1.543\ 8^{20}$	0.5	∞	∞	苯∞
p-甲苯酚	108.15	34.8	201.9	$1.017\ 8_4^{20}$	$1.531\ 2^{20}$	1.5	∞36	∞36	苯∞
对苯二酚	110.11	173～174	285^{730}	1.328^{15}	-6^{15}	vs	s	苯 i	
o-硝基苯酚	139.11	45.3～45.7	216	$1.294\ 2^{40}$	$1.572\ 3^{50}$	1.5	∞36	∞36	苯∞
p-硝基苯酚	139.11	114.9～115.6	279d(升华)	1.479^{20}	-	1.6^{25}	vs	vs	
2,4,6-三硝基苯酚	229.11	122～123	(升华)>300 爆炸	1.763_4^{20}	-	1.23^{20}	6.23^{20}(ads)	1.08^{13}(ads)	
2,4-二硝基苯酚	184.11	115～116	(升华)	1.683^{24}	-	0.5(c)	4^{20}	vs(h)	苯 s
2,4,6-三溴苯酚	330.82	95～96	282～90 升华	2.55_{20}^{20}	-	0.01^{15}	vs	s	苯 50^{25}
α-萘酚	144.19	96	288	$1.098\ 9_4^{99}$	$1.622\ 4^{99}$	sl(h)	vs	vs	苯 s

续表

化合物	相对分子质量	熔点/℃	沸点/℃	相对密度	折射率	溶解度			
						水	95%乙醇	乙醚	其他
β-萘酚	144.19	123~124	295	1.28^{20}	-	0.1(c) 1.25(h)	vs	vs	苯 s
醚类									
乙醚	74.12	-116.2(fz)	34.51	$0.713\ 8_4^{20}$	$1.352\ 6^{20}$	7.5^{20}	∞	-	苯∞
异丙醚	102.18	-85.89	68	$0.724\ 1_4^{20}$	$1.367\ 9^{20}$	0.2	∞	∞	
正丁醚	130.23	-95.3	142	$0.768\ 9_4^{20}$	$1.399\ 2^{20}$	<0.05	∞	∞	
苯甲醚	108.15	-37.5	155	$0.996\ 1_4^{20}$	$1.517\ 9^{20}$	i	s	s	苯 vs
苯乙醚	122.17	-29.5	170	$0.966\ 6_4^{20}$	$1.507\ 6^{20}$	i	s	s	苯 s
二苯醚	170.21	26.84	257.93	$1.074\ 8^{20}$	sl	5~10 (87%)	s	苯 s	
环氧乙烷	44.05	-111	13.5^{746}	$0.882\ 4_{10}^{10}$	$1.359\ 7^{7}$	s	s	s	
1,2-环氧丙烷	58.08	-104.4	34.3	0.859_4^{0}	$1.367\ 0^{25}$	33^{33}	∞	∞	
四氢呋喃	72.12	-108.56 (fz)	67	$0.889\ 2_4^{20}$	$1.405\ 0^{20}$	s	vs	vs	苯 vs
1,4-二氧六环	88.12	11.8	101^{750}	$1.033\ 7_4^{20}$	$1.422\ 4^{20}$	∞	∞	∞	苯∞
醛类									
甲醛	30.03	-92	-21	0.815_4^{-20}	-	s	s	∞	
乙醛	44.05	-112	20.8	$0.783\ 4_4^{18}$	$1.331\ 6^{20}$	∞	∞	∞	苯∞
丙醛	58.08	-81	48.8	$0.805\ 8_4^{20}$	$1.363\ 6^{20}$	20^{20}	∞	∞	
丙烯醛	56.07	-86.95	52.5~53.5	$0.841\ 0_4^{20}$	$1.410\ 7^{20}$	40	s	s	
正丁醛	72.12	-99	75.7	$0.817\ 0_4^{20}$	$1.384\ 3^{20}$	4	∞	∞	苯 vs
异丁醛	72.12	-65.9	$63\sim64^{757}$	0.794_4^{20}	1.373 0	11^{20}	∞	∞	苯∞
2-丁烯醛	70.09	-74	104~105	$0.849\ 5_4^{25}$	$1.436\ 6^{20}$	s	vs	vs	
正戊醛	86.14	-91.5	103	$0.809\ 5_4^{20}$	$1.394\ 4^{20}$	sl	s	s	
异戊醛	86.14	-51	92.5	$0.797\ 7_4^{20}$	$1.390\ 2^{20}$	sl	s	s	
异辛烯醛	126.20	-	174.5^{748}	0.848_4^{20}	$1.453\ 5^{20}$	0.07^{20}	s	∞	
糠醛	96.09	-38.7	161.7	$1.159\ 4^{20}$	$1.529\ 1^{20}$	9.1^{13}	vs	∞	苯 s
苯甲醛	106.13	-26	178.1	$1.041\ 5_4^{15}$	$1.546\ 3^{20}$	0.3	∞	∞	苯 vs
木杨醛	122.12	1~2	196.5	1.153_4^{25}	-	sl	∞	∞	
反肉桂醛	132.17	-7.5	253(sld)	$1.046\ 7_4^{20}$	$1.619\ 5^{20}$	sl	4(50%)	s	
酮类									
丙酮	58.08	-95.35	56.2	$0.789\ 9_4^{20}$	$1.358\ 8^{20}$	∞	∞	∞	苯∞
丁铜	72.12	-86.35	79.6	$0.805\ 4_4^{20}$	$1.378\ 8^{20}$	37	∞	∞	苯∞
乙烯酮	42.04	-151	-56	-	-	(d)	(d)	sl	
2-戊酮	86.14	-77.8	102	$0.808\ 9_4^{20}$	$1.389\ 5^{20}$	sl	∞	∞	
3-戊酮	86.14	-39.8	101.7	$0.813\ 8_4^{20}$	$1.392\ 4^{20}$	4.7^{20}	∞	∞	
2,4-戊二酮	100.13	-23	139^{746}	$0.972\ 1_4^{25}$	$1.449\ 4^{20}$	12.5	∞	∞	苯∞
环己酮	98.15	-16.4	155.65	$0.947\ 8_4^{20}$	$1.450\ 7^{20}$	s	s	s	苯 s
苯己酮	120.16	20.5	202.0	$1.028\ 1_4^{20}$	$1.537\ 2^{20}$	i	s	s	苯 s
二苯甲酮	182.21	(α)48.1 (β)26	305.9	$(\alpha)1.146^{20}$ (β)1.107 6	$(\alpha)1.607\ 7^{19}$ $(\beta)1.605\ 9^{23}$		6.5^{15}	15^{13}	苯 s
羧酸类									
甲酸	46.03	8.4	100.7	1.220_4^{20}	$1.371\ 4^{20}$	∞	∞	∞	苯 s
乙酸	60.05	16.6	117.9	1.049_4^{20}	$1.371\ 6^{20}$	∞	∞	∞	苯∞
丙酸	74.08	-20.8	140.99	$0.993\ 0^{20}$	$1.386\ 9^{20}$	∞	∞	s	氯仿∞
丁酸	88.12	-4.26	163.53	$0.957\ 7_4^{20}$	$1.398\ 0^{20}$	∞	∞	∞	

续表

化合物	相对分子质量	熔点/℃	沸点/℃	相对密度	折射率	溶解度			
						水	95%乙醇	乙醚	其他
戊酸	102.13	-33.83	186	$0.939\ 1_4^{20}$	$1.408\ 5_4^{20}$	3.3^{16}	s	s	
己酸	116.16	-2 ~ -1.5	205	$0.927\ 4_4^{20}$	$1.416\ 3^{20}$	1.10^{20}	s	s	
丙烯酸	72.06	13.0	141.6	$1.051\ 1^{20}$	$1.422\ 4^{20}$	∞	∞	∞	苯 s
草酸	90.04	(α)189.5 (β)182	157(升华)	(α)1.900_4^{17} (β)1.895	-	10^{20}	24^{15}(abs)	1.3^{15}(abs)	苯 i
丙二酸	104.06	130 ~ 135 (d)	-	1.631^{15}	-	138^{16}	42^{25}	8^{15}(abs)	
丁二酸	118.09	188	235(d)	1.572_4^{25}	1.450	6.8^{20}	9.9^{15}	1.2^{15}	苯 i
顺丁烯二酸	116.07	139 ~ 140		1.590^{20}	-	79^{25}	70^{20}	8^{25}	
反丁烯二酸	116.07	286 ~ 287 (封闭)	290(升华)	1.635_4^{20}	-	0.7^{17}	$5.75^{29.7}$	0.7^{25}	
己二酸	146.14	153	265^{100}	1.360_4^{25}	-	1.4^{15}	vs	0.6^{15}	
乙酰基乙酸	102.09	36 ~ 37	(d) < 100	-	-	∞	∞	s	
乳酸(dorL)	90.08	52.8	103^{2}	-	-	∞	∞	sl	
乳酸(dL)	90.08	18	122^{15}	$1.206\ 0_4^{25}$	$1.439\ 2_a^{20}$	vs	vs	sl	
酒石酸(dorL)	150.09	171 ~ 174	(d)	$1.759\ 8^{20}$	1.495 5	139^{20}	25^{25}(abs)	0.45^{15}	
酒石酸(m)	150.09	146 ~ 148	-	1.666_4^{20}	1.5 ~ 1.6	120^{15}	s	sl	
柠檬酸	192.12	153	(d)	1.542_4^{18}	-	133(c)	76.6^{15}(abs)	2.2^{15}(abs)	
苯甲酸	122.12	122.4 (100 < 升华)	249	$1.265\ 9_4^{15}$	1.504^{132}	0.21^{175}	46.6^{15}(abs)	66^{15}	苯 s
水杨酸	138.12	159(76 升华)	$211_{\pm}^{20}$	1.443_4^{20}	1.565	0.16^{4}	49.6^{15}(abs)	50.5^{15}	
邻苯二甲酸	166.14	161(封闭)	(d)	1.593_4^{20}	-	0.54^{14}	11.7^{18}(abs)	0.68^{15}	
对苯二甲酸	166.14	425(封闭)	306(升华)	-	-	0.001(c)	sl(h)	i	
顺肉桂酸	148.17	68	125^{19}	1.284^{4}	-	sl	s	-	石油醚 s
反肉桂酸	148.17	135 ~ 136	300	$1.247\ 5_4^{4}$	-	0.04^{18}	24^{20}(abs)	s	苯 s
没食子酸·H_2O	188.17	235(d) (anh)	100-H_2O	1.694_4^{6}	-	1^{13}	28^{15}(abs)	2.5^{15}	苯 i
糠酸	112.09	133 ~ 134	230 ~ 232	-	-	s		vs	
羧酸衍生物									
甲酰胺	45.04	2.55	109^{15}	$0.133\ 4_4^{20}$	$1.447\ 2^{20}$	∞	∞	sl	
N,N-二甲甲酰胺	73.09	-60.48	149 ~ 156	$0.948\ 7_4^{20}$	$1.430\ 5^{20}$	∞	∞	∞	苯∞
光气	98.92	-118	7.56	1.318_4^{20}	-	sl(d)	(d)	-	苯 s
尿素	60.06	135	(d)	$1.323\ 0_4^{20}$	4	100^{17}	20^{02}	sl	
缩二脲	103.08	190(d)	-	-	-	125^{0}	∞	i	
乙酰氯	78.50	-112.0	50.9	$1.105\ 1_4^{20}$	$1.389\ 8^{20}$	(d)	(d)	∞	苯∞
乙酸酐	102.09	-73.1	140.0	$1.082\ 0_4^{20}$	$1.390\ 1^{20}$	12(c)(hd)	s(hd)	∞	苯 s
乙酸乙酯	88.12	-83.58	77.06	$0.900\ 3_4^{20}$	$1.372\ 3^{20}$	8.5^{15}	∞	∞	苯∞
乙酸乙烯酯	86.09	-93.23	72.2 ~ 72.3	$0.931\ 7_4^{20}$	$1.395\ 9^{20}$	2^{20}	∞	s	苯 s
乙酸正丁酯	116.16	-77.9	126.5	$0.882\ 5_4^{20}$	$1.394\ 1^{20}$	0.7	∞	∞	
乙酸苯酯	136.15	-	195.7	$1.078\ 0_4^{20}$	$1.503\ 3^{20}$	sl	∞	∞	
乙酰乙酸乙酯	130.15	< -80	180.4	$1.028\ 2_4^{20}$	$1.419\ 4^{20}$	13^{17}	∞	∞	苯 s
乙酰胺	59.07	82.3	221.2	$1.159\ 0_4^{20}$	$1.427\ 8^{78}$	s	vs	i	
乙酰苯胺	135.17	114.3	304	1.219_4^{15}	-	0.53^{6}	21^{20}	7^{25}	
丙酰胺	73.10	81.3	213	1.042_4^{20}	$1.416\ 0^{110}$	vs	vs	vs	
丙二酸二乙酯	160.17	-48.9	199.3	$1.055\ 1_4^{20}$	$1.413\ 9^{20}$	2.08^{20}	∞	∞	苯 vs

续表

化合物	相对分子质量	熔点/℃	沸点/℃	相对密度	折射率	溶解度			
						水	95%乙醇	乙醚	其他
丁酸甲酯	102.13	-84.8	102.3	$0.898\ 4_{4}^{20}$	$1.387\ 8^{20}$	1.7	∞	∞	
丁酸丁酯	144.22	-91.5	166.6	$0.870\ 9_{4}^{20}$	$1.407\ 5^{20}$	i	∞	∞	
丁二酸酐	100.08	119.6	261	$1.234\ 0_{4}^{20}$	-	i	s	sl	
丁二酰亚胺	99.09	126~127	287~288 (d)	1.418	-	vs(d)	s(h)	sl	
丁二酸二甲酯	146.14	19	196.4	$1.119\ 8_{4}^{20}$	$1.419\ 7^{20}$	sl	s	vs	
顺丁烯二酸酐	98.06	60	197~199	1.314^{60}	-	16.3^{30}	-	s	丙酮 s
α-甲基丙烯酸甲酯	100.13	-48	100~101	$0.944\ 0_{4}^{20}$	$1.414\ 2^{20}$	sl	∞	∞	
苯甲酰氯	140.57	0	197.2	$1.212\ 0_{4}^{20}$	$1.553\ 7^{20}$	(d)	(d)	∞	苯 s
苯甲酰胺	121.14	132.5~133.5	290	1.341^{4}	-	1.35^{25}	17^{25}(abs)	sl	
苯甲酸甲酯	136.15	-12.3	199.6	$1.088\ 8_{4}^{20}$	$1.516\ 4^{20}$	0.016^{20}	∞	∞	
苯甲酸乙酯	150.18	-34.6	213	$1.046\ 8_{4}^{20}$	$1.500\ 7^{20}$	i	s	∞	苯 s
苯甲酸苯酯	198.22	71	314	1.235_{4}^{20}	-	i	s(h)	s(h)	
邻苯二甲酸酐	148.12	131.16	295.1 (升华)	1.527^{4}	-	sl	s	sl	
邻苯二甲酰亚胺	147.14	238	(升华)	-	-	0.04^{25}	5	s(h)	苯 i
对苯二甲酸二丁酯	278.35	-	340	1.047_{20}^{20}	1.491 1	0.04^{25}	∞	∞	苯∞
邻苯二甲酸二甲酸	194.19	141.0~141.8	>300 (升华)	-	-	0.3(h)	s(h)	s	
ε-己内酰胺	113.16	69~71	139^{12}	-	-	*s*	*vs*	-	苯 *s*
含氮化合物									
硝基甲烷	61.04	-28.5	100.8	$1.137\ 1_{4}^{20}$	$1.381\ 7^{20}$	9.5^{20}	*s*	*s*	
硝基苯	123.11	5.7	210.8	$1.203\ 7_{4}^{20}$	$1.556\ 2^{20}$	0.19^{20}	*vs*	*vs*	苯∞
间二硝基苯	168.11	90.02	300~302	1.575_{4}^{20}	-	0.3^{99}	3.3^{20}(*abs*)	*s*	苯 39.5^{18}
o-硝基甲苯	137.14	(α)9.55 (β)2.9	221.7	$1.162\ 9^{20}$	$1.545\ 0^{20}$	0.065^{30}	∞	∞	苯∞
m-硝基甲苯	137.14	16.1	232.6	$1.157\ 1_{4}^{20}$	$1.546\ 6^{20}$	0.050^{30}	8.6^{15}	∞	苯 s
p-硝基甲苯	137.14	54.5	238.3	$1.103\ 8_{4}^{75}$	$1.534\ 6^{62.5}$	0.004^{15}	s	80.8^{15}	苯 vs
o-硝基苯胺	138.13	71.5	284.1	1.442^{15}	-	s(h)	vs	vs	
m-硝基苯胺	138.13	114	305~307 (d)	1.43	-	0.11^{20}	7.1^{20}	7.9^{20}	
p-硝基苯胺	138.13	148.5~149.5	331.73	1.424_{4}^{20}	-	$0.08^{18.5}$	5.8^{20}	6.1^{20}	
苯肼	108.15	19.8	243	$1.098\ 6_{4}^{20}$	$1.608\ 4^{20}$	sl(h)	∞	∞	苯∞
2,4-二硝基苯肼	198.14	198(d)	-		-		s(h)	sl	
甲胺	31.06	-93.5	-6.3	0.699^{-11}	-	$959_{cc/cc}^{25}$	s	-	
二甲胺	45.09	-93	7.4	$0.680\ 4_{4}^{0}$	1.350^{17}	vs	s	s	
三甲胺	59.11	-117.2	2.87	$0.670\ 9_{4}^{0}$	$1.363\ 1^{0}$	41^{19}	s	s	
乙胺	45.09	-81	16.6	$0.682\ 9_{4}^{20}$	$1.366\ 3^{20}$	∞	∞	∞	
二乙胺	73.14	-48	56.3	$0.705\ 6_{4}^{20}$	$1.386\ 4^{20}$	vs	∞	s	
三乙胺	101.19	-114.7	89.3	$0.727\ 5_{4}^{20}$	$1.401\ 0^{20}$	s	s	s	

续表

化合物	相对分子质量	熔点/℃	沸点/℃	相对密度	折射率	溶解度			
						水	95%乙醇	乙醚	其他
乙二胺	60.11	8.5	116.5	$0.899\ 5_{4}^{20}$	$1.456\ 8^{20}$	vs	∞	0.3	苯 i
正丙胺	59.11	-83.0	47.8	$0.717\ 3_{4}^{20}$	$1.387\ 0^{20}$	s	vs	vs	
异丙胺	59.11	-95.2	32.4	$0.689\ 1_{4}^{20}$	$1.374\ 2^{20}$	∞	∞	∞	
正丁胺	73.14	-49.1	77.7	$0.741\ 4_{4}^{20}$	$1.403\ 1^{20}$	∞	sl	s	
异丁胺	73.14	-85	68~69	$0.734\ 6_{4}^{20}$	$1.397\ 2^{20}$	∞	∞	∞	
苯胺	93.13	-63	184.13	$1.021\ 3_{4}^{20}$	$1.586\ 3^{20}$	3.9^{18}	∞	∞	
二苯胺	169.23	54~55	302	1.160_{20}^{22}	-	1	$58^{19.5}$	s	苯 s
N-甲苯胺	107.16	-57	196.3	$0.989\ 1_{4}^{20}$	$1.568\ 4^{20}$	0.01^{25}	s	s	
N,N-二甲苯胺	121.18	2.45	194.15	$0.955\ 7_{4}^{20}$	$1.558\ 2^{20}$	sl	s	s	
1,6-己二胺	116.21	41~42	204~205	-	-	vs	s	-	苯 s
重氮甲烷	42.04	-145	-23	-	-	(a)	s(h)	s	
氯化重氮苯	140.57	(爆炸)	-	-	-	s	s	sl	苯 i
偶氮苯(顺)	182.23	71	-	-	-	sl	s	s	苯 s
偶氮苯(反)	182.23	68.5	293	1.203_{4}^{20}	$1.626\ 6^{78}$	sl	4.2^{20}	s	苯 s
氢化偶氮苯	184.24	131	-	1.158_{4}^{16}	-	-	5^{16}	-	
4-羟基-4-硝基偶氮苯	243.22	212~213	-	-	-	i	s		
4-羟基偶氮苯-4-磺酸	278.29	200(d)	-	-	-	s	vs(h)	sl	
乙腈	41.05	-45.72	81.6	$0.785\ 7^{20}$	$1.344\ 2^{20}$	∞	∞	∞	
丙烯腈	53.06	-83.5	77.5~77.9	$0.806\ 0_{4}^{20}$	$1.391\ 1^{20}$	s	∞	∞	
己二腈	108.15	1.0	295	$0.967\ 6^{20}$	$1.438\ 0^{20}$	sl	s	sl	
苯甲腈	103.13	-13	190.7	$1.010\ 2_{15}^{15}$	$1.529\ 8^{20}$	sl(h)	∞	∞	苯 v
六次甲基四胺	140.19	285~295	(升华)	1.331^{-5}	-	81^{12}	3^{12}(abs)	sl	
其他化合物									
苯磺酸	158.18	65~66	(d)	-	-	vs	vs	i	
苯磺酸钠·H_2O	198.17	450(d)	-	-	-	60^{30}	sl(h)	-	
苯磺酰氯	176.62	14.5	151~152(d)	$1.384\ 2_{15}^{15}$	-	i(hd)	vs(hd)	s	
对羟基苯磺酸	174.18	-	-	-	-	s	s	-	
对氨基苯磺酸	173.19	(d)288	-	1.485_{4}^{20}	-	0.8^{10}	sl	sl	
对甲苯磺酸	172.21	104~105	140^{20}		-	vs	s	s	
对甲苯磺酰氯	190.65	>1	$145\sim146^{15}$	-	-	i	s	s	苯 s
对甲苯磺酸钠·$2H_2O$	230.22	-	-	-	-	s	-	-	
α-萘磺酸	208.25	139~140	-	-	-	s	s	sl	
β-萘磺酸	208.5	124~125(H_2O)	-	-	-	vs	s	s	
硫酸二甲酯	126.13	-31.75	188.5(d)	$1.328\ 3^{20}$	$1.387\ 4^{20}$	s	∞	s	
酸性硫酸乙酯	126.13	-	(d)280	$1.365\ 7_{4}^{20}$	$1.410\ 5^{20}$	vs(hd)	sl(hd)	sl	
邻苯醌	108.10	(d)60~70	-	-	-	-	s	苯 s	
对苯醌	108.10	115.7	(升华)	1.318_{4}^{20}	-	sl(c)	s	s	
酒石酸钾钠·$4H_2O$	282.2	70~80	215($4H_2O$)	1.790	-	66^{26}	sl	-	

化合物	相对分子质量	熔点/℃	沸点/℃	相对密度	折射率	溶解度			
						水	95%乙醇	乙醚	其他
二硫化碳	76.14	-111.53	46.25	1.263 2$_4^{20}$	1.631 9^{20}	0.2^{0}	∞	∞	
二甲亚砜	78.13	18.45	189	1.101 4$_4^{20}$	1.477 0^{20}	s	s	s	
呋喃	68.08	-85.95	31.36	0.951 4$_4^{20}$	1.421 4^{20}	i	vs	vs	苯 s
吡咯	67.09	-24	130~131	0.969 1$_4^{20}$	1.505 8^{20}	8^{25}	s	s	苯 s
噻吩	84.14	-38.25	84.16	1.064 9$_4^{20}$	1.528 9^{20}	-	∞	∞	苯∞
吡啶	79.10	-42	115.5	0.981 9^{20}	1.509 5^{20}	∞	∞	∞	
吲哚	117.15	52.5	254	1.22	-	s(h)	s(h)	s	苯 s
喹啉	129.16	-15.6(fz)	238.05	1.092 9$_4^{20}$	1.626 8^{20}	6	∞	∞	
异喹啉	129.16	26.5	142^{40}	1.098 6^{20}	1.614 8^{20}	i	vs	∞	
葡萄糖	180.16	146(anh)	-	1.544^{25}	-	82$^{17.5}$	sl	i	
果糖	180.16	103~105 (d)	-	1.60$_4^{20}$	-	vs	8.5^{18}(abs)	-	
蔗糖	342.30	185~186	-	1.580 5$^{17.5}$	1.537 6	179^{0}	0.6	i	
麦芽糖·H_2O	360.32	102~103	-	1.540	-	vs	sl(冷)	i	
淀粉	(162.14)	(d)	-	1.50^{21}	-	i	i	i	
溴化四乙铵	210.17	-	-	1.397 0$_4^{20}$	-	vs	vs	-	氯仿 vs
硫脲	76.12	182	(d)	1.405$_4^{20}$	-	9.2^{13}	s	sl	
三乙基铝	114.17	< -18	194	0.837	-	(爆炸)	-	-	
三苯基膦	262.29	80	188^{1}	1.074 8$_4^{80}$	1.635 8^{80}	i	sl	vs	苯 s
醌氢醌	218.21	171	(升华)(sld)	1.401$_4^{20}$	-	sl	s	s	
碘化四甲铵	201.05	230<(d)	-	1.829	-	sl(c)	0.1(h)	i	
氢氧化四甲铵·$5H_2O$	181.23	62~63	(d)	-	-	151^{0}	∞^{63}	-	
四甲基硅烷	88.23	(α_) 102~102 (β)-99.1	26.5	0.648$_4^{19}$	1.358 0^{20}	i	vs	vs	
甲基橙	327.34	(d)	-	-	-	0.2(c)	sl	i	
品红	337.84	200<(d)	-	1.22	-	0.3	s	i	HCls
刚果线	696.68	-	-	-	-	sl(h)	s	i	
酚酞	318.33	262.3	-	1.277$_4^{32}$	-	0.2^{20}	10^{25}	5.9(c)	苯 i
溴酚蓝	670.20	279(d)	-	-	-	sl	s	-	苯 s
萤光黄	332.32	290<(d)	-	-	-	sl(h)	sl	sl	
胍	50.07	50±	-	-	-	vs	vs	-	

注:①全表中仍用过去的实用单位,其换算为:1atm = 101.080 kPa,1mmHg = 133.322 kPa。

②熔点:“82(d)”表示在 82 ℃下熔融同时分解。“(82d)”表示在 82 ℃时分解而不熔融。

③沸点:如不标明压力,表示在常压下(760 mmHg)的沸点。“82^{15}”表示在 15 mmHg 下,沸点为 82 ℃。

④相对密度:如不标明温度,表示在室温下(15~20 ℃)物质相对于 4 ℃的水的密度比。“1.524 3$_4^{30}$”表示在 30 ℃时物质相对于 4 ℃的水的密度比。标明“(A)”指明对于空气的密度。

⑤折射率:如未特别指明,表示 n_D(钠光)。“0.665 2^{40}”表示在 40 ℃下物质对于钠光折射率为 0.665 2。

⑥溶解度:“92^{15}”表示 100 份溶剂在 15 ℃下可溶解物质 92 份。“10^{2} cc”表示在 2 ℃下 100 g 溶剂可溶解气体物质 100 cc。

⑦缩写字表示的意义:

A	空气	c	冷的
abs	绝对无水	cc	立方厘米
anh	无水的	d	分解或右旋体
atm	标准大气压	dl	外消旋体
fz	凝固点	s	可溶
h	热的	sl	略溶
hd	热分解	sld	略微分解
i	不溶	vs	易溶
l	左旋体	∞	互溶
lq	液体	>	大于
m	间位或内消旋体	<	小于
o	邻位	±	左右
p	对位		

附表 8-6　不同温度下水的蒸气压

t/℃	0	1	2	3	4	5	6	7
p/kPa	0.610	0.657	0.706	0.758	0.813	0.872	0.935	1.002
t/℃	8	9	10	11	12	13	14	15
p/kPa	1.073	1.148	1.228	1.312	1.402	1.497	1.598	1.705
t/℃	16	17	18	19	20	21	22	23
p/kPa	1.818	1.937	2.063	2.197	2.338	2.487	2.643	2.809
t/℃	24	25	26	27	28	29	30	31
p/kPa	2.983	3.167	3.361	3.565	3.780	4.005	4.243	4.492
t/℃	32	33	34	35	36	37	38	39
p/kPa	4.755	5.030	5.319	5.490	5.941	6.275	6.625	6.992
t/℃	40	41	42	43	44	45	46	47
p/kPa	7.376	7.778	8.199	8.639	9.100	9.583	10.086	10.612
t/℃	48	49	50	51	52	53	54	55
p/kPa	11.160	11.735	12.334	12.959	13.611	14.292	15.000	15.737
t/℃	56	57	58	59	60	61	62	63
p/kPa	16.505	17.308	18.142	19.012	19.916	20.856	21.834	22.849
t/℃	64	65	66	67	68	69	70	71
p/kPa	23.906	25.003	26.143	27.326	28.554	29.828	31.157	32.517
t/℃	72	73	74	75	76	77	78	79
p/kPa	33.944	35.424	36.957	38.544	40.183	41.876	43.636	45.463
t/℃	80	81	82	83	84	85	86	87
p/kPa	47.343	49.289	51.316	53.409	55.569	57.808	60.115	62.488
t/℃	88	89	90	91	92	93	94	95
p/kPa	64.941	67.474	70.096	72.801	75.592	78.474	81.447	84.513
t/℃	96	97	98	99	100			
p/kPa	87.675	90.935	94.295	97.757	101.325			

附录三　有机化学实验报告

有机化学实验报告
（工科）

有机化学实验报告
（理科）

参考文献

[1] 王世润,吴法伦,郭艳玲,等. 基础化学实验:有机及物化实验部分[M]. 天津:南开大学出版社,2002.

[2] 徐家宁,张锁秦,张寒琦. 基础化学实验:有机代学实验[M]. 中册. 北京:高等教育出版社,2006.

[3] 曾昭琼. 有机化学实验[M]. 3 版. 北京:高等教育出版社,2002.

[4] 程青芳. 有机化学实验[M]. 南京:南京大学出版社,2006.

[5] 刘宝殿. 化学合成实验[M]. 北京:高等教育出版社,2005.

[6] 李霁良. 微型半微型有机化学实验[M]. 北京:高等教育出版社,2006.

[7] 北京大学有机化学教研室. 有机化学实验[M]. 北京:北京大学出版社,1994.

[8] 兰州大学,复旦大学有机化学教研室. 有机化学实验[M]. 2 版. 北京:高等教育出版社,1994.

[9] 李兆陇,阴金香,林天舒. 有机化学实验[M]. 北京:清华大学出版社,2001.

[10] 张毓凡,曹玉蓉,冯宵,等. 有机化学实验[M]. 天津:南开大学出版社,1999.

[11] 李述文,范如霖. 实用有机化学手册[M]. 上海:上海科学技术出版社,1981.

[12] 古凤才,肖衍繁. 基础化学实验教程[M]. 北京:科学出版社,2000.

[13] D L 帕维亚,G M 兰普曼,G S 小克里兹. 现代有机实验技术导论[M]. 北京:科学出版社,1985.

[14] 王玉良,陈华. 有机化学实验[M]. 2 版. 北京:化学工业出版社,2014.

[15] 徐伟亮. 基础化学实验[M]. 2 版. 北京:科学出版社,2010.

[16] 郭伟强. 大学化学基础实验[M]. 北京:科学出版社,2010.

[17] 葛秀涛. 化学科学实验基础[M]. 合肥:中国科学技术大学出版社,2012.

[18] 朱焰,姜洪丽. 有机化学实验[M]. 2 版. 北京:化学工业出版社,2015.

[19] 高占先,于丽梅. 有机化学实验[M]. 5 版. 北京:高等教育出版社,2016.

[20] 庞金兴,袁泉. 有机化学实验[M]. 武汉:武汉理工大学出版社,2014.

[21] 朱文,贾春满,陈红军. 有机化学实验[M]. 北京:化学工业出版社,2015.

[22] 赵建庄,梁丹. 有机化学实验[M]. 北京:中国林业出版社,2013.

[23] 曹健,郭玲香. 有机化学实验[M]. 2 版. 南京:南京大学出版社,2012.

[24] 何树华,朱云云,陈贞干. 有机化学实验[M]. 武汉:华中科技大学出版社,2012.

[25] 杨定乔. 有机化学实验[M]北京:化学工业出版社,2011.

[26] 阴金香. 基础有机化学实验[M]北京:清华大学出版社,2010.

[27] 周智敏,米远祝. 高分子化学与物理实验[M]北京:化学工业出版社,2011.

[28] 卿大咏,何毅,冯茹森. 高分子实验教程[M]北京:化学工业出版社,2011.

[29] 汪志勇. 实用有机化学实验高级教程[M]北京:高等教育出版社,2016.

[30] 侯士聪. 基础有机化学实验[M]北京:高等教育出版社,2016.